科学
与工程计算
技术丛书

IMAGE PROCESSING WITH MATLAB

MATLAB
图像处理

刘成龙◎编著
Liu Chenglong

U0272947

清华大学出版社

北京

内 容 简 介

全书以最新版本的 MATLAB R2016a 为平台,全面讲解 MATLAB 在图像处理及应用方面的知识。本书理论结合实践,自始至终通过实例来介绍有关内容,每章内容完整且相对独立,是一本实用性极强的 MATLAB 参考书。

全书分为三个部分共 14 章。第一部分为 MATLAB 及图像处理基础,涵盖的内容有 MATLAB 基础知识、MATLAB 矩阵及其运算、MATLAB 图像处理基础;第二部分为 MATLAB 的常见图像处理技术,涵盖的内容有 MATLAB 图像的绘制、图形用户界面、图像的基本运算、图像的变换、图像压缩编码、图像增强技术、图像的复原;第三部分为 MATLAB 的高级图像处理技术,涵盖了图像分割与区域处理分析、图像形态学处理、MATLAB 图像处理的综合应用等内容。

本书以实用为目标,深入浅出,实例引导,内容翔实,适合作为理工科高等院校研究生、本科生教学用书,也可作为相关专业科研工程技术人员的参考用书。

图书在版编目(CIP)数据

MATLAB 图像处理/刘成龙编著. —北京:清华大学出版社,2017(2022.12重印)
(科学与工程计算技术丛书)
ISBN 978-7-302-46738-0

Ⅰ.①M… Ⅱ.①刘… Ⅲ.①Matlab 软件－应用－数字图像处理 Ⅳ.①TN911.73

中国版本图书馆 CIP 数据核字(2017)第 048629 号

责任编辑:盛东亮
封面设计:李召霞
责任校对:白 蕾
责任印制:沈 露

出版发行:清华大学出版社
    网　　址:http://www.tup.com.cn,http://www.wqbook.com
    地　　址:北京清华大学学研大厦 A 座　　　　邮　编:100084
    社 总 机:010-83470000　　　　　　　　　　邮　购:010-62786544
    投稿与读者服务:010-62776969,c-service@tup.tsinghua.edu.cn
    质量反馈:010-62772015,zhiliang@tup.tsinghua.edu.cn
    课件下载:http://www.tup.com.cn,010-83470236
印 装 者:三河市铭诚印务有限公司
经　销:全国新华书店
开　本:185mm×260mm　　　印　张:29.5　　　字　数:690 千字
版　次:2017 年 9 月第 1 版　　　　　　　　　印　次:2022 年 12 月第 10 次印刷
定　价:79.00 元

产品编号:072494-01

致力于加快工程技术和科学研究的步伐——这句话总结了 MathWorks 坚持超过三十年的使命。

在这期间，MathWorks 有幸见证了工程师和科学家使用 MATLAB 和 Simulink 在多个应用领域中的无数变革和突破：汽车行业的电气化和不断提高的自动化；日益精确的气象建模和预测；航空航天领域持续提高的性能和安全指标；由神经学家破解的大脑和身体奥秘；无线通信技术的普及；电力网络的可靠性，等等。

与此同时，MATLAB 和 Simulink 也帮助了无数大学生在工程技术和科学研究课程里学习关键的技术理念并应用于实际问题中，培养他们成为栋梁之才，更好地投入科研、教学以及工业应用中，指引他们致力于学习、探索先进的技术，融合并应用于创新实践中。

如今，工程技术和科研创新的步伐令人惊叹。创新进程以大量的数据为驱动，结合相应的计算硬件和用于提取信息的机器学习算法。软件和算法几乎无处不在——从孩子的玩具到家用设备，从机器人和制造体系到每一种运输方式——让这些系统更具功能性、灵活性、自主性。最重要的是，工程师和科学家推动了这些进程，他们洞悉问题，创造技术，设计革新系统。

为了支持创新的步伐，MATLAB 发展成为一个广泛而统一的计算技术平台，将成熟的技术方法（比如控制设计和信号处理）融入令人激动的新兴领域，例如深度学习、机器人、物联网开发等。对于现在的智能连接系统，Simulink 平台可以让您实现模拟系统，优化设计，并自动生成嵌入式代码。

"科学与工程计算技术丛书"系列主题反映了 MATLAB 和 Simulink 汇集的领域——大规模编程、机器学习、科学计算、机器人等。我们高兴地看到"科学与工程计算技术丛书"支持 MathWorks 一直以来追求的目标：助您加速工程技术和科学研究。

期待着您的创新！

Jim Tung
MathWorks Fellow

PREFACE

To Accelerate the Pace of Engineering and Science. These eight words have summarized the MathWorks mission for over 30 years.

In that time, it has been an honor and a humbling experience to see engineers and scientists using MATLAB and Simulink to create transformational breakthroughs in an amazingly diverse range of applications: the electrification and increasing autonomy of automobiles; the dramatically more accurate models and forecasts of our weather and climates; the increased performance and safety of aircraft; the insights from neuroscientists about how our brains and bodies work; the pervasiveness of wireless communications; the reliability of power grids; and much more.

At the same time, MATLAB and Simulink have helped countless students in engineering and science courses to learn key technical concepts and apply them to real-world problems, preparing them better for roles in research, teaching, and industry. They are also equipped to become lifelong learners, exploring for new techniques, combining them, and applying them in novel ways.

Today, the pace of innovation in engineering and science is astonishing. That pace is fueled by huge volumes of data, matched with computing hardware and machine-learning algorithms for extracting information from it. It is embodied by software and algorithms in almost every type of system—from children's toys to household appliances to robots and manufacturing systems to almost every form of transportation—making those systems more functional, flexible, and autonomous. Most important, that pace is driven by the engineers and scientists who gain the insights, create the technologies, and design the innovative systems.

To support today's pace of innovation, MATLAB has evolved into a broad and unifying technical computing platform, spanning well-established methods, such as control design and signal processing, with exciting newer areas, such as deep learning, robotics, and IoT development. For today's smart connected systems, Simulink is the platform that enables you to simulate those systems, optimize the design, and automatically generate the embedded code.

The topics in this book series reflect the broad set of areas that MATLAB and Simulink bring together: large-scale programming, machine learning, scientific

PREFACE

computing, robotics, and more. We are delighted to collaborate on this series, in support of our ongoing goal: to enable you to accelerate the pace of your engineering and scientific work.

I look forward to the innovations that you will create!

Jim Tung
MathWorks Fellow

MATLAB 这个名字是由 MATrix 和 LABoratory 两词的前三个字母组合而成。在 20 世纪 70 年代后期,时任美国新墨西哥大学计算机科学系主任的 Cleve Moler 教授出于减轻学生编程负担的动机,为学生设计了一组调用 LINPACK 和 EISPACK 库程序的"通俗易用"的接口,此即用 FORTRAN 编写的萌芽状态的 MATLAB。

MATLAB 以商业形式出现后的短短几年,就以其良好的开放性和运行的可靠性,淘汰了原先控制领域里的众多封闭式软件包,而使其改在 MATLAB 平台上重建。在国际上三十多个数学类科技应用软件中,MATLAB 在数值计算领域独占鳌头。

目前,MATLAB 已成为图像处理、信号处理、通信原理、自动控制等专业的重要基础课程的首选实验平台,而对于学生而言,最有效的学习途径是结合某一专业课程的学习,通过实践掌握该软件的使用与编程。

1. 本书特点

(1) 由浅入深,循序渐进。本书以初、中级读者为对象,以 MATLAB 软件为主线,先让读者了解其各项功能,然后进一步分别详细地介绍 MATLAB 在图像处理方面的应用。

(2) 步骤详尽,内容新颖。本书结合作者多年 MATLAB 使用经验与图像处理实际应用案例,将 MATLAB 软件的使用方法与技巧详细地讲解给读者,使读者在阅读时能够快速掌握书中所讲内容。

(3) 实例典型,轻松易学。通过学习实际工程应用案例的具体操作是掌握 MATLAB 最好的方式。本书通过综合应用案例,透彻详尽地讲解了 MATLAB 在各方面的应用。

2. 本书内容

本书基于 MATLAB R2016a 版,详细讲解 MATLAB 图像处理的基础知识和核心内容。全书共分为 14 章,具体内容如下:

第一部分为 MATLAB 及图像处理基础部分,主要介绍 MATLAB 的发展历程及特点、MATLAB 基础知识、矩阵的表示、矩阵的寻访、矩阵的运算、图像的读写、图像显示、图像类型的转换等内容。具体的章节安排如下:

第 1 章　MATLAB 基础知识介绍;

第 2 章　MATLAB 矩阵及其运算;

第 3 章　MATLAB 图像处理基础。

第二部分为 MATLAB 的常见图像处理技术,详细讲解了二维、三维图像的绘制及编辑、图形用户界面的设计、各种运算方法、图像各种变换的原理、图像编码质量评价、常见的图像压缩编码、小波压缩编码、图像的增强、图像的退化模型、退化函数估计、逆滤波、维纳滤波、约束的最小二乘方滤波复原等内容。具体的章节安排如下:

第 4 章　MATLAB 图形的绘制;

第 5 章　图形用户界面；

第 6 章　图像的基本运算；

第 7 章　图像的变换；

第 8 章　图像压缩编码；

第 9 章　图像的增强；

第 10 章　图像的复原。

第三部分为 MATLAB 的高级图像处理技术。主要讲解阈值分割、区域分割、边缘检测、区域处理、数学形态学的基本操作、基于形态学处理的其他操作、MATLAB 在医学、人脸识别、特征提取、图像配准、视频检验方面的应用等内容。具体的章节安排如下：

第 11 章　图像分割与区域处理；

第 12 章　图像的数学形态学；

第 13 章　MATLAB 图像处理综合应用。

3. 读者对象

本书适合于 MATLAB 初学者和期望提高应用 MATLAB 进行图像处理能力的读者，包括：

★ 图像处理从业人员；

★ 初学 MATLAB 图像处理的技术人员；

★ 大中专院校的教师和在校生；

★ 相关培训机构的教师和学员；

★ MATLAB 爱好者；

★ 广大科研工作人员。

4. 读者服务

为了方便解决本书疑难问题，读者朋友在学习过程中遇到与本书有关的技术问题，可以发邮件到邮箱 caxart@126.com 或者访问博客 http://blog.sina.com.cn/caxart，编者会尽快给予解答。

另外本书所涉及的素材文件(程序代码)已经上传到清华大学出版社本书页面，读者可以到此下载。

本书主要由刘成龙编著。此外，付文利、王广、张岩、温正、林晓阳、任艳芳、唐家鹏、孙国强、高飞等也参与了本书部分内容的编写工作，在此表示感谢。

虽然作者在本书的编写过程中力求叙述准确、完善，但由于水平有限，书中欠妥之处在所难免，希望读者和同仁能够及时指出，共同促进本书质量的提高。

编　者

2017 年 4 月

第一部分　MATLAB 及图像处理基础

目录

第二部分　MATLAB 的常见图像处理技术

目录

目录

第三部分　MATLAB 的高级图像处理技术

目录

第 一 部 分
MATLAB 及图像处理基础

MATLAB是一种用于数值计算、可视化及编程的高级语言和交互式环境,也是一种功能强大的科学计算软件。使用MATLAB可以分析数据、开发算法、创建模型和应用程序。借助其语言、工具和内置数学函数,可以探求多种方法,比电子表格或传统编程语言更快地求取结果。

学习目标:

(1) 了解MATLAB的产生、发展历程及其特点。

(2) 熟悉MATLAB系统结构、工具箱和桌面操作结构。

(3) 熟悉MATLAB查询帮助命令。

(4) 理解MATLAB变量及表达式的基本原理。

1.1 MATLAB概述与桌面操作

MATLAB是由美国MathWorks公司发布的主要面对科学计算、可视化以及交互式程序设计的高科技计算环境,它将数值分析、矩阵计算、科学数据可视化以及非线性动态系统的建模和仿真等诸多强大功能集成在一个易于使用的视窗环境中。

1.1.1 MATLAB系统结构

MATLAB系统由MATLAB开发环境、MATLAB数学函数库、MATLAB语言、MATLAB图形处理系统和MATLAB应用程序接口(API)五大部分构成。

(1) 开发环境。MATLAB开发环境是一套方便用户使用的MATLAB函数和文件工具集,其中许多工具是图形化用户接口。它是一个集成的用户工作空间,允许用户输入输出数据,并提供了M文件的集成编译和调试环境,包括MATLAB桌面、命令行窗口、M文件编辑调试器、MATLAB工作空间和在线帮助文档。

(2) 数学函数库。MATLAB数学函数库涵盖了大量算法。从基本算法如加法、正弦到复杂算法如矩阵求逆、快速傅里叶变换等。

（3）语言。MATLAB语言是一种高级的基于矩阵/数组的语言，它有程序流控制、函数、数据结构、输入输出和面向对象编程等特色。

（4）图形处理系统。图形处理系统使得MATLAB能方便地图形化显示向量和矩阵，而且能对图形添加标注和打印，包括强大的二维三维图形函数、图像处理和动画显示等函数。

（5）应用程序接口。MATLAB应用程序接口（API）是一个使MATLAB语言能与C、FORTRAN等其他高级编程语言进行交互的函数库。该函数库的函数通过调用动态链接库（DLL）实现与MATLAB文件的数据交换，其主要功能包括在MATLAB中调用C和FORTRAN程序，以及在MATLAB与其他应用程序间建立客户、服务器关系。

1.1.2　MATLAB的发展历程

MATLAB名字由MATrix和LABoratory两词的前三个字母组合而成。20世纪70年代后期，时任美国新墨西哥大学计算机科学系主任的Cleve Moler教授出于减轻学生编程负担的动机，为学生设计了一组调用LINPACK和EISPACK库程序的"通俗易用"的接口，此即用FORTRAN编写的萌芽状态的MATLAB。

经几年的校际流传，在Little的推动下，Little、Moler、Steve Bangert等人于1984年合作成立了MathWorks公司，并把MATLAB正式推向市场。从这时起，MATLAB的内核采用C语言编写，而且除原有的数值计算能力外，还新增了数据图视功能。

MATLAB以商品形式出现后，仅短短几年，就以其良好的开放性和运行的可靠性，使原先控制领域里的封闭式软件包（如英国的UMIST、瑞典的LUND和SIMNON、德国的KEDDC）纷纷淘汰，而改以MATLAB为平台加以重建。到20世纪90年代，MATLAB已经成为国际控制界公认的标准计算软件。

从2006年开始，MATLAB分别在每年的3月和9月进行两次产品发布，每次发布都涵盖了产品家族中的所有模块，包含已有产品新特性和bug修订，以及新产品的发布。其中3月发布的产品称为a，9月发布的产品称为b。

1.1.3　命令行窗口

MATLAB各种操作命令都是由命令行窗口开始，用户可以在命令行窗口中输入MATLAB命令，实现其相应的功能。启动MATLAB，单击MATLAB图标，进入用户界面，此命令行窗口主要包括文本的编辑区域和菜单栏，如图1-1所示。

在命令行窗口中，用户可以输入变量、函数及表达式等，按Enter键之后系统即可执行相应的操作。例如：

```
>> Y = 1:90
>> sum(Y)
Y =
  Columns 1 through 11
     1    2    3    4    5    6    7    8    9    10    11
```

```
Columns 12 through 22
    12   13   14   15   16   17   18   19   20   21   22
Columns 23 through 33
    23   24   25   26   27   28   29   30   31   32   33
Columns 34 through 44
    34   35   36   37   38   39   40   41   42   43   44
Columns 45 through 55
    45   46   47   48   49   50   51   52   53   54   55
Columns 56 through 66
    56   57   58   59   60   61   62   63   64   65   66
Columns 67 through 77
    67   68   69   70   71   72   73   74   75   76   77
Columns 78 through 88
    78   79   80   81   82   83   84   85   86   87   88
Columns 89 through 90
    89   90
ans =
      4095
```

图 1-1　用户界面

以上的代码是求出 1～90 这 90 个数字的和。

MATLAB 分为两个步骤来执行上述操作：

（1）定义矩阵 Y，并给其赋值。

（2）调用内置函数 sum，求矩阵元素之和。

此外，只要在命令行窗口输入文字的前面加％符号，就可以作为代码的注释。

【例 1-1】　用 errorbar 函数表示已知数据的误差值。

```
>> x = linspace(0,2 * pi,30);
y = cos(x);
```

```
e = std(y) * ones(size(x))            % 标准差
errorbar(x,y,e)
e =
    Columns 1 through 9
      0.7303   0.7303   0.7303   0.7303   0.7303   0.7303   0.7303   0.7303   0.7303
    Columns 10 through 18
      0.7303   0.7303   0.7303   0.7303   0.7303   0.7303   0.7303   0.7303   0.7303
    Columns 19 through 27
      0.7303   0.7303   0.7303   0.7303   0.7303   0.7303   0.7303   0.7303   0.7303
    Columns 28 through 30
      0.7303   0.7303   0.7303
```

运行结果如图 1-2 所示。

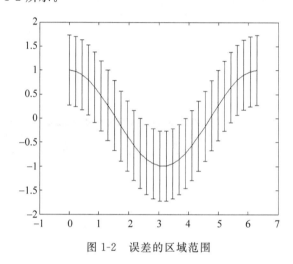

图 1-2　误差的区域范围

在 MATLAB 中,命令行窗口常用的命令及其功能如表 1-1 所示。

表 1-1　命令行窗口常用的命令及其功能

命　　令	功　　能
clc	擦去一页命令行窗口,光标回屏幕左上角
clear	从工作空间清除所有变量
clf	清除图形窗口内容
who	列出当前工作空间中的变量
whos	列出当前工作空间中的变量及信息
delete	从磁盘删除指定文件
which	查找指定文件的路径
clear all	从工作空间清除所有变量和函数
help	查询所列命令的帮助信息
save name	保存工作空间变量到文件 name.mat
save name x y	保存工作空间变量 x、y 到文件 name.mat
load name	加载 name 文件中的所有变量到工作空间
load name x y	加载 name 文件中的变量 x、y 到工作空间
diary name1.m	保存工作空间一段文本到文件 name1.m

续表

命　　令	功　　能
diary off	关闭日志功能
type name. m	在工作空间查看 name. m 文件内容
what	列出当前目录下的 m 文件和 mat 文件
↑或者 Ctrl＋P	调用上一行的命令
↓或者 Ctrl＋N	调用下一行的命令
←或者 Ctrl＋B	光标退后一格
→或者 Ctrl＋F	光标前移一格
Ctrl ＋←或者 Ctrl＋R	光标向右移一个单词
Ctrl ＋ →或者 Ctrl＋L	光标向左移一个单词
Home 或者 Ctrl＋A	光标移到行首
End 或者 Ctrl＋E	光标移到行尾
Esc 或者 Ctrl＋U	清除一行
Del 或者 Ctrl＋D	清除光标后的字符
Backspace 或者 Ctrl＋H	清除光标前的字符
Ctrl＋K	清除光标至行尾字
Ctrl＋C	中断程序运行

1.1.4　M 文件编辑窗口

MATLAB 用户应首先熟悉最经常使用的 M 文件编辑器。M 文件编辑器不仅仅是一个文字编辑器,还具有一定的程序调试功能,虽然没有 Visual C++(VC)、Visual Basic(VB)那样强大的调试能力,但对于调试一般不过于复杂的 MATLAB 程序已经足够了。

在 MATLAB 命令行下输入 edit,则弹出如图 1-3 所示的 M 文件编辑器窗口。

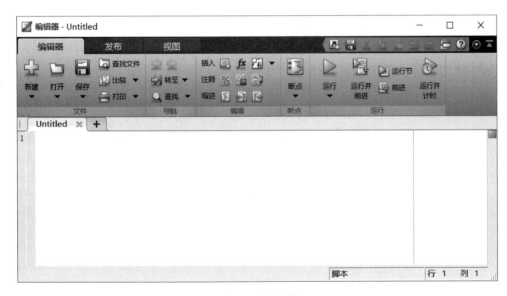

图 1-3　编辑器

7

1. 编辑功能

(1) 选择。与通常鼠标选择方法类似,但这样做其实并不方便。使用 Shift+箭头键是一种更为方便的方法。

(2) 复制粘贴。没有比 Ctrl+C、Ctrl+V 组合键更方便的了,相信使用过 Windows 的人一定知道。

(3) 寻找替代。寻找字符串时用 Ctrl+F 组合键显然比单击菜单更方便。

(4) 查看函数。阅读大的程序常需要看都有哪些函数并跳到感兴趣的函数位置,M 文件编辑器没有为用户提供像 VC 或 BC 那样全方位的程序浏览器,却提供了一个简单的函数查找快捷按钮,单击该按钮,会列出该 M 文件所有的函数。

(5) 注释。如果用户已经有了很长时间的编程经验而仍然使用 Shift+5 来输入%,一定体会过其中的痛苦(忘了切换输入法状态时,就会变成中文字符集的百分号)。Ctrl+R 组合键为添加多行注释,Ctrl+T 组合键为删除多行注释。

(6) 缩进。良好的缩进格式为用户提供了清晰的程序结构。编程时应该使用不同的缩进量,以使程序显得错落有致。增加缩进量用 Ctrl+]组合键,减少缩进量用 Ctrl+[组合键。当一大段程序比较乱的时候,使用 smart indent (聪明的缩进,快捷键 Ctrl+I)也是一种很好的选择。

2. 调试功能

M 程序调试器的热键设置和 VC 的设置有些类似,如果用户有其他语言的编程调试经验,则调试 M 程序就显得相当简单。因为它没有指针的概念,这样就避免了一大类难以查找的错误。

不过 M 程序可能会经常出现索引错误,如果设置了 stop if error(Breakpoints 菜单下),则程序的执行会停在出错的位置,并在 MATLAB 命令行窗口显示出错信息。下面列出了一些常用的调试方法。

(1) 设置或清除断点。使用快捷键 F12。

(2) 执行。使用快捷键 F5。

(3) 单步执行。使用快捷键 F10。

(4) step in。当遇见函数时,进入函数内部,使用快捷键 F11。

(5) step out。执行流程跳出函数,使用快捷键 Shift+F11。

(6) 执行到光标所在位置。非常遗憾这项功能没有快捷键,只能使用菜单来完成这样的功能。

(7) 观察变量或表达式的值。将鼠标放在要观察的变量上停留片刻,就会显示出变量的值,当矩阵太大时,只显示矩阵的维数。

(8) 退出调试模式。没有设置快捷键,使用菜单或者快捷按钮来完成。

1.1.5　帮助系统窗口

有效地使用帮助系统所提供的信息,是用户掌握好 MATLAB 应用的最佳途径。熟练的程序开发人员总会充分地利用软件所提供的帮助信息，而 MATLAB 的一个突出优点就是拥有较为完善的帮助系统。MATLAB 的帮助系统可以分为联机帮助系统和命令行窗口查询帮助系统。

常用的帮助信息有 help、demo、doc、who、whos、what、which、lookfor、helpbrowser、helpdesk、exit、web 等。例如，在窗口中输入 help fft 就可以获得函数 fft 的信息：

```
>> help fft
fft – Fast Fourier transform
    This MATLAB function returns the discrete Fourier transform (DFT) of vector x,
    computed with a fast Fourier transform (FFT) algorithm

    Y = fft(x)
    Y = fft(X,n)
    Y = fft(X,[],dim)
    Y = fft(X,n,dim)
    fft 的参考页
    另请参阅 fft2, fftn, fftshift, fftw, filter, ifft
    名为 fft 的其他函数
        comm/fft, ident/fft 1.1.7 工作空间窗口
```

工作空间窗口就是用来显示当前计算机内存中 MATLAB 变量的名称、数学结构、变量的字节数及其类型。在 MATLAB 中，不同的变量类型对应不同的变量名图标，可以对变量进行观察、编辑、保存和删除等操作。工作区窗口如图 1-4 所示。

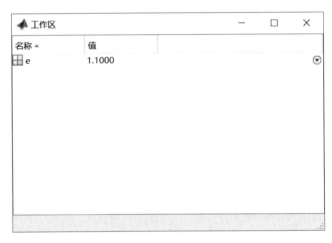

图 1-4　工作区窗口

若要查看变量的具体内容，可以双击该变量名称，例如双击图 1-4 中的 e 变量，打开图 1-5 所示的变量编辑。

1.1.6　图形窗口

图形窗口用来显示 MATLAB 所绘制的图形，这些图形既可以是二维图形，也可以是三维图形。用户可以通过选择新建图形按键进入图形窗口，如图 1-6 所示。

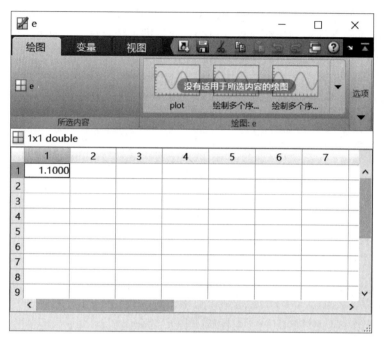

图 1-5　变量编辑

图 1-6　进入图形窗口

也可以通过运行程序自动弹出图形窗口,例如:

```
>> x = - pi:0.1:pi;
y = sin(x);
plot(x, y)
```

运行结果如图 1-7 所示。

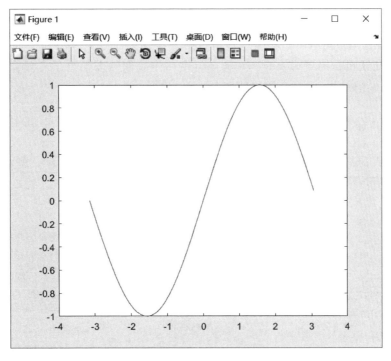

图 1-7　运行程序自动弹出图形窗口

1.1.7　当前文件夹窗口

当前路径窗口显示当前用户所在的路径,可以在其中对 MATLAB 路径下的文件进行搜索、浏览、打开等操作,如图 1-8 所示。

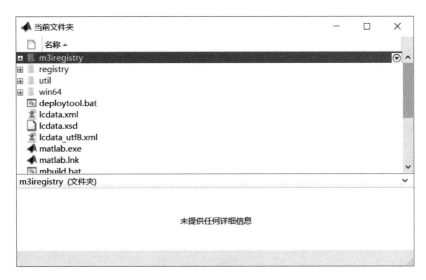

图 1-8　当前文件夹

1.2　查询帮助命令

MATLAB用户可以通过在命令行窗口中直接输入命令来获得相关的帮助信息,这种获取方式比联机帮助更为快捷。在命令行窗口中获取帮助信息的主要命令为 help 和 lookfor 以及模糊寻找,下面介绍这些命令。

1.2.1　help 命令

直接输入 help 命令,会显示当前的帮助系统中所包含的所有项目。需要注意的是在输入该命令后,命令行窗口只显示当前搜索路径中的所有目录名称。例如,命令行窗口输入:

```
>> help
帮助主题:

toolbox\local              - General preferences and configuration information
matlab\codetools           - Commands for creating and debugging code
matlab\datafun             - Data analysis and Fourier transforms
matlab\datamanager         - (没有目录文件)
matlab\datatypes           - Data types and structures
matlab\elfun               - Elementary math functions
matlab\elmat               - Elementary matrices and matrix manipulation
matlab\funfun              - Function functions and ODE solvers
matlab\general             - General purpose commands
matlab\guide               - Graphical user interface design environment
matlab\helptools           - Help commands
matlab\iofun               - File input and output
matlab\lang                - Programming language constructs
matlab\matfun              - Matrix functions - numerical linear algebra
matlab\ops                 - Operators and special characters
matlab\polyfun             - Interpolation and polynomials
matlab\randfun             - Random matrices and random streams
matlab\sparfun             - Sparse matrices
matlab\specfun             - Specialized math functions
matlab\strfun              - Character strings
    ⋮                          ⋮
vnt\vntguis                - (No table of contents file)
vnt\vntdemos               - (No table of contents file)
vntblks\vntblks            - (No table of contents file)
vntblks\vntmasks           - (No table of contents file)
wavelet\wavelet            - Wavelet Toolbox
wavelet\wmultisig1d        - (No table of contents file)
wavelet\wavedemo           - (No table of contents file)
wavelet\compression        - (No table of contents file)
xpc\xpc                    - xPC Target
xpcblocks\thirdpartydrivers - (No table of contents file)
build\xpcblocks            - xPC Target -- Blocks
build\xpcobsolete          - (No table of contents file)
xpc\xpcdemos               - xPC Target -- examples and sample script files.
```

如果知道某个函数名称，并想了解该函数的具体用法，只需在命令行窗口中输入"help 函数名"即可。例如，命令行窗口输入：

```
>> help sin
sin - Sine of argument in radians
    This MATLAB function returns the sine of the elements of X.
    Y = sin(X)
    sin 的参考页
    另请参阅 asin, asind, sind, sinh
    名为 sin 的其他函数
        fixedpoint/sin, symbolic/sin 1.2.2 lookfor 函数的使用
```

当用户不知道一些函数的确切名称时，help 函数就无能为力，但可以使用 lookfor 函数方便地解决这个问题。在使用 lookfor 函数时，只需知道某个函数的部分关键字，在命令行窗口中输入"lookfor␣关键字"，就可以很方便地实现查找。例如，命令行窗口输入：

```
>> lookfor sin
BioIndexedFile      - class allows random read access to text files using an index file
loopswitch          - Create switch for opening and closing feedback loops
mbcinline           - replacement version of inline using anonymous functions
cgslblock           - Constructor for calibration Generation Simulink block parsing manager
xregaxesinput       - Constructor for the axes input object for a ListCtrl
ExhaustiveSearcher  - Neighbor search object using exhaustive search
KDTreeSearcher      - Neighbor search object using a kd-tree
...                   ...
sample_supported    - <name>_supported fills in a single instance or an array
dxpcUDP1            - Target to Host Transmission using UDP
dxpcUDP2            - Target to Target Transmission using UDP
j1939exampleDemo    - J1939 - Using Transport Protocol
scscopedemo         - Signal Tracing Using Scope Triggering
scsignaldemo        - Signal Tracing Using Signal Triggering
scsoftwaredemo      - Signal Tracing Using Software Triggering
```

1.2.2 模糊寻找

MATLAB 还提供一种模糊寻找的命令查询方法，只需在命令界面输入命令的前几个字母，然后按 Tab 键，系统将列出所有以其开头的命令。例如在命令行窗口输入 so，然后按 Tab 键，运行结果如图 1-9 所示。

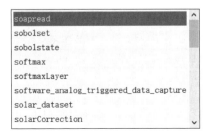

图 1-9 模糊寻找结果

1.3 MATLAB 变量及表达式

MATLAB 在使用一个变量时,可以直接对该变量进行赋值并运算,而不需要事先对变量的类型及大小进行定义。这和其他语言(如 C 语言)是不同的,也是 MATLAB 较为显著的特点。

1.3.1 数值与变量

在 MATLAB 中,数值均采用习惯的十进制,可以带小数点及正负号。例如,以下写法都是合法的。

```
109      − 35.9     − 0.009     0.004
```

科学计数法采用字符 e 来表示 10 的幂,例如:

```
9.45e2  1.26e3   − 2.1e − 5
```

虚数的扩展名为 i 或者 j,例如:

```
2i       3ej          − 3.14j
```

在采用 IEEE 浮点算法的计算机,实数的数值范围为 $10^{-308} \sim 10^{308}$。

在 MATLAB 中输入同一数值时,有时会发现,在命令行窗口中显示数据的形式有所不同。例如,0.3 有时显示 0.3,但有时会显示 0.300。这是因为数据显示格式的不同造成的。

在一般情况下,MATLAB 内部每一个数据元素都是用双精度数来表示和存储的,数据输出时用户可以用 format 命令设置或改变数据输出格式。表 1-2 揭示了不同种类的数据显示格式。

表 1-2　数据显示格式

格　　式	说　　明
format	设置输出格式
format short	表示短格式(缺省显示格式),只显示 5 位。例如 3.1416
format long	表示长格式,双精度数 15 位,单精度数 7 位。例如 3.14159265358979
format short e	表示短格式 e 方式,只显示 5 位。例如 3.1416e+000
format long e	表示长格式 e 方式。例如 3.141592653589793e+000
format short g	表示短格式 g 方式(自动选择最佳表示格式),只显示 5 位。例如 3.1416
format long g	表示长格式 g 方式。例如 3.14159265358979
format compact	表示压缩格式。变量与数据之间在显示时不留空行
format loose	表示自由格式。变量与数据之间在显示时留空行
format hex	表示十六进制格式表示。例如 400921fb54442d18

【例 1-2】 在不同数据格式下显示 pi 的值。

```
>> pi
ans =
    3.1416
>> format long
>> pi
ans =
   3.141592653589793
>> pi
ans =
   3.141592653589793
>> format short e
>> pi
ans =
   3.1416e + 00
>> format long g
>> pi
ans =
   3.14159265358979
>> format hex
>> pi
ans =
   400921fb54442d18
```

表 1-3 揭示了系统自定义的一些特殊的变量。

表 1-3　系统中的特殊变量

特 殊 变 量	说　　　明	特 殊 变 量	说　　　明
ans	默认变量名	bitmax	最大正整浮点数
pi	圆周率	inf	无穷大
realmin	最小的正实浮点数	eps	浮点运算相对精度
realmax	最大的正实浮点数	nan	非数,即结果不能确定

在 MATLAB 中,当遇到一个新的变量名时,就会自动产生一个变量并分配一个合适的存储空间。不需要对变量进行类型声明或维数声明。如果变量已经存在,将自动用新内容替换该变量的原有内容;若需要还会分配新的存储空间。例如:

```
>> eps
ans =
   2.2204e - 16
>> eps = 3.3
eps =
    3.3000
>> eps = eps + 2
eps =
    5.3000
```

（1）变量名区分大小写，如 Price 与 price 为两个不同的变量名，SIN 不代表正弦函数。

（2）变量名最多能包含 63 个字符，如果超出限制范围，从第 64 个字符开始，其后的字符都将被忽略。

（3）变量名必须以字母开头，其后可以是任意数字、字母或下画线。

（4）不允许出现标点符号，因为很多标点符号在 MATLAB 中具有特殊的意义。例如，"CB"与"C,B"会产生完全不同的结果，系统会认为"C,B"中间的逗号为分隔符，表示两个变量。

注意：以下这些关键字不能作为变量。用户可以通过在命令行窗口输入 iskeyword 列出这些关键字。

```
>> iskeyword
ans =
    'break'
    'case'
    'catch'
    'classdef'
    'continue'
    'else'
    'elseif'
    'end'
    'for'
    'function'
    'global'
    'if'
    'otherwise'
    'parfor'
    'persistent'
    'return'
    'spmd'
    'switch'
    'try'
    'while'
```

若在命令行窗口输入 while＝1，系统会出现警告。

错误：等号左侧的表达式不是用于赋值的有效目标。

1.3.2　表达式

在 MATLAB 中，数学表达式的运算操作尽量设计得接近于习惯，不同于其他编程语言在有些情况下一次只能处理一个数据，MATLAB 却允许快捷、方便地对整个矩阵进行操作。MATLAB 表达式采用熟悉的数学运算符和优先级，如表 1-4 所示（表中运算符的优先级从上到下依次升高）。

表 1-4　MATLAB 的运算符优先级与表达式

运　　算	MATLAB 运算符	MATLAB 表达式
加	+	a+b
减	−	a−b
乘	*(.*)	a*b
除	/	a/b
幂	^(.^)	a^b
复数矩阵的(共轭)转置	'(.')	
小括号指定优先级	( )	(a+b)*c

MATLAB 与经典的数学表达式也有所差别。例如,对矩阵进行右除与左除操作的结果是不同的。下面通过一个简单的例子演示复数矩阵的转置与共轭转置操作及其区别。

【例 1-3】　求复数矩阵的转置及共轭转置。

```
format short
A = [1 4;3 7]+[11 0;9 11] * i
A'          % 复数矩阵 A 转置
A.'         % 共轭转置
```

运行结果如下:

```
A =
   1.0000 +11.0000i 4.0000 + 0.0000i
   3.0000 + 9.0000i 7.0000 +11.0000i
A' =
   1.0000 − 11.0000i 3.0000 − 9.0000i
   4.0000 + 0.0000i 7.0000 −11.0000i
A.' =
   1.0000 +11.0000i 3.0000 + 9.0000i
   4.0000 + 0.0000i 7.0000 +11.0000i
```

1.4　符号运算

在 MATLAB 中,符号数学工具箱(Symbolic Math Toolbox)用于实现符号运算。利用符号数学工具箱可以进行各种针对符号对象或解析式的数学运算,如微积分运算,代数、微分方程求解,线性代数和矩阵运算,以及 Laplace 变换、Fourier 变换和 Z 变换。

1.4.1　创建符号变量

数值运算过程中,参与运算的变量都是被赋了值的数值变量。符号运算的整个过程中,参与运算的是符号变量,即使在符号运算中所出现的数字也按符号变量处理。

符号常量是不含变量的符号表达式,用 sym 命令来创建符号常量。

sym('常量')：创建符号常量。

sym 命令也可以把数值转换成某种格式的符号常量。

sym(常量,参数)：参数可以选择为 d、f、e 或 r 四种格式,也可省略。d 表示返回最接近的十进制数值(默认位数为 32 位);f 表示返回该符号值最接近的浮点;r 表示返回该符号值最接近的有理数型(为系统默认方式),可表示为 p/q、p＊q、10＾q、pi/q、2＾q 和 sqrt(p)形式之一;e 表示返回最接近的带有机器浮点误差的有理值。

sym('变量',参数)：把变量定义为符号对象。说明：参数用来设置限定符号变量的数学特性,可以选择为 positive、real 和 unreal,positive 表示为"正、实"符号变量;real 表示为"实"符号变量;unreal 表示为"非实"符号变量。如果不限定则参数可省略。

sym('表达式')：创建符号表达式。

syms('arg1','arg2',…,参数)：把字符变量定义为符号变量。syms 用来创建多个符号变量,这两种方式创建的符号对象是相同的。参数设置和前面的 sym 命令相同,省略时符号表达式直接由各符号变量组成。

A＝sym('[a,b;c,d]')：创建符号矩阵。

【例 1-4】 创建符号常量,这种方式是绝对准确的符号数值表示。

```
>> a = sym('sin(2)')
a =
sin(2)
```

【例 1-5】 把常量转换为符号常量,按系统默认格式转换。

```
a = sym(sin(2))
a =
4095111552621091/4503599627370496
```

【例 1-6】 创建数值常量和符号常量。

```
a1 = 3 * sqrt(5) + pi              % 创建数值常量
a2 = sym('3 * sqrt(5) + pi')       % 创建符号表达式
a3 = sym(3 * sqrt(5) + pi)         % 按最接近的有理数型表示符号常量
a4 = sym(3 * sqrt(5) + pi,'d')     % 按最接近的十进制浮点数表示符号常量
a31 = a3 - a1                      % 数值常量和符号常量的计算
a5 = '3 * sqrt(5) + pi'            % 字符串常量
```

运行结果如下：

```
a1 =
    9.849796586089163
a2 =
    pi + 3 * 5 ^ (1/2)
a3 =
    1386235632337073/140737488355328
a4 =
    9.8497965860891625311523966956884
```

```
a31 =
    0
a5 =
    3 * sqrt(5) + pi
```

【例 1-7】　创建符号变量,用参数设置其特性。

```
syms x y real              % 创建实数符号变量
z = x + i * y;             % 创建 z 为复数符号变量
real(z)                    % 复数 z 的实部是实数 x
sym('x','unreal');         % 清除符号变量的实数特性
real(z)                    % 复数 z 的实部
```

运行结果如下:

```
ans =
    x
ans =
    1/2 * x + 1/2 * conj(x)
```

【例 1-8】　创建符号表达式。

```
f1 = sym('a * x^3 + b * x + c')
f1 =
    a * x^3 + b * x + c
```

【例 1-9】　使用 syms 命令创建符号变量和符号表达式。

```
syms a b c x               % 创建多个符号变量
f2 = a * x^2 + b * x + c   % 创建符号表达式
f2 =
    a * x^2 + b * x + c
syms('a','b','c','x')
```

【例 1-10】　使用 syms 命令创建相同的符号矩阵。

```
syms a b c d
A = [a b;c d]
```

运行结果如下:

```
A =
[ a, b]
[ c, d]
```

【例 1-11】　比较符号矩阵与字符串矩阵的不同。

```
A = sym('[a,b;c,d]')       % 创建符号矩阵
B = '[a,b;c,d]'            % 创建字符串矩阵
C = [a,b;c,d]             % 创建数值矩阵
```

运行结果如下：

```
A =
[ a, b]
[ c, d]
B =
[a,b;c,d]
```

由于数值变量 a、b、c、d 未事先赋值，MATLAB 给出错误信息。

1.4.2 数值与符号的转换

在 MATLAB 中，利用 Sym 函数将数值结果转换为符号表达式。调用方法如下：

Sym(r,'f')：表示返回符号浮点表示式。

Sym(r,'r')：表示返回符号有理数表示式。

Sym(r,'e')：表示返回符号有理数表示式，同时根据 eps 给出 r 的理论和实际计算差。

Sym(r,'d')：表示返回符号十进制小数。

1.4.3 数值矩阵转换为符号矩阵

在 MATLAB 中，必须事先定义符号矩阵，才能对矩阵进行符号运算，将数值矩阵转换成符号矩阵的调用格式如下。

Sym(矩阵名)：数值矩阵转换成符号矩阵。

【例 1-12】 将数值矩阵 *A* 转成一个符号矩阵。

```
>> A = hilb(3)
>> A = sym(A)
```

运行结果如下：

```
A =
    1.0000 0.5000 0.3333
    0.5000 0.3333 0.2500
    0.3333 0.2500 0.2000
A =
    [ 1 , 1/2, 1/3]
    [ 1/2, 1/3, 1/4]
    [ 1/3, 1/4, 1/5]
```

1.4.4 符号替换

在 MATLAB 中，subs 函数用于符号变量的替换，该命令适用单个符号矩阵、符号表

达式、符号代数方程和微分方程中的变量替换,该函数的调用方法如下:

subs(S, new):表示用新变量 new 替换 S 中的默认变量。

subs(S, new, old):表示用新变量 new 替换 S 中的指定变量 old。如果新变量是符号变量,必须将新变量名以'new'形式给出。

【例 1-13】 以符号变量'5'替换符号表达式 f 中的'A'。

```
>> f = sym('sin(1/3 * A * pi)');
>> subs(f, '5','A')
ans =
sin((pi * A)/3)
```

1.4.5 常用的符号运算

符号变量和数字变量之间可以转换,也可以用数字代替符号得到数值。符号运算的种类很多,出于篇幅的考虑,下面仅对常用的符号运算进行介绍,其他的使用方法大同小异。

1. diff 函数与 int 函数

在 MATLAB 中,diff 函数是用于求微分的符号函数。int 函数是用于求积分的符号函数。这些函数的调用方法如下:

diff(f):表示对符号表达式 f 进行微分运算。

diff(f,a):表示 f 对指定变量 a 进行微分运算。

diff(f,a,n):表示计算 f 对默认变量或指定变量 a 的 n 阶导数,n 是正整数。

int(f):表示对于符号变量 f 代表的符号表达式,求 f 关于默认变量的不定积分。

int(f,v):表示计算 f 关于变量 v 的不定积分。

int(f,a,b)或 int(f,v,a,b):表示计算 f 关于默认变量或指定变量 v 从 a 到 b 的定积分。

【例 1-14】 对符号进行微分运算。

```
>> syms x n                        %定义符号变量 x 和 n
>> f = x^n;                        %定义符号表达式 f
>> diff(f,x)                       %符号表达式 f 对 x 求导
>> diff(f,n)                       %注意,是 f 对符号变量 n 求导
>> df2 = diff(f,x,2)               %计算 f 对符号变量 x 的二阶导数
ans =
  n * x^(n - 1)
  ans =
  x^n * log(x)
df2 =
  n * x^(n - 2) * (n - 1)
```

【例 1-15】 对于函数 $s(x,y) = xe^{-xy}$,先求 s 关于 x 的不定积分,再求所得结果关于 y 的不定积分。

```
>> syms x y
s = 'x * exp( - x * y)';
f = int(int(s),y)
```

运行结果如下：

```
f = 1/y * exp( - x * y)
```

2. limit 函数与 dsolve 函数

在 MATLAB 中，limit 是用于求极限的符号函数。dsolve 函数既可以解符号微分方程，也可以解普通微分方程。由于规定用符号 D 表示微分，D2，D3，…，Dn 相应表示2阶，3阶，…，n 阶微分；如不加声明，则默认符号变量为 t；D2y 代表 $\dfrac{d^2 y}{dt^2}$，Dy 代表 $\dfrac{dy}{dt}$；在解微分方程时，D 不用作符号变量。如果还有初始条件，则需作另外的方程说明。这些函数的调用方法如下：

limit (F,x,a)：表示取符号表达式 F 在 x 趋于 a 时的极限。

limit (F,a)：表示按前面说过的规定自动搜索 F 中的符号变量，求其趋于 a 时 F 的极限。

limit (F)：表示指定了 a = 0 为极限点。

limit (F,x,a,'right')或 LIMIT(F,x,a,'left')：表示规定了 x 趋于 a 的方向，也即用于取左极限或右极限。

【例 1-16】 利用 dsolve 函数既解微分方程。

```
>> y = dsolve('Dy = 1 + y^2','y(0) = 1')        % 符号变量 y 对默认变量 t 的一阶方程
y =
tan(pi/4 + t)
```

3. solve 函数

在 MATLAB 中，solve 函数用于解代数方程组，该函数的调用方法如下：
solve(S1,S2)：解代数方程组。S1，S2 是方程的符号表达式。

例如，求解方程组 $\begin{cases} x^2 y^2 = 0 \\ x - \dfrac{y}{2} = \alpha \end{cases}$

```
syms x y alpha
[x,y] = solve(x^2 * y^2, x - y/2 - alpha)
```

运行后将返回符号变量 x，y 的解，各 4 个。返回的解即使是数字量，仍然是符号变量。

1.4.6　关系运算和逻辑运算

MATLAB 提供了关系运算符和逻辑运算符，如表 1-5 和表 1-6 所示，主要用于基于

真/假命题的各类 MATLAB 命令的流程和执行次序。

表 1-5	关系运算符
符　号	功　能
<	小于
<=	小于等于
>	大于
>=	大于等于
==	等于
~=	不等于

表 1-6	逻辑运算符
符　号	功　能
&	与
|	或
~	非

1.5　程序流程控制语句

MATLAB 提供了很多程序流程控制语句,如顺序结构、判断语句、分支语句、循环语句以及其他流程控制函数。

1.5.1　数据的输入与输出

在 MATLAB 中,input 函数用于实现数据的输入,disp 函数用于实现数据的输出,该函数的调用格式如下:

A=input(提示信息,选项):提示信息是一个字符串,用于提示用户输入什么样的数据。

A=input('A='):如果在 input 函数调用时采用's'选项,则允许用户输入一个字符串。

disp(输出项):其中输出项既可以为字符串,也可以为矩阵。当用 disp 函数显示矩阵时,将不显示矩阵的名字,而且其格式更紧密,且不留任何没有意义的空行。

【例 1-17】 输入一个人的姓名示例。

```
question = input ('What''s your name?', 's')
```

【例 1-18】 求一元二次方程 $ax^2+bx+c=0$ 的根。

```
a = input('a = ');
b = input('b = ');
c = input('c = ');
d = b * b - 4 * a * c;
x = [(-b + sqrt(d))/(2 * a), (-b - sqrt(d))/(2 * a)]
disp(['x1 = ',num2str(x(1)),',x2 = ',num2str(x(2))]);
```

1.5.2　顺序结构

顺序结构是最简单的程序结构,系统在编译程序时,按照程序的物理位置顺序执行。

这种程序优点是容易编制；缺点是结构单一，能够实现的功能有限。例如：

```
>> r = 1;
h = 1;
s = 2 * r * pi * h + 2 * pi * r ^ 2;
v = pi * r ^ 2 * h;
disp('The surface area of the colume is:'),disp(s);
disp('The volume of the colume is:'),disp(v);
```

运行结果如下：

```
The surface area of the colume is:
    12.5664
The volume of the colume is:
    3.1416
```

1.5.3 判断语句

在 MATLAB 中，判断语句可以使程序中的一段代码只在满足一定条件时才执行。if 与 else 或 elseif 连用，偏向于是非选择，当某个逻辑条件满足时执行 if 后的语句，否则执行 else 语句。结构为

```
if … end
```

当程序只有一个判断语句时，可以选择 if…end 结构，此时程序结构为

```
if 表达式
    执行程序块
end
```

只有一个判断语句，其中的表达式为逻辑表达式，当表达式为真时，执行相应的语句，否则，直接跳到下一段语句。语句中的 end 是绝不可少的，没有它，在逻辑表达式为 0 时，就找不到继续执行程序的入口。结构为

```
if … else … end
```

当程序有两个选择时，可以选择 if…else…end 结构，此时程序结构为

```
if 表达式
    执行程序块 1
else
    执行程序块 2
end
```

当判断表达式为真时，执行程序块 1，否则执行程序块 2。结构为

```
if … elseif … else … end
```

当程序的判断包含多个选择时,可以采用 if…else…end 结构,此时程序结构为

```
if 表达式 1
    执行程序块 1
elseif 表达式 2
    执行程序块 2
elseif...
    ⋮
else
    执行程序块
end
```

其中,可以包含任意多个 elseif 语句。

【例 1-19】 判断输入的两个参数 *a* 和 *b* 是否都大于 0,是则返回"*a* 和 *b* 都大于 0", 否则不返回,程序最后返回"否"。

```
>> a = input('a = ');
b = input('b = ');
if a > 0 & b > 0
    disp('a 和 b 都大于 0');
end
disp('否');
```

【例 1-20】 判断输入的两个参数 *a* 和 *b* 是否都大于 0,是则返回"*a* 和 *b* 都大于 0", 如果不全大于 0,则显示"*a* 和 *b* 不全都大于 0"。

```
>> a = input('a = ');
b = input('b = ');
if a > 0 & b > 0
    disp('a 和 b 都大于 0');
else
    disp('a 和 b 不全都大于 0');
end
```

【例 1-21】 计算分段函数的值。

```
>> x = input('请输入 x 的值:');
if x <= 0
    y = (x + sqrt(pi))/exp(3);
else
    y = log(x + sqrt(1 + x * x))/3;
end
```

【例 1-22】 判断输入学生成绩的所属等级:60 以下不合格,60~70 中等,70~89 良 好,90 以上优秀。

```
>> n = input('input the score:')
if   n >= 0 &   n < 60
```

```
        A = '不合格'
elseif n > = 60 & n < 70
        A = '中等'
elseif n > = 70 & n < 89
        A = '良好'
elseif n > = 90 &n < 100
        A = '优秀'
else
        A = '输入错误'
end
```

1.5.4 分支语句

在 MATLAB 中,还提供了另一种多选择语句为分支语句。分支语句的结构如下:

```
switch 分支语句
   case   条件语句
      执行程序块
   case {条件语句 1, 条件语句 2, 条件语句 3, …}
      执行程序块
   otherwise
      执行程序块
end
```

其中,分支语句为一个变量(数值或者字符串变量),如果该变量的值与某一条件相符,则执行相应的语句,否则,执行 otherwise 后面的语句。在每一个条件中,可以包含一个条件语句,也可以包含多个条件,当包含多个条件时,将条件以单元数组的形式表示。

【例 1-23】 底对数的实现。

```
>> A = input('底');
B = input('对数值');
switch a
        case exp(1)
             y = log(B);
        case 2
             y = log2(B);
        case 10
             y = log10(B);
        otherwise
             y = log(B)/log(A);
end
```

【例 1-24】 某商场对顾客所购买的商品实行打折销售,标准为: 小于 200(没有折扣),200～500(5％折扣),500～1000(8％折扣),1000～2500(15％折扣),2500～5000(20％折扣),大于等于 5000(25％折扣)。输入所售商品的价格,求其实际销售价格。

```
>> p = input('输入商品价格');
switch fix(p/100)
    case {0,1}                  % 小于 200
        r = 0;
    case {2,3,4}                % 200 ~ 500
        r = 5/100;
    case num2cell(5:9)          % 500~1000
        r = 8/100;
    case num2cell(10:24)        % 1000~2500
        r = 15/100;
    case num2cell(25:49)        % 2500~5000
        r = 20/100;
    otherwise                   % 大于等于 5000
        r = 25/100;
end
p = p * (1 - r)                 % 输出商品实际销售价格
```

1.5.5 for 循环语句与 while 循环语句

在 MATLAB 中,for 语句调用的基本格式如下:

```
for  index = 初值: 增量: 终值
    语句组 A
end
```

其中,A 为循环体。

此语句表示把语句组 A 反复执行 N 次。循环次数 N(需要预先指定)为:$N = 1 + ($终值$-$初值$)/$增量。在每次执行时程序中的 index 的值按"增量"增加。for 语句的嵌套也称为循环嵌套,或称为多重循环结构多重循环结构是指一个循环结构的循环体又包括一个循环结构。

while 语句用于将相同的程序块执行多次(次数不需要预先指定),当条件表达式为真时,执行程序块,直到条件表达式为假。

while 语句的结构如下:

```
    while 表达式
        执行程序块
    end
```

【例 1-25】 用 for 循环求解 $1+2+\cdots+99+100$。

```
>> s = 0;
for  k = 1:100
        s = s + k;
end
```

【例 1-26】 用 for 循环计算 $\sum\limits_{k=1}^{100} \dfrac{1}{2^{k+2}}$。

```
>> s = 0;
for   k = 1:100
      s = s + 1/2 ^ (k + 2);
end
```

【例 1-27】 建立一个 100 阶数组,数组中的每一个元素 $A(k, n)$ 满足 $A(k, n) = 1/(k+n-1)$。

```
>> for   k = 1:100
      for   n = 1:100
          A(k, n) = 1/(k + n - 1);
      end
end
```

【例 1-28】 用 while 循环求解最小的 m,使其满足 $\sum\limits_{i=1}^{m} i > 100$。

```
>> s = 0;
m = 0;
while ( s < = 100)
      m = m + 1;
      s = s + m;
end
```

1.6   本章小结

本章首先介绍 MATLAB 的产生、发展历程及其特点,接着讲述桌面操作结构、查询帮助命令、变量及表达式、符号运算,最后介绍了程序流程控制语句。希望读者仔细阅读,以便对 MATLAB 图像处理有一个大致了解,为后面核心技术与工程应用的学习做好铺垫。

从结构上讲,矩阵(数组)是 MATLAB 数据存储的基本单元。从运算角度讲,矩阵形式的数据有多种运算形式,例如向量运算、矩阵运算、数组运算等。

学习目标:

(1) 熟悉 MATLAB 矩阵的表示方法、寻访的操作方法及其实现步骤。

(2) 理解矩阵运算的基本原理及其实现步骤。

2.1　矩阵的创建

MATLAB 的强大功能之一是能直接处理向量或矩阵。当然首要任务是输入待处理的向量或矩阵。

对于数组的创建有如下 4 种方法:

(1) 直接输入法。

(2) 载入外部数据文件。

(3) 利用 MATLAB 内置函数创建矩阵。

(4) 利用 M 文件创建和保存数组。

2.1.1　直接输入法

最简单的建立矩阵的方法是从键盘直接输入矩阵的元素——将矩阵的元素用方括号括起来,按矩阵行的顺序输入各元素,同一行的各元素之间用空格或逗号分隔,不同行的元素之间用分号分隔。如果只输入一行就形成一个数组(又称作向量)。矩阵或数组中的元素可以是任何 MATLAB 表达式,可以是实数,也可以是复数。在此方法下创建矩阵需要注意以下规则:

(1) 矩阵元素必须在[ ]内。

(2) 矩阵的同行元素之间用空格(或“,”)隔开。

(3) 矩阵的行与行之间用“;”(或回车符)隔开。

【例 2-1】 用两种直接输入的方法来创建矩阵。

```
>> C = [1  21  3;42  5  6;7  8  91]
>> D = [3   5   6;
        23  56  78;
        99  87   1]
```

运行结果如下:

```
C =
     1  21   3
    42   5   6
     7   8  91

D =
     3   5   6
    23  56  78
    99  87   1
```

2.1.2　载入外部数据文件

在 MATLAB 中,Load 函数用于载入生成的包含矩阵的二进制文件,或者读取包含数值数据的文本文件。文本文件中的数字应排列成矩形,每行只能包含矩阵的一行元素,元素与元素之间用空格分隔,各行元素的个数必须相等。

例如,用 Windows 自带的"记事本"或用 MATLAB 的文本调试编辑器创建一个包含下列数字的文本文件:

```
1 2 3 4 5 6 7 8 9 0
```

把该文件命名为 data.txt,并保存在 MATLAB 的目录下。如需读取该文件,可在命令行窗口中输入:

```
>> load data.txt
```

系统将读取该文件并创建一个变量 data,包含上面的这个矩阵。在 MATLAB 工作空间中可以查看这个变量。

【例 2-2】 读取数据文件 trees。

```
clear all;
load trees              % 读取二进制数据文件
image(X)                % 以图像的形式显示数组 X
colormap(map)           % 设置颜色查找表为 map
```

运行结果如图 2-1 所示。

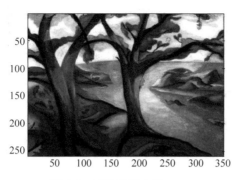

图 2-1 读取数据文件 trees

读取数据文件 trees,在工作空间会产生数组 X,可以打开查看并编辑该数组。

2.1.3 利用 MATLAB 内置函数创建矩阵

在 MATLAB 中,系统内置特殊函数可以用于创建矩阵,通过这些函数,可以很方便地得到想要的特殊矩阵。系统内置创建矩阵特殊的函数如表 2-1 所示。

表 2-1 系统内置创建矩阵特殊函数

函 数 名	功 能 介 绍
ones()	产生全为 1 的矩阵
zeros()	产生全为 0 的矩阵
eye()	产生单位阵
rand()	产生在(0,1)区间均匀分布的随机阵
randn()	产生均值为 0,方差为 1 的标准正态分布随机矩阵
compan	伴随矩阵
gallery	Higham 检验矩阵
hadamard	Hadamard 阵
hankel	Hankel 阵
hilb	Hilbert 阵
invhilb	逆 Hilbert 阵
magic	魔方阵
pascal	Pascal 阵
rosser	经典对称特征值
toeplitz	Toeplitz 阵
vander	Vander 阵
wilknsion	Wiknsion 特征值检验矩阵

【例 2-3】 利用几种系统内置特殊函数来创建矩阵。

```
>> Z1 = zeros(5,4)      %产生5×4全为0的矩阵
>> Z2 = ones (5,4)      %产生5×4全为1的矩阵
>> Z3 = eye (5,4)       %产生5×4的单位矩阵
```

```
>> Z4 = rand (5,4)          %产生 5×4 的在(0,1)区间均匀分布的随机阵
>> Z5 = randn(5,4)          %产生 5×4 的均值为 0,方差为 1 的标准正态分布随机矩阵
>> Z6 = hilb(3)             %产生三维的 Hilbert 阵
>> Z7 = magic(3)            %产生 3 阶的魔方阵
```

运行结果如下:

```
Z1 =
     0  0  0  0
     0  0  0  0
     0  0  0  0
     0  0  0  0
     0  0  0  0
Z 2 =
     1  1  1  1
     1  1  1  1
     1  1  1  1
     1  1  1  1
     1  1  1  1
Z3 =
     1  0  0  0
     0  1  0  0
     0  0  1  0
     0  0  0  1
     0  0  0  0
Z4 = =
     0.9572  0.9157  0.8491  0.3922
     0.4854  0.7922  0.9340  0.6555
     0.8003  0.9595  0.6787  0.1712
     0.1419  0.6557  0.7577  0.7060
     0.4218  0.0357  0.7431  0.0318
Z5 =
    -1.0689   -0.7549    0.3192    0.6277
    -0.8095    1.3703    0.3129    1.0933
    -2.9443   -1.7115   -0.8649    1.1093
     1.4384   -0.1022   -0.0301   -0.8637
     0.3252   -0.2414   -0.1649    0.0774
Z6 =
     1.0000  0.5000  0.3333
     0.5000  0.3333  0.2500
     0.3333  0.2500  0.2000
Z7 =
     8  1  6
     3  5  7
     4  9  2
```

2.1.4 利用 M 文件创建和保存矩阵

此方法需要用 MATLAB 自带的文本编辑调试器或其他文本编辑器来创建一个文件,代码和要在 MATLAB 命令行窗口中输入的命令一样,然后以.m 格式保存该文件。

把输入的内容以纯文本方式存盘(设文件名为 matrix.m)。

【例 2-4】 A=[23 22 56;42 5 80;7 76 92]。

```
在 MATLAB 命令行窗口中输入 matrix
>> matrix
A =
    23  22  56
    42   5  80
     7  76  92
```

即运行该 M 文件,就会自动建立一个名为 matrix 的矩阵,可供以后使用。

2.2　矩阵的寻访

在 MATLAB 中,矩阵寻访主要有下标寻访、单元素寻访和多元素寻访,下面进行介绍。

2.2.1　下标元素访问

MATLAB 中的矩阵下标表示法与数学表示法相同,使用"双下标",即分别表示行与列,矩阵中的元素都有对应的"第几行,第几列"。

除了双下标表示法,MATLAB 还提供了一种线性下标表示法,又称"单下标"法,使用线性下标时,系统默认矩阵的所有元素按照列从上到下,行从左到右排成一列,只需使用一个下标索引就可以定位矩阵中的任何一个元素。

MATLAB 还提供了用户下标计算函数,sub2ind 用于双下标计算单下标。ind2sub 用于单下标计算双下标,以方便不同下标之间的转换。

【例 2-5】 利用双下标提取矩阵元素。

```
>> r = randn(3)
r =
    -0.2649     2.2093    -2.2242
     0.6277    -0.8637    -2.2235
     2.0933     0.0774    -0.0068
>> r(1,1)        % r11
ans =
    -0.2649
>> r(2,2)        % r22
ans =
    -0.8637
>> r(3,3)        % r33
ans =
    -0.0068
```

【例 2-6】 创建一个矩阵,用单、双下标进行相应元素的访问,并用双下标计算单下标。

```
>> clear all;
>> A = [2 5 9 20;3 6 7 22;7 8 9 23;5 8 24 25]
A =
     2     5     9    20
     3     6     7    22
     7     8     9    23
     5     8    24    25
>> A(4,3)                 %使用双下标访问 A 矩阵的第 4 行第 3 列的元素
ans =
    24
>> A(22)                  %单下标访问
ans =
    24
>> sub2ind(size(A), 4,3)  %双下标转换为单下标
ans =
    12
>> A(12)
ans =
    14
```

2.2.2 访问单元素

在 MATLAB 中，必须指定行数和列数，才能访问一个矩阵中的单个元素。例如，访问矩阵 M 中的任何一个单元素。

M＝(row,column)：其中 row 和 column 分别代表行数和列数。

【例 2-7】 对矩阵 M 进行单元素寻访。

```
>> M = randn(3)
>> x = M (1,2)
>> y = M (2,3)
>> z = M (3,3)
M =
    0.3724   -2.0892   2.2006
   -0.2256    0.0326   2.5442
    2.2274    0.5525   0.0859
x =
   -2.0892
y =
    2.5442
z =
    0.08593
```

2.2.3 访问多元素

矩阵多元素的寻访，包括寻访该矩阵的某一行或某一列的若干元素，访问整行、整列

元素,访问若干行或若干列的元素以及访问矩阵所有元素等。

(1) A(e1:e2:e3)表示取数组或矩阵 A 的第 e1 元素开始每隔 e2 步长一直到 e3 的所有元素。

(2) A([m n l])表示取数组或矩阵 A 中的第 m,n,l 个元素。

(3) A(:,j)表示取 A 矩阵的第 j 列全部元素。

(4) A(i,:)表示 A 矩阵第 i 行的全部元素。

(5) A(i:i+m,:)表示取 A 矩阵第 i~i+m 行的全部元素。

(6) A(:,k:k+m)表示取 A 矩阵第 k~k+m 列的全部元素。

(7) A(i:i+m,k:k+m)表示取 A 矩阵第 i~i+m 行内,并在第 k~k+m 列中的所有元素。

(8) 还可利用一般向量和 end 运算符来表示矩阵下标,从而获得子矩阵。end 表示某一维的末尾元素下标。

【例 2-8】 对创建的矩阵进行多元素访问。

```
>> M = randn(4)
>> M(1,:)                %访问第 1 行所有元素
>> M(1:3,:)              %访问 2~4 行所有元素
>> M(:,2)               %访问第 2 行所有元素
>> M(:)                 %访问所有元素
M =
      0.2978      0.8352     -2.2480     -0.6669
      2.5877     -0.2437      0.2049      0.2873
     -0.8045      0.2257      0.7223     -0.0825
      0.6966     -2.2658      2.5855     -2.9330
ans =
      0.2978      0.8352     -2.2480     -0.6669
ans =
      0.2978      0.8352     -2.2480     -0.6669
      2.5877     -0.2437      0.2049      0.2873
     -0.8045      0.2257      0.7223     -0.0825
ans =
      0.8352
     -0.2437
      0.2257
     -2.2658
ans =
      0.2978
      2.5877
     -0.8045
      0.6966
      0.8352
     -0.2437
      0.2257
     -2.2658
     -2.2480
      0.2049
```

```
    0.7223
    2.5855
  - 0.6669
    0.2873
  - 0.0825
  - 2.9330
```

2.3   矩阵的拼接

两个或者两个以上的单个矩阵,按一定的方向进行连接,生成新的矩阵就是矩阵的拼接。矩阵的拼接是一种创建矩阵的特殊方法,区别在于基础元素是原始矩阵,目标是新的合并矩阵。矩阵的拼接有按水平方向拼接和按垂直方向拼接两种。例如,对矩阵 A 和 B 进行拼接,拼接表达式分别如下:

水平方向拼接: $C = [A\ B]$ 或 $C = [A, B]$

垂直方向拼接: $C = [A; B]$。

【例 2-9】 把 3 阶魔术矩阵和的 3 阶单位矩阵在水平方向上拼接成为一个新的矩阵,垂直方向上拼接成为一个新的矩阵。

```
>> clear all;
A = magic(3)                    % 3 阶魔术矩阵
B = eye (3)                     % 3 阶单位矩阵
E = [A,B]                       % 水平方向上拼接
F = [A;B]                       % 垂直方向上拼接
```

运行结果如下:

```
A =
     8  1  6
     3  5  7
     4  9  2
B =
     1  0  0
     0  1  0
     0  0  1
E =
     8  1  6  1  0  0
     3  5  7  0  1  0
     4  9  2  0  0  1
F =
     8  1  6
     3  5  7
     4  9  2
     1  0  0
     0  1  0
     0  0  1
```

矩阵拼接时,必须满足原始矩阵维数对应,如果不满足条件,则拼接不会成功,即出错。

【例 2-10】 非对应矩阵的拼接。

```
>> clear all;
a = [2 5 9;3 5 7]          % 生成2×3阶矩阵
a =
    2   5   9
    3   5   7
>> b = [2 5;3 7;8 2]       % 生成3×2阶矩阵
b =
    2   5
    3   7
    8   2
>> c = [a b]               % 矩阵的水平方向拼接
>> d = [a;b]               % 矩阵的垂直方向拼接
```

运行的结果将会出错。

错误:表达式或语句不完整或不正确。

在 MATLAB 中,除了使用矩阵拼接符[],还可以使用矩阵拼接函数执行。

(1) cat 函数用于按指定的方向连接矩阵。其调用格式为:

C = cat(dim,A,B):按照 dim 指定的方向连接矩阵 A 与 B,构造出矩阵 C。

其中,dim 用于指定连接方向。

C = cat(dim,A1,A2,A3,A4,…):A1,A2,A3,A4,…表示被连接的多个矩阵。

【例 2-11】 利用 cat 函数拼接矩阵。

```
>> clear all;
A2 = [2 2;3 4]
A2 = [5 6;7 8]
C1 = cat(1,A1,A2)          % 垂直拼接
C2 = cat(2,A2,A2)          % 水平拼接
C3 = cat(3,A2,A2)          % 三维数组
```

运行结果如下:

```
A2 =
    2   2
    3   4
A2 =
    5   6
    7   8
C2 =
    2   2
    3   4
    5   6
    7   8
```

```
C2 =
     2   2   5   6
     3   4   7   8
C3(:,:,2) =
     2   2
     3   4
C3(:,:,2) =
     5   6
     7   8
```

（2）repmat 函数用于通过输入矩阵的备份拼接出一个大矩阵。其调用格式为：

B = repmat(A,m,n)或 B = repmat(A,[m n])：rempat 函数建立一个大矩阵 B，B 是由矩阵 A 的备份拼接而成的，纵向摆 m 个备份，横向摆 n 个备份，B 中总共包含 m×n 个 A。A 为被用来进行复制的矩阵；m 为纵向上复制 A 的次数；n 为横向上复制 A 的次数。

B = repmat(A,[m n p⋯])：repmat 函数生成一个多维（m×n×p×⋯）数组 B，B 由矩阵 A 的 m×n×p×⋯个备份在多个方向拼接而成。

当 A 为标量时，生成一个 m×n 矩阵（矩阵由指定数据类型的 A 的值组成）。对于某些值，使用其他函数也可以获得同样的结果。下面是某些值用不同函数得到同样结果的例子。

```
rempat(NaN,m,n)等价于 NaN(m,n)。
rempat(single(inf),m,n)等价于 inf(m,n,'single')。
rempat(int8(0),m,n)等价于 zeros(m,n,'int8')。
rempat(uint32(1),m,n)等价于 ones(m,n,'uint32')。
rempat(eps,m,n)等价于 eps(ones(m,n))。
```

【例 2-12】 使用 rempat 函数复制矩阵。

```
>> clear all;
>> B = repmat(eye(3),3,4)
B =
     1  0  0  1  0  0  1  0  0  1  0  0
     0  1  0  0  1  0  0  1  0  0  1  0
     0  0  1  0  0  1  0  0  1  0  0  1
     1  0  0  1  0  0  1  0  0  1  0  0
     0  1  0  0  1  0  0  1  0  0  1  0
     0  0  1  0  0  1  0  0  1  0  0  1
     1  0  0  1  0  0  1  0  0  1  0  0
     0  1  0  0  1  0  0  1  0  0  1  0
     0  0  1  0  0  1  0  0  1  0  0  1
```

【例 2-13】 建立 9 个 1 的矩阵。

```
>> N = repmat(1,[3,3])
```

运行结果如下：

```
N =
    1  1  1
    1  1  1
    1  1  1
```

（3）horzcat 函数用于对矩阵进行水平拼接。其调用格式为：

C ＝ horzcat(A1，A2，…)：水平连接多个矩阵 A1，A2，…，参数列表中的所有矩阵都必须有相同的行数。

horzcat 函数连接 n 维数组是沿第二维（即行）的方向，因此被连接数组的第一维和其他维的大小必须匹配。

【例 2-14】　利用 horzcat 函数建立一个 3×5 阶的矩阵 A 及一个 3×3 阶的矩阵 B，然后进行水平连接。

```
>> clear all;
>> A = magic(5);                    % 5 阶魔方矩阵
>> A(4:5,:) = []
>> B = magic(3) * 1000
>> C = horzcat(A, B)               % 水平连接矩阵
```

运行结果如下：

```
A =
    17   24    1    8   15
    23    5    7   14   16
     4    6   13   20   22
B =
    8000   1000   6000
    3000   5000   7000
    4000   9000   2000
C =
    17   24    1    8   15   8000   1000   6000
    23    5    7   14   16   3000   5000   7000
     4    6   13   20   22   4000   9000   2000
```

（4）vertcat 函数用于垂直连接矩阵。其调用格式为：

C ＝ vertcat(A1，A2，…)：用于垂直连接多个矩阵 A1，A2，…，参数列表中的所有矩阵都必须有相同的列数。该函数连接 n 维数组是沿第一维（即列）的方向，因此被连接数组的其他维的大小必须匹配。当使用 C＝[A1;A2;…]垂直连接矩阵时，实际上是调用 C＝vertcat(A1,A2,…)函数。

【例 2-15】　利用 vertcat 函数对创建的 A、B 矩阵进行垂直拼接。

```
>> clear all;
>> A = magic(5);
A(:, 4:5) = []                      % 创建一个 5×3 的矩阵 A
>> B = magic(3) * 1000              % 创建一个 3×3 的矩阵
>> C = vertcat(A,B)                 % 矩阵的垂直拼接
```

运行结果如下：

```
A =
    17    24     1
    23     5     7
     4     6    13
    10    12    19
    11    18    25
B =
    8000   1000   6000
    3000   5000   7000
    4000   9000   2000
C =
    17      24       1
    23       5       7
     4       6      13
    10      12      19
    11      18      25
    8000   1000   6000
    3000   5000   7000
    4000   9000   2000
```

（5）blkdiag 函数用于通过输入的矩阵构造一个块对角矩阵。其调用格式为：

T = blkdiag(AB,C,D,…)：blkdiag 函数用输入的矩阵 A，B，C，D，…构造一个块对角矩阵 T。

【例 2-16】 利用 blkdiag 函数由矩阵 **A**、**B**、**C**、**D** 构造一个块对角矩阵 **T**。

```
>> clear all;
A = eye(2);
B = ones(2,2);
C = [1 2;3 4;5 6];
D = magic (3);
T = blkdiag(A,B,C,D)
```

运行结果如下：

```
T =
     1   0   0   0   0   0   0   0   0
     0   1   0   0   0   0   0   0   0
     0   0   1   1   0   0   0   0   0
     0   0   1   1   0   0   0   0   0
     0   0   0   0   1   2   0   0   0
     0   0   0   0   3   4   0   0   0
     0   0   0   0   5   6   0   0   0
     0   0   0   0   0   0   8   1   6
     0   0   0   0   0   0   3   5   7
     0   0   0   0   0   0   4   9   2
```

2.4　矩阵的运算

MATLAB 中矩阵的运算包括＋(加)、－(减)、＊(乘)、/(右除)、\(左除)、^(乘方)等运算。

2.4.1　矩阵的加减运算

两个矩阵相加或减是指有相同的行和列两矩阵的对应元素相加减。允许参与运算的两矩阵之一是标量(常量)。标量与矩阵的所有元素分别进行加减操作。

【例 2-17】　由 $A+B$ 和 $A-B$ 实现矩阵的加减运算。

```
A = [5 4 6;8 9 7;3 6 4]
B = [9 1 7;5 6 6;5 6 8]
C = A + B
D = A - B
```

运行结果如下:

```
A =
    5    4    6
    8    9    7
    3    6    4
B =
    9    1    7
    5    6    6
    5    6    8
C =
   14    5   13
   13   15   13
    8   12   12
D =
   -4    3   -1
    3    3    1
   -2    0   -4
```

如果 A 与 B 的维数不相同,则 MATLAB 将给出错误信息,例如,提示用户两个矩阵的维数不匹配。

```
A = [5 4 6;8 9 7;3 6 4]
B = [9 1 7;5 6 6;5 6 8;7 9 8]
C = A + B
D = A - B
```

则 MATLAB 将给出错误信息,提示用户两个矩阵的维数不匹配。

2.4.2　矩阵的乘除运算

假定有两个矩阵 A 和 B，若 A 为 $m×n$ 矩阵，B 为 $n×p$ 矩阵，则可以进行矩阵乘法的操作，即 $C=A*B$ 为 $m×p$ 矩阵。矩阵乘法需要被乘矩阵的列数与乘矩阵的行数相等。

矩阵除法运算：\和/分别表示左除和右除。$A\backslash B$ 等效于 A 的逆左乘 B 矩阵，而 B/A 等效于 A 矩阵的逆右乘 B 矩阵。左除和右除表示两种不同的除数矩阵和被除数矩阵的关系。对于矩阵运算，一般 $A\backslash B≠B/A$。

【例 2-18】　矩阵乘法示例。

```
A=[5 4 6;8 9 7;3 6 4]
B=[9 1 7 1;5 6 6 2;5 6 8 3]
C=A*B
```

运行结果如下：

```
A =
    5    4    6
    8    9    7
    3    6    4
B =
    9    1    7    1
    5    6    6    2
    5    6    8    3
C =
    95    65   107   31
   152   104   166   47
    77    63    89   27
```

当矩阵相乘不满足被乘矩阵的列数与乘矩阵的行数相等时，例如：

```
A=[5 6;8 7;3 4]
B=[9 1 7 1;5 6 6 2;5 6 8 3]
C=A*B
```

则 MATLAB 将给出错误信息：Error using * Matrix dimensions must agree 提示用户两个矩阵的维数不匹配。

【例 2-19】　矩阵除法示例。

```
clear
A=[5 4 6;8 9 7;3 6 4];
B=[9 ;1 ;7];
C=A\B
```

运行结果如下：

```
C =
    - 4.1538
    - 0.1154
      5.0385
```

2.4.3 矩阵的乘方

若 A 为方阵，x 为标量一个矩阵的乘方运算可以表示成 $A \char`\^ x$。

【例 2-20】 求矩阵的乘方。

```
A = [1 2 6;8 9 7;3 6 4];
B = A^2
C = A^3
B =
       35      56      44
      101     139     139
       63      84      76
C =
      615     838     778
     1630    2287    2135
      963    1338    1270
```

若 D 不是方阵：

```
D = A = [1 2 6;8 9 7]
B = D^2
```

则 MATLAB 将给出错误信息：Error：The expression to the left of the equals sign is not a valid target for an assignment.

2.4.4 按位运算

定义为矩阵各元素的运算叫做矩阵的按位运算。矩阵的按位运算符前面一般有"."作为前导符。按位乘(. *)、按位右除(. /)和按位左除(. \)的两个操作数是大小相同的数值数组，或者其中之一为标量。当两个操作数其中的一个为标量时，即等价于将该标量操作数扩展到另一个操作数大小相同的数组。

【例 2-21】 矩阵的按位运算示例。

```
>> A = [1 4;7 9]
B = [2 5;8 6]
C1 = A. * B
C2 = B. * A
C3 = A. /B
C4 = A. \B
C5 = A. ^B
```

运行结果如下：

```
A =
     1    4
     7    9
B =
     2    5
     8    6
C1 =
     2   20
    56   54
C2 =
     2   20
    56   54
C3 =
    0.5000   0.8000
    0.8750   1.5000
C4 =
    2.0000   1.2500
    1.1429   0.6667
C5 =
          1     1024
    5764801   531441
```

2.4.5 矩阵的行列式与秩

矩阵的行列式是一个数值，矩阵线性无关的行数与列数称为矩阵的秩。在 MATLAB 中，det 函数用于求方阵 **A** 所对应的行列式的值，rank 函数用于求矩阵的秩。

【例 2-22】 求矩阵的行列式。

```
A = [1 2 6;8 9 7;3 6 4]
det(A)
A =
     1    2    6
     8    9    7
     3    6    4
ans =
98
```

【例 2-23】 求矩阵的秩。

```
>> A = [5 4 6;8 9 7;3 6 4]
>> rank(A)
A =
     5    4    6
     8    9    7
     3    6    4
ans =
     3
```

2.4.6 矩阵的逆与迹

对于一个方阵 A,如果存在一个与其同阶的方阵 B,使得 $A*B=B*A=I$(I 为单位矩阵)则称 B 为 A 的逆矩阵,当然,A 也是 B 的逆矩阵。矩阵的迹等于矩阵的特征值之和。在 MATLAB 中,inv 函数用于求方阵的逆矩阵,trace 函数用于求矩阵的迹。

【例 2-24】 求矩阵的逆。

```
>> A = [1 2 3;5 5 6;7 7 9];
>> inv(A)
ans =
  -1.0000   -1.0000    1.0000
   1.0000    4.0000   -3.0000
   0.0000   -2.3333    1.6667
```

【例 2-25】 求矩阵的迹。

```
A = [2 2 3;4 5 -6; 7 8 9]
trace(A)
```

运行结果如下:

```
A =
    2    2    3
    4    5   -6
    7    8    9
ans = 16
```

2.4.7 矩阵的范数及其计算函数

在 MATLAB 中,cond 函数用于计算矩阵的范数。该函数的调用方法如下。

cond(A,1):表示计算 A 的 1-范数下的条件数。

cond(A)或 cond(A,2):表示计算 A 的 2-范数下的条件数。

cond(A,inf):表示计算 A 的 ∞-范数下的条件数。

【例 2-26】 求矩阵的范数。

```
>> A = [5 4 6;8 9 7;3 6 4];
X1 = cond(A,1)
X2 = cond(A)
X3 = cond(A,inf)
```

运行结果如下:

```
X1 =
   19
```

```
X2 =
    14.9448
X3 =
    24
```

2.4.8 矩阵的特征值与特征向量

在 MATLAB 中，eig 函数用于计算矩阵的特征值和特征向量，该函数调用方法如下。

E＝eig(B)：表示求矩阵 B 的全部特征值，构成向量 E。

[V,D]＝eig(B)：表示求矩阵 B 的全部特征值，构成对角阵 D，并求 B 的特征向量构成 V 的列向量。

[V,D]＝eig(B,'nobBlBnce')：与第二种格式类似，但第二种格式中先对 B 做相似变换后求矩阵 B 的特征值和特征向量，而格式三直接求矩阵 B 的特征值和特征向量。

【例 2-27】 求矩阵的特征值和特征向量。

```
>> B = rand(3,3)
x1 = eig(B)
[V,D] = eig(B)
Y1 = V * B
Y2 = V * D
```

运行结果如下：

```
B =
    0.3922   0.7060   0.0462
    0.6555   0.0318   0.0971
    0.1712   0.2769   0.8235

x1 =
   -0.4960
    1.0481
    0.6954

V =
    0.6174   -0.4576   -0.3467
   -0.7822   -0.3723   -0.2087
    0.0841   -0.8075    0.9145

D =
   -0.4960        0        0
        0   1.0481        0
        0        0   0.6954

Y1 =
   -0.1171    0.3253   -0.3015
   -0.5865   -0.6219   -0.2441
   -0.3398    0.2869    0.6785
```

```
Y2 =
  - 0.3062   - 0.4796   - 0.2411
    0.3879   - 0.3902   - 0.1451
  - 0.0417   - 0.8463     0.6359
```

2.4.9 矩阵的超越函数

MATLAB 中的数学运算函数,如 sqrt、exp、log 等都是作用在矩阵个元素上。MATLAB 还提供了一些直接作用于矩阵的超越函数,这些函数名都在上述内部函数名之后缀以 m,并规定输入参数必须是方阵。

sqrtm(A):计算矩阵的平方根。若 A 为是对称正定矩阵,则一定能算出它的平方根。若 A 矩阵含有负的特征根,则 sqrtm(A)将会得到一个复矩阵。

矩阵对数 logm 的输入参数的条件与输出结果间的关系和函数 sqrtm(A)完全一样。

矩阵指数 expm 的功能是求矩阵指数,expm 函数与 logm 函数是互逆的。

【例 2-28】 sqrt 用法示例。

```
A = [4 2;3 6]
B = sqrt(A)
```

运行结果如下:

```
A =
     4   2
     3   6
B =
     2.0000   1.4142
     1.7321   2.4495
```

【例 2-29】 sqrtm(A)用法示例。

```
A = [1 2;3 6]
B = sqrtm(A)
```

运行结果如下:

```
A =
     1   2
     3   6
B =
     0.3780   0.7559
     1.1339   2.2678
```

【例 2-30】 非正定矩阵的均方根示例。

```
A = [4 11;16 25];
X = eig(A)
B = sqrtm(A)
```

运行结果如下：

```
X =
   - 2.4189
    31.4189
R =
     1.0633 + 1.2603i  1.8222 - 0.5056i
     2.6504 - 0.7354i  4.5420 + 0.2950i
```

【例 2-31】 求矩阵的对数示例。

```
A = [1 9;6 25];
B = logm(A)
```

运行结果如下：

```
B =
    0.3065 + 2.9104i  1.0328 - 1.0047i
    0.6886 - 0.6698i  3.0608 + 0.2312i
```

【例 2-32】 求矩阵的指数示例。

```
B = [0.7719   0.9783
     0.6511   3.0557]
L = expm(B)
```

运行结果如下：

```
L =
    3.9934    8.9950
    5.9866   24.9919
```

【例 2-33】 通用函数示例。

```
A = [2 9;1 5]
funm(A,'log')
B = [2.0639  2.4308; 2.2701  2.3340]
funm(B,'exp')
```

运行结果如下：

```
A =
     2     9
     1     5
ans =
   - 0.8608   5.1649
     0.5739   0.8608
B =
     2.0639   2.4308
     2.2701   2.3340
```

```
ans =
    45.1387 48.5320
    45.3236 50.5314
```

2.5　本章小结

　　MATLAB 的基本数据结构为矩阵,其所有运算都是基于矩阵进行的。矩阵从形式上可以理解成二维的数组,它可以方便地存储和访问 MATLAB 中的各种数据类型。由于篇幅有限,本章只介绍最基本、最具代表性的矩阵运算,其他运算与之相似,读者可自行学习,熟练掌握。

第3章 MATLAB图像处理基础

数字图像处理是一门新兴技术,随着计算机硬件的发展,数字图像的实时处理已经成为可能,由于数字图像处理的各种算法的出现,使得其处理速度越来越快,能更好地为人们服务。本章将介绍图像的文件格式、常用的图像类型、基本的图像处理函数、图像类型转换等。

学习目标:

(1) 理解图像的文件格式、常用的图像类型、基本的图像处理函数。

(2) 掌握图像类型转换的基本原理及其实现步骤。

3.1　常用图像的文件格式与类型

图像是对人类感知外界信息能力的一种增强形式,是自然界景物的客观反映,是各种观测系统以不同形式和手段观测客观世界而获得的,可以直接或间接作用于人眼的实体。随着计算机技术的迅速发展,人们还可以人为地造出色彩斑斓、千姿百态的各种图像。

1. 文件格式

MATLAB 支持以下几种图像文件格式。

(1) PCX(Windows Paintbrush)格式。可处理 1、4、8、16、24 位等图像数据。文件内容包括文件头(128 字节)、图像数据、扩展颜色映射表数据。

(2) BMP(Windows Bitmap)格式。有 1、4、8、24 位非压缩图像,8 位 RLE(Run-Length Encoded)图像。文件内容包括文件头(一个 BITMAP FILEHEADER 数据结构)、位图信息数据块(位图信息头 BITMAP INFOHEADER 和一个颜色表)和图像数据。

(3) HDF(Hierarchical Data Format)格式。有 8、24 位光栅数据集。

(4) JPEG(Joint Photographic Experts Group)格式。联合图像专家组的图像压缩格式。

(5) TIFF(Tagged Image File Format)格式。处理 1、4、8、24 位

非压缩图像,1、4、8、24 位 packbit 压缩图像,一位 CCITT 压缩图像等。文件内容包括文件头、参数指针表与参数域、参数数据表和图像数据 4 部分。

(6) XWD(X Windows Dump)格式。1、8 位 Zpixmaps,XYbitmaps,1 位 XYpixmaps。

2. 类型

在 MATLAB 中,一幅图像可能包含一个数据矩阵,也可能包含一个颜色映射表矩阵。MATLAB 中有以下 4 种基本的图像类型。

1) 索引图像

索引图像包括图像矩阵与颜色图数组,其中,颜色图是按图像中颜色值进行排序后的数组。对于每个像素,图像矩阵包含一个值,这个值就是颜色图中的索引。颜色图为 m×3 双精度值矩阵,各行分别指定红绿蓝(RGB)单色值。Colormap=[R,G,B],R、G、B 的值域为[0,1]的实数值。图像矩阵与颜色图的关系依赖于图像矩阵是双精度型还是 uint8(无符号 8 位整型)类型。如果图像矩阵为双精度类型,第一点的值对应于颜色图的第一行,第二点对应于颜色图的第二行,以此类推。

如果图像矩阵是 uint8,有一个偏移量,第 0 点值对应于颜色图的第 1 行,第 1 点对应于第 2 行,以此类推; uint8 常用于图形文件格式,它支持 256 色。

2) 灰度图像

在 MATLAB 中,灰度图像保存在一个矩阵中,矩阵中的每一个元素代表一个像素点。矩阵可以是双精度类型,其值域为[0,1];也可以为 uint8 类型,其数据范围为 [0,255]。矩阵的每个元素代表不同的亮度或灰度级。

3) 二值图像

二值图像中,每个点为两离散值中的一个,这两个值代表开或关。二值图像保存在一个由二维的由 0(关)和 1(开)组成的矩阵中。从另一个角度讲,二值图像可以看成为一个仅包括黑与白的灰度图像,也可以看作只有两种颜色的索引图像。

二值图像可以保存为双精度或 uint8 类型的双精度数组,显然使用 uint8 类型更节省空间。在图像处理工具箱中,任何一个返回二值图像的函数都是以 uint8 类型逻辑数组来返回的。

4) RGB 图像

与索引图像一样,RGB 图像分别用红、绿、蓝 3 个亮度值为一组,代表每个像素的颜色。与索引图像不同的是,这些亮度值直接存在图像数组中,而不是存放在颜色图中。图像数组为 $M×N×3$,M、N 表示图像像素的行列数。

【例 3-1】 显示一幅二值图像。

```
bw = zeros(90,90);
bw(2:2:88,2:2:88) = 1;
imshow(bw);
```

运行结果如图 3-1 所示。

【例 3-2】 利用 image 函数显示一幅索引图像。

```
[X,MAP] = imread('autumn.tif');
image(X);
colormap(MAP)
```

运行结果如图 3-2 所示。

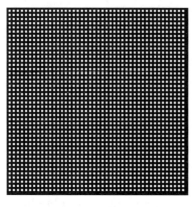

图 3-1　二值图像

图 3-2　索引图像

【例 3-3】　利用函数 imshow 显示一幅灰度图像。

```
I = imread('cell.tif');
imshow(I);
```

运行结果如图 3-3 所示。

【例 3-4】　利用 image 函数来显示一幅 RGB 图像。

```
RGB = imread('tissue.png');
image(RGB)
f RGB(12,9,:)        %要确定像素(12,9)的颜色
```

运行结果如下：

```
ans(:,:,1) = 227
ans(:,:,2) = 253
ans(:,:,3) = 240
```

运行结果如图 3-4 所示。

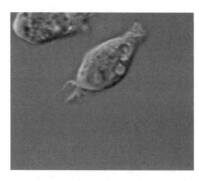

图 3-3　灰度图像

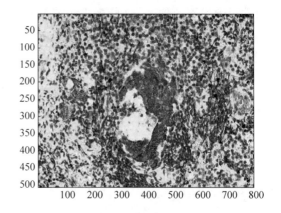

图 3-4　RGB 图像

3.2　图像处理的基本函数

MATLAB 图像处理工具箱集成了很多图像处理的算法,为读者提供了很多便利,利用强大的 MATLAB 图像处理工具箱可以实现很多功能。

3.2.1　图像文件的查询与读取

在 MATLAB 中,用 imfinfo 指令加上文件及其完整路径名来查询一个图像文件的信息,imread 函数用于图像文件的读取。函数的调用格式为:

```
info = imfinfo(filename.fmt)
info = imfinfo(filename)
```

其中,参数 fmt 对应于图像处理工具箱中所有支持的图像文件格式。

由此函数获得的图像信息主要有 Filename(文件名)、FileModDate(最后修改日期)、FileSize(文件大小)、Format(文件格式)、FormatVersion(文件格式的版本号)、Width(图像宽度)、Height(图像高度)、BitDepth(每个像素的位数)、ColorType(图像类型)等。

```
A = imread(filename,fmt)
```

其作用是将文件名用字符串 filename 表示,扩展名用 fmt 表示的图像文件中的数据读到矩阵 A 中。如果 filename 所指的为灰度级图像,则 A 为一个二维矩阵;如果 filename 所指的为 RGB 图像,则 A 为一个 $m \times n \times 3$ 的三维矩阵。Filename 表示的文件名必须在 MATLAB 的搜索路径范围内,否则需指出其完整路径。

除此之外,imread 还有其他几种重要的调用格式。

```
[X,map] = imread(filename.fmt)
[X,map] = imread(filename)
[X,map] = imread(URL, … )
[X,map] = imread( … ,idx) (CUR,ICO and TIFF only)
[X,map] = imread( … ,'frames',idx) (GIF only)
[X,map] = imread( … ,ref) (HDF only)
[X,map] = imread( … ,'BackgroundColor',BG) (PNG only)
[A,map,alpha] = imread( … ) (ICO,CUR and PNG only)
```

其中,idx 是指读取图标(cur、ico、tiff)文件中第 idx 个图像,默认值为 1;'frame',idx 是指读取 gif 文件中的图像帧,idx 值可以是数量、向量或'all';ref 是指整数值;alpha 是指透明度。

【例 3-5】　利用 imfinfo 查询图像文件信息。

```
>> info = imfinfo('autumn.tif')
              Filename : 'D:\toolbox\images\imdata\autumn.tif'
```

```
         FileModDate : '25 - 九月 - 2013 16:11:56'
            FileSize : 213642
              Format : 'tif'
       FormatVersion : [ ]
               Width : 345
              Height : 206
            BitDepth : 24
           ColorType : 'truecolor'
     FormatSignature : [73 73 42 0]
           ByteOrder : 'little - endian'
      NewSubFileType : 0
       BitsPerSample : [8 8 8]
         Compression : 'Uncompressed'
 PhotometricInterpretation : 'RGB'
         StripOffsets : [1x30 double]
      SamplesPerPixel : 3
         RowsPerStrip : 7
      StripByteCounts : [1x30 double]
          XResolution : 72
          YResolution : 72
       ResolutionUnit : 'Inch'
             Colormap : [ ]
   PlanarConfiguration : 'Chunky'
            TileWidth : [ ]
           TileLength : [ ]
          TileOffsets : [ ]
       TileByteCounts : [ ]
          Orientation : 1
            FillOrder : 1
     GrayResponseUnit : 0.0100
       MaxSampleValue : [255 255 255]
       MinSampleValue : [0 0 0]
         Thresholding : 1
               Offset : 213218
```

【例 3-6】 读取一幅图像。

```
I = imread ('trees.tif')    % 读图像并将像素值阵列赋给矩阵 I
```

运行结果如图 3-5 所示。

3.2.2 图像文件的储存与数据类型的转换

在 MATLAB 中,用函数 imwrite 来储存图像文件,其常用调用格式为:

```
imwrite(A, filename, fmt)
imwrite(X, map, filename, fmt)
imwrite( …, filename)
imwrite( …, Param1, Val1, Param2, Val2 … )
```

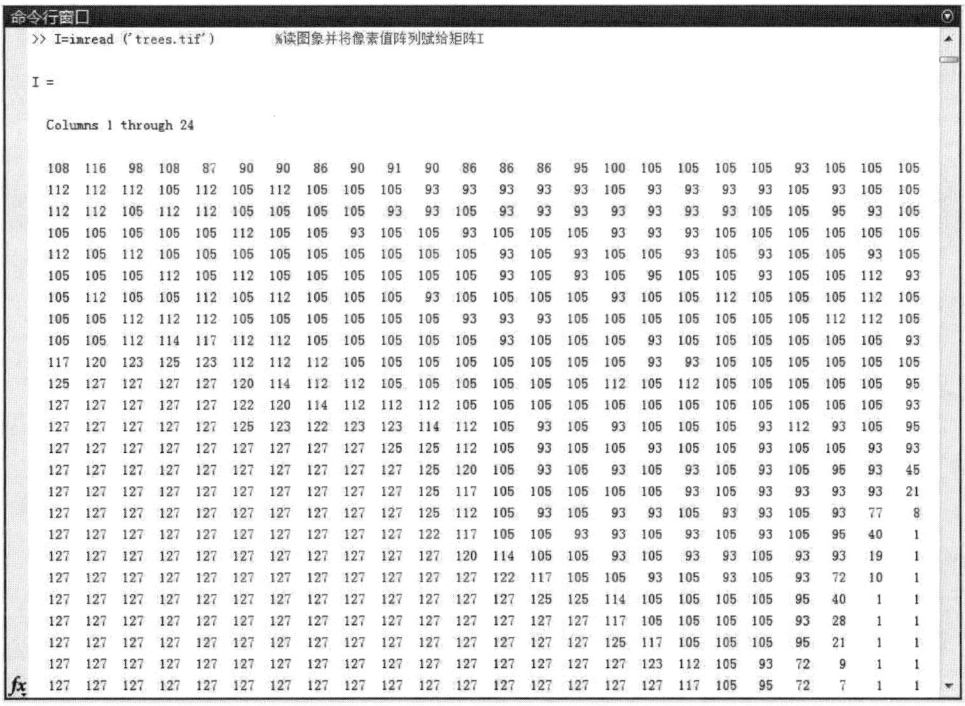

```
命令行窗口
>> I=imread ('trees.tif')          %读图象并将像素值阵列赋给矩阵I

I =

  Columns 1 through 24

  108  116   98  108   87   90   90   86   90   91   90   86   86   86   95  100  105  105  105  105   93  105  105  105
  112  112  112  105  112  105  112  105  105  105   93   93   93   93   93  105   93   93   93   93  105   93  105  105
  112  112  105  112  112  105  105  105  105   93   93  105   93   93   93   93   93   93   93  105  105   95   93  105
  105  105  105  105  105  112  105  105   93  105  105   93  105  105  105   93   93   93  105  105  105  105  105  105
  112  105  112  105  105  105  105  105  105  105  105  105   93  105   93  105  105   93  105   93  105  105   93  105
  105  105  105  112  105  112  105  105  105  105  105  105   93  105   93  105   95  105  105   93  105  105  112   93
  105  112  105  105  112  105  112  105  105  105   93  105  105  105  105   93  105  105  112  105  105  105  112  105
  105  105  112  112  112  105  105  105  105  105  105   93   93   93  105  105  105  105  105  105  105  112  112  105
  105  105  112  114  117  112  112  105  105  105  105  105   93  105  105  105   93  105  105  105  105  105  105   93
  117  120  123  125  123  112  112  112  105  105  105  105  105  105  105  105   93   93  105  105  105  105  105  105
  125  127  127  127  127  120  114  112  112  105  105  105  105  105  105  112  105  112  105  105  105  105  105   95
  127  127  127  127  127  122  120  114  112  112  112  105  105  105  105  105  105  105  105  105  105  105  105   93
  127  127  127  127  127  125  123  122  123  123  114  112  105   93  105   93  105  105  105   93  112   93  105   95
  127  127  127  127  127  127  127  127  127  125  125  112  105   93  105  105   93  105  105   93  105  105   93   93
  127  127  127  127  127  127  127  127  127  127  125  120  105   93  105   93  105   93  105   93  105   95   93   45
  127  127  127  127  127  127  127  127  127  127  125  117  105  105  105  105  105   93  105   93   93   93   93   21
  127  127  127  127  127  127  127  127  127  127  125  112  105   93  105   93   93  105   93   93  105   93   77    8
  127  127  127  127  127  127  127  127  127  127  122  117  105  105   93   93  105   93  105   93  105   95   40    1
  127  127  127  127  127  127  127  127  127  127  127  120  114  105  105   93  105   93   93  105   93   93   19    1
  127  127  127  127  127  127  127  127  127  127  127  127  122  117  105  105   93  105   93  105   93   72   10    1
  127  127  127  127  127  127  127  127  127  127  127  127  127  125  125  114  105  105  105  105   95   40    1    1
  127  127  127  127  127  127  127  127  127  127  127  127  127  127  127  117  105  105  105  105   93   28    1    1
  127  127  127  127  127  127  127  127  127  127  127  127  127  127  127  125  117  105  105  105   95   21    1    1
  127  127  127  127  127  127  127  127  127  127  127  127  127  127  127  127  123  112  105   93   72    9    1    1
fx  127  127  127  127  127  127  127  127  127  127  127  127  127  127  127  127  127  117  105   95   72    7    1    1
```

图 3-5　图像的读取

其中，imwrite(…，Param1，Val1，Param2，Val2…)可以让用户控制 HDF、JPEG、TIFF 等一些图像文件格式的输出特性。

【例 3-7】 将 tif 图像保存为 jpg 图像。

```
[x,map] = imread('canoe.tif');
imwrite(x,map,'canoe.jpg','JPG','Quality',75)
```

如果在默认情况下，MATLAB 会将图像中的数据存储为 double 型，即 64 位浮点数。这种存储方法的优点在于，使用中不需要数据类型的转换，因为几乎所有的 MATLAB 及其工具箱函数都可以使用 double 作为参数类型。然而对于图像存储来说，用 64 位存储图像数据会占用巨大的存储量。

MATLAB 还支持无符号整型(uint8 和 uint16)，uint 型的优势在于节省空间，涉及运算时要转换成 double 型。具体的调用方法如下。

im2double()：将图像数组转换成 double 精度类型。

im2uint8()：将图像数组转换成 unit8 类型。

im2uint16()：将图像数组转换成 unit16 类型。

3.2.3　图像显示

在 MATLAB 中，image 函数是显示图像的基本手段。该函数还产生了图像对象的句柄，并允许进行对象的属性设置。imagesc 函数也具有 image 的功能，不同的是

imagesc 函数还自动将输入数据比例化,以全色图的方式显示。image 函数的调用方法如下。

```
image(C)
image(x,y,C)
image(x,y,C,'PropertyName',PropertyValue,…)
image('PropertyName',PropertyValue,…)
handle = image(…)
```

其中,x,y 分别表示图像显示位置的左上角坐标;C 表示所需显示的图像。

imagesc 函数具有对显示的数据进行自动缩放的功能。该函数的调用方法如下。

imagesc(C):表示将输入变量 C 显示为图像。

imagesc(x,y,C):输入变量 C 显示为图像,并且使用 x 和 y 变量确定 x 轴和 y 轴的边界。

imagesc(…,clims):归一化 C 的值在 clims 所确定的范围内,并将 C 显示为图片。clims 是两元素的向量,用来限定 C 中的数据的范围,这些值映射到当前色图的整个范围。

【例 3-8】 利用 image 函数对图像进行处理。

```
I = imread('tire.tif');
figure(1);
image(100,100,I);
colormap(gray(256));
```

运行结果如图 3-6 所示。

【例 3-9】 利用 imagesc 函数对图像进行处理。

```
I = imread('cell.tif');
figure(1);
imagesc(100,100,I);
colormap(gray(256));
```

运行结果如图 3-7 所示。

图 3-6　利用 image 函数对图像进行
处理的效果图

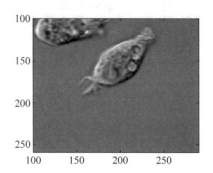

图 3-7　利用 imagesc 函数对图像进行
处理的效果图

相比于 image 函数和 imagesc 函数,imshow 函数更为常用,它能自动设置句柄图像的各种属性。imshow 可用于显示各类图像。对于每类图像,imshow 函数的调用方法略有不同,常用的几种调用方法如下。

imshow filename:表示显示图像文件。

imshow(BW):表示显示二值图像,BW 为黑白二值图像矩阵。

imshow(X,MAP):表示显示索引图像,X 为索引图像矩阵,map 为色彩图示。

imshow(I):表示显示灰度图像,I 为二值图像矩阵。

imshow(RGB):表示显示 RGB 图像,RGB 为 RGB 图像矩阵。

imshow(I,[low high]):表示将非图像数据显示为图像,这需要考虑数据是否超出了所显示类型的最大允许范围,其中[low high]用于定义待显示数据的范围。

【例 3-10】 直接显示图像。

```
imshow('tire.tif');
I = getimage;
```

运行结果如图 3-8 所示。

【例 3-11】 显示双精度灰度图像。

```
bw = zeros(1000,1000);
bw (20:20:980,20:20:980) = 1;
imshow(bw);
whos bw
```

运行结果如图 3-9 所示。

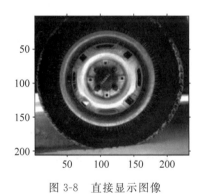

图 3-8　直接显示图像

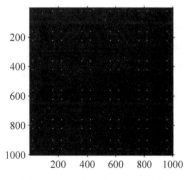

图 3-9　显示双精度灰度图像

【例 3-12】 显示索引图像。

```
[X,MAP] = imread('trees.tif');
imshow(X,MAP);
```

运行结果如图 3-10 所示。

【例 3-13】 按灰度级显示图像。

```
I = imread('cell.tif');
imshow(I)
```

运行结果如图 3-11 所示。

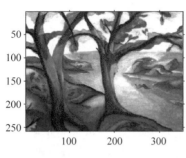

图 3-10　显示索引图像

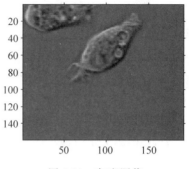

图 3-11　灰度图像

【**例 3-14**】　按最大灰度范围显示图像。

```
I = imread('cell.tif');
imshow(I,[])
```

运行结果如图 3-12 所示。

【**例 3-15**】　显示真彩色图像。

```
RGB = imread('pears.png');
imshow(RGB);
```

运行结果如图 3-13 所示。

图 3-12　按最大灰度范围显示图像

图 3-13　显示真彩色图像

　　除了上述有关图像显示的函数及辅助函数以外,MATLAB 还提供了一些用于进行图像的特殊显示的函数。

　　在 MATLAB 中,可以用 colorbar 函数将颜色条添加到坐标轴对象中,如果该坐标轴包含一个图像对象,则添加的颜色条将指示出该图像中不同颜色的数据值,这一用法对于了解被显示图像的灰度级别特别有用。该函数调用方法如下:

　　colorbar:表示在当前坐标轴的右侧添加新的垂直方向的颜色条。

　　colorbar(…,'peer',axes_handle):表示创建与 axes_handle 所代表的坐标轴相关联的颜色条。

colorbar('location')：表示在相对于坐标轴的指定方位添加颜色条。

在 MATLAB 中,想要在一个图形区域内显示多个图像,可以用函数 subimage 来实现;想要在不同的图形窗口显示不同的图像,可以用 figure 来实现;想要在同一个图形窗口显示多图,可以用 subplot 来实现。

【例 3-16】 在灰度图像的显示中增加一个颜色条。

```
I = imread('tire.tif');
imshow(I,[])
colorbar
```

图 3-14 增加颜色条

运行结果如图 3-14 所示。

【例 3-17】 在不同的图形窗口显示不同的图像。

```
[X1,map1] = imread('forest.tif');      % 读取图像
[X2,map2] = imread('trees.tif');
imshow(X1,map1),
figure,
imshow(X2,map2)
```

运行结果如图 3-15 所示。

图 3-15 窗口 1 显示的图像和窗口 2 显示的图像

【例 3-18】 在一个图形区域内显示多个图像。

```
load trees;
[x2,map2] = imread('forest.tif');
subplot(1,2,1),
subimage(X,map);      % 显示索引图像
colorbar
subplot(1,2,2),
subimage(x2,map2);
colorbar
```

运行结果如图 3-16 所示。

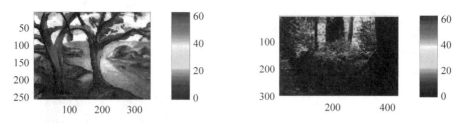

图 3-16　一个图形区域内显示多个图像

【**例 3-19**】　同一个图形窗口显示多图。

```
load trees;
[x2,map2] = imread('forest.tif');        %读取图像
subplot(1,2,2),
imshow(x2,map2);
colorbar
subplot(1,2,1),
imshow(X,map);
colorbar
```

运行结果如图 3-17 所示。

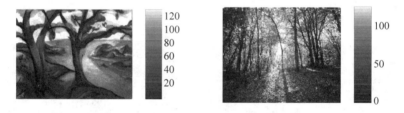

图 3-17　同一个图形窗口显示多图

函数 montage 可以使多帧图像一次显示,也就是将每一帧分别显示在一幅图像的不同区域,所有子区的图像都用同一个色彩条,其调用格式如下。

montage(I)：显示灰度图像 I 共 k 帧,I 为 $m×n×1×k$ 的数组。

montage(BW)：显示二值图像 I 共 k 帧,I 为 $m×n×1×k$ 的数组。

montage(X,map)：显示索引图像 I 共 k 帧,色图由 map 指定为所有的帧图像的色图,X 为 $m×n×1×k$ 的数组。

montage(RGB)：显示真彩色图像 GRB 共 k 帧,RGB 为 $m×n×3×k$ 的数组。

对包含多帧的图像,可以同时显示多帧,也可以用动画的形式显示图像的帧。函数 immovie 可以将多帧图像转换为动画,其调用格式为:

```
mov = immovie(D,map)
```

其中 D 为多帧索引图像阵列;map 为索引图像的对应色阶。对于其他类型图像,则需要首先将其转换为索引图像,这种功能只对索引图像有效。

【例 3-20】 利用 montage 函数来显示图像。

```
mri = uint8(zeros(128,128,1,6));
for frame = 1:6
[mri(:,:,:,frame),map] = imread('mri.tif',frame);        % 把每一帧读入内存中
end
montage(mri,map);
```

运行结果如图 3-18 所示。

纹理映射是一种将二维图像映射到三维图形表面的一种显示技术。MATLAB 提供了 warp 函数来实现纹理映射，函数 zoom 可以将图像或二维图形进行放大或缩小显示。zoom 本身就是一个开关键。这些函数的调用方法如下。

warp(X,map)：将索引图像显示在默认表面上。

warp(I,n)：将灰度图像显示在默认表面上。

warp(BW)：将二值图像显示在默认表面上。

warp(RGB)：将真彩图像显示在默认表面上。

warp(z,…)：将图像显示在 z 表面上。

warp(x,y,z,…)：将图像显示在(x,y,z)表面上。

h = warp(…)：返回图像的句柄。

zoom on：用于打开缩放模式。

zoom off：用于关闭该模式。

zoom in：用于放大局部图像。

zoom out：用于缩小图像。

【例 3-21】 将 zh.tif 图像纹理映射到圆柱面和球面。

```
[x,y,z] = cylinder;
I = imread('zh.tif');
subplot(1,2,1),warp(x,y,z,I);        % 将图像纹理映射到圆柱面
[x,y,z] = sphere(50);
subplot(1,2,2),warp(x,y,z,I);        % 将图像纹理映射到球面
```

运行结果如图 3-19 所示。

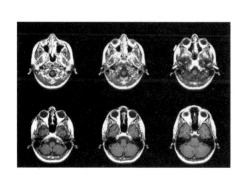

图 3-18 多帧图像的显示

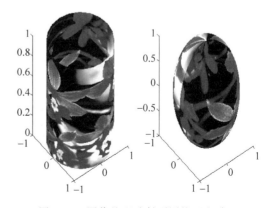

图 3-19 图像纹理映射到圆柱面和球面

3.3 图像类型的转换

在对图像进行处理时,很多时候对图像的类型有特殊的要求,例如在对索引图像进行滤波时,必须把它转换为RGB图像,否则仅对图像的下标进行滤波,得到的是毫无意义的结果。MATLAB提供了许多图像类型转换的函数,从这些函数的名称就可以看出它们的功能。

3.3.1 dither 函数

在MATLAB中,用dither函数实现对图像的抖动。该函数通过颜色抖动(颜色抖动即改变边沿像素的颜色,使像素周围的颜色近似于原始图像的颜色,从而以空间分辨率来换取颜色分辨率)来增强输出图像的颜色分辨率。该函数可以把RGB图像转换成索引图像或把灰度图像转换成二值图像。其调用方法如下。

X=dither(RGB,map):表示该函数可以把RGB图像指定的颜色图map转换成索引图像X格式。

X=dither(I):表示把灰度图像I转换成二值图像BW。

【例3-22】 将RGB图像抖动成索引图像。

```
clear all;
I = imread('peppers.png');
map = pink(512);
X = dither(I,map);            % 将 RGB 图像抖动成索引图像
subplot(1,2,1),
imshow(I);
title('原始图像');
subplot(1,2,2),
imshow(X,map);
title('抖动成索引图像');
```

运行结果如图3-20所示。

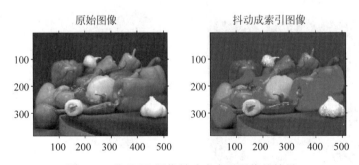

图 3-20 将 RGB 图像抖动成索引图像的效果

【例 3-23】　利用 dither 函数将灰度图像抖动成二值图像。

```
clear all;
I = imread('coins.png');
BW = dither(I);          % 将灰度图像抖动成二值图像
subplot(1,2,1),
imshow(I);
title('原始图像');
subplot(1,2,2),
imshow(BW);
title('抖动成二值图像');
```

运行结果如图 3-21 所示。

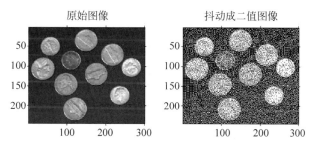

图 3-21　将灰度图像抖动成二值图像的效果

3.3.2　im2bw 函数

在 MATLAB 中，im2bw 函数用于设定阈值，将灰度、索引、RGB 图像转换为二值图像。该函数的调用方法如下。

```
BW = im2bw(I, level)
BW = im2bw(X, map, level)
BW = im2bw(RGB, level)
```

其中，level 是一个归一化阈值，取值在 $[0,1]$。

【例 3-24】　将真彩色转换为二值图像。

```
I = imread('peppers.png');
X = im2bw(I,0.5);          % 将真彩色转换为二值图像
subplot(1,2,1),
imshow(I);
title('原始图像');
subplot(1,2,2),
imshow(X);
title('二值图像');
```

运行结果如图 3-22 所示。

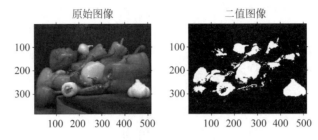

图 3-22　将真彩色转换为二值图像的效果

3.3.3　mat2gray 函数

在 MATLAB 中，mat2gray 函数用于将数据矩阵转换为灰度图像。该函数的调用方法如下。

I＝mat2gray(A,[max,min])：按指定的取值区间[max,min]将数据矩阵 A 转换为灰度图像 I。如不指定区间，自动取最大区间。A 为 double 类型；I 为 double 类型。

【例 3-25】　利用 mat2gray 函数将数据矩阵转换为灰度图像。

```
I = imread('tire.tif');
A = filter2(fspecial('sobel'),I);
J = mat2gray(A);      % 将数据矩阵转换为灰度图像
subplot(1,2,1);
subimage(A);
title('原始图像');
subplot(1,2,2);
subimage(J);
title('转换为灰度图像');
```

运行结果如图 3-23 所示。

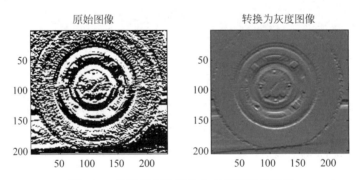

图 3-23　将数据矩阵转换为灰度图像的效果

3.3.4　gray2ind 函数与 grayslice 函数

在 MATLAB 中，gray2ind 函数用于灰度图像或二值图像向索引图像转换；grayslice

函数用于设定阈值将灰度图像转换为索引图像。这些函数的调用方法如下。

[X,map]= gray2ind(I,n)：按照指定的灰度级 n 把灰度图像 I 转换成索引图像 X，map 为 gray (n)，n 的默认值为 64。

X=grayslice(I,n)：表示将灰度图像 I 均匀量化为 n 个等级，然后转换为伪彩色图像 X。

X=grayslice(I,v)：表示按指定的阈值矢量 v(其中每个元素在 0 和 1 之间)对图像 I 进行阈值划分，然后转换成索引图像，I 可以是 double 类型、uint8 类型和 uint16 类型。

【例 3-26】 利用 gray2ind 函数将灰度图像转换成索引图像。

```
clear all;
I = imread('tire.tif');
[X,map] = gray2ind(I,32);        % 灰度图像转换成索引图像
subplot(1,2,1),
imshow(I);
title('原始图像');
subplot(1,2,2),
imshow(X,map);
title('索引图像');
```

运行结果如图 3-24 所示。

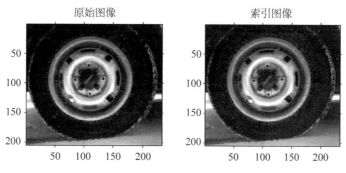

图 3-24 将灰度图像转换成索引图像的效果

【例 3-27】 利用 grayslice 函数将灰度图像转换为索引图像。

```
clc
close all
clear
I = imread('cell.tif');
X2 = grayslice(I,8);        % 将灰度图像转换为索引图像
subplot(1,2,1);
subimage(I);
title('原始图像');
subplot(1,2,2);
subimage(X2,jet(8));
title('索引图像');
```

运行结果如图 3-25 所示。

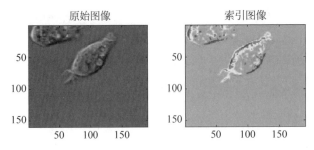

图 3-25   将灰度图像转换为索引图像的效果

3.3.5   ind2gray 函数与 ind2rgb 函数

在 MATLAB 中,ind2gray 函数用于将索引图像转换为灰度图像;ind2rgb 函数用于索引图像转换为 RGB 图像。这些函数的调用方法如下。

I= ind2gray(X, map):将索引图像转换为灰度图像。

RGB=ind2rgb(X, map):将索引图像转换为 RGB 图像。

【例 3-28】   利用 ind2gray 函数将索引图像转换为灰度图像。

```
load trees
subplot(1,2,1);
imshow(X,map);
I = ind2gray(X,map)          % 将索引图像转换为灰度图像
title('原始图像');
subplot(1,2,2);
imshow(I);
title('灰度图像');
```

运行结果如图 3-26 所示。

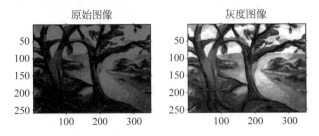

图 3-26   将索引图像转换为灰度图像的效果

【例 3-29】   利用 ind2rgb 函数将索引图像转换为 RGB 图像。

```
[I,map] = imread('forest.tif');
X = ind2rgb(I,map);          % 将索引图像转换为 RGB 图像
subplot(1,2,1);
imshow(I,map);
title('原始图像');
subplot(1,2,2);
imshow(X);
title('RGB 图像');
```

运行结果如图 3-27 所示。

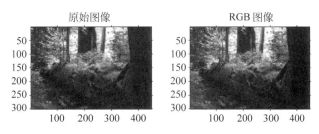

图 3-27 将索引图像转换为 RGB 图像的效果

3.3.6 rgb2gray 函数与 rgb2ind 函数

在 MATLAB 中，rgb2gray 函数用于将一幅真彩色图像转换成灰度图像；rgb2ind 函数用于将真彩色图像转换成索引色图像。这些函数的调用方法如下。

I= rgb2gray(RGB)：将一幅真彩色图像转换成灰度图像。

[X,map] = rgb2ind(RGB, n)：使用最小量化算法把真彩色图像转换为索引图像。其中，n 指定 map 中颜色项数，n 最大不能超过 65536。

X = rgb2ind(RGB, map)：在颜色图中找到与真彩色图像颜色值最接近的颜色作为转换后的索引图像的像素值。map 中颜色项数不能超过 65536。

[X,map]= rgb2ind(RGB, tol)：表示使用均匀量化算法把真彩色图像转换为索引图像，map 中最多包含 (floor(1/tol)+1)^3 种颜色，tol 的取值介于 0.0 和 1.0 之间。

[…] = rgb2ind(…, dither_option)：其中 dither_option 用于开启/关闭 dither，dither_option 可以是 dither(默认值)或'nodither'。

【例 3-30】 将一幅真彩色图像转换成灰度图像。

```
RGB = imread('onion.png');
X = rgb2gray(RGB);          % 将一幅真彩色图像转换成灰度图像
subplot(1,2,1);
imshow(RGB);
title('原始图像');
subplot(1,2,2);
imshow(X);
title('灰度图像');
```

运行结果如图 3-28 所示。

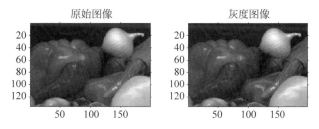

图 3-28 将一幅真彩色图像转换成灰度图像的效果

【例3-31】 将一幅真彩色图像转换成索引图像。

```
RGB = imread('onion.png');
[X,MAP] = rgb2ind(RGB,0.7);        % 将真彩色图像转换成索引图像
subplot(1,2,1);
imshow(RGB);
title('原始图像');
subplot(1,2,2);
imshow(X,MAP);
title('索引图像');
```

运行结果如图3-29所示。

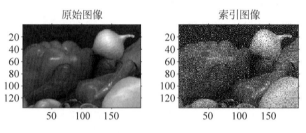

图3-29 将真彩色图像转换成索引图像的效果

3.4 MATLAB 的颜色模型转换

所谓颜色模型就是指某个三维颜色空间中的一个可见光子集,它包含某个颜色域的所有颜色。颜色模型主要有 RGB、HSV、YCbCr、NTSC 等。下面具体介绍这些函数。

RGB 是从颜色发光的原理来设计的,RGB 模型分成了 3 个颜色通道红(R)、绿(G)、蓝(B),RGB 色彩模式使用 RGB 模型为图像中每一个像素的 RGB 分量分配一个 0~255 范围内的强度值。RGB 图像只使用 3 种颜色,就可以使它们按照不同的比例混合,在屏幕上重现 16 777 216 种颜色,每个颜色通道每种色各分为 255 阶亮度,在 0 时最弱,而在 255 时最亮。

HSV 模型是一种复合主观感觉的颜色模型。H、S、V 分别指的是色调(彩)(hue)、色饱和度(saturation)和明度(value)。所以在这个模型中,一种颜色的参数便是 H、S、V 3 个分量构成的三元组。

YCbCr 模型又称为 YUV 模型,是视频图像和数字图像中常用的颜色模型。在 YCbCr 模型中,Y 为亮度,Cb 和 Cr 共同描述图像的色调(色差),其中 Cb、Cr 分别为蓝色分量和红色分量相对于参考值的坐标。YCbCr 模型中的数据可以是双精度类型,但存储空间为 8 位无符号整型数据空间,且 Y 的取值范围为 16~235,Cb 和 Cr 的取值范围为 16~240。

NTSC 模型是一种用于电视图像的颜色模型。NTSC 模型使用的是 Y、I、Q 颜色坐标系,其中,Y 为光亮度,表示灰度信息;I 为色调,Q 为饱和度,均表示颜色信息。因此,该模型的主要优点就是将灰度信息和颜色信息区分开。

HSI 色彩空间是从人的视觉系统出发,用色调(Hue)、色饱和度(Saturation 或

Chroma)和亮度(Intensity 或 Brightness)来描述色彩。HSI 色彩空间可以用一个圆锥空间模型来描述。用这种描述 HIS 色彩空间的圆锥模型相当复杂,但确能把色调、亮度和色饱和度的变化情形表现得很清楚。

3.4.1 rgb2hsv 函数与 hsv2rgb 函数

在 MATLAB 中,rgb2hsv 函数用于将 RGB 模型转换为 HSV 模型;hsv2rgb 函数用于将 HSV 模型转换为 RGB 模型。这些函数的调用方法如下。

HSVMAP=rgb2hsv(RGBMAP):表示将 RGB 色表转换成 HSV 色表。

HSV=rgb2hsv(RGB):表示将 RGB 图像转换为 HSV 图像。

RGBMAP=hsv2rgb(HSVMAP):表示将 HSV 色表转换成 RGB 色表。

RGB=hsv2rgb(HSV):表示将 HSV 图像转换为 RGB 图像。

【例 3-32】 利用 rgb2ntsc 函数将 RGB 模型转换为 HSV 模型。

```
RGB = imread('greens.jpg');
HSV = rgb2hsv(RGB);          % 将 RGB 模型转换为 HSV 模型
subplot(1,2,1),
imshow(RGB),
title('RGB 图像');
subplot(1,2,2),
imshow(HSV),
title('HSV 图像');
```

运行结果如图 3-30 所示。

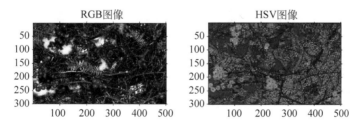

图 3-30 将 RGB 模型转换为 HSV 模型

【例 3-33】 利用 hsv2rgb 函数将 HSV 模型转换为 RGB 模型。

```
RGB = imread('onion.png');
HSV = rgb2hsv(RGB);          % 将 HSV 模型转换为 RGB 模型
RGB1 = hsv2rgb(HSV);
subplot(1,3,1),
imshow(RGB),
title('RGB 图像');
subplot(1,3,2),
imshow(HSV),
title('HSV 图像');
subplot(1,3,3),
```

```
imshow(RGB1),
title('还原的图像');
```

运行结果如图 3-31 所示。

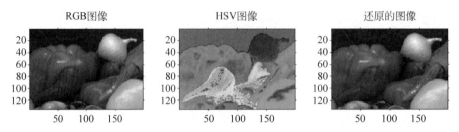

图 3-31　将 HSV 模型转换为 RGB 模型

3.4.2　rgb2ntsc 函数与 ntsc2rgb 函数

在 MATLAB 中，rgb2ntsc 函数用于将 RGB 颜色模型转换为 NTSC 颜色模型；ntsc2rgb 函数用于将 NTSC 模型转换为 RGB 模型。这些函数的调用方法如下。

YIQMAP＝rgb2ntsc(RGBMAP)：将 RGB 色表转换为 YIQ 色表。RGBMAP 为 double 类型，YIQMAP 为 double 类型。

YIQ＝rgb2ntsc(RGB)：将 RGB 图像转换为 NTSC 图像。RGB 为 double、uint8 或 uint16 类型，YIQ 为 double 类型。

RGBMAP＝ntsc2rgb(YIQMAP)：将 YIQ 色表转换为 RGB 色表。YIQMAP 为 double 类型，RGBMAP 为 double 类型。

RGB＝ntsc2rgb(YIQ)：将 YIQ 图像转换为 RGB 图像。YIQ 为 double 类型，RGB 为 double 类型。

【例 3-34】　利用 rgb2ntsc 函数将 RGB 模型转换为 NTSC 模型。

```
RGB = imread('pears.png');
YIQ = rgb2ntsc(RGB);            %将 RGB 模型转换为 NTSC 模型
figure
subplot(2,3,1);
subimage(RGB);
title('RGB 图像')
subplot(2,3,2);
subimage(mat2gray(YIQ));
title('NTSC 图像')
subplot(2,3,3);
subimage(mat2gray(YIQ(:,:,1)));
title('Y 分量')
subplot(2,3,4);
subimage(mat2gray(YIQ(:,:,2)));
title('I 分量')
subplot(2,3,5);
subimage(mat2gray(YIQ(:,:,3)));
title('Q 分量')
```

运行结果如图 3-32 所示。

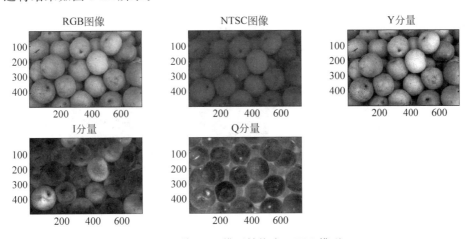

图 3-32　将 RGB 模型转换为 NTSC 模型

【**例 3-35**】　利用 ntsc2rgb 函数将 NTSC 模型转换为 RGB 模型。

```
load spine;                        % 读入图像
YIQMAP = rgb2ntsc(map);            % 将 NTSC 模型转换为 RGB 模型
map1 = ntsc2rgb(YIQMAP);
YIQMAP = mat2gray(YIQMAP);
Ymap = [YIQMAP(:,1),YIQMAP(:,1),YIQMAP(:,1)];
Imap = [YIQMAP(:,2),YIQMAP(:,2),YIQMAP(:,2)];
Qmap = [YIQMAP(:,3),YIQMAP(:,3),YIQMAP(:,3)];
subplot(2,3,1);
subimage(X,map);
title('原始图像')
subplot(2,3,2);
subimage(X,YIQMAP);
title('转换图像')
subplot(2,3,3);
subimage(X,map1);
title('还原图像')
subplot(2,3,4);
subimage(X,Ymap);
title('NTSC 的 Y 分量')
subplot(2,3,5);
subimage(X,Imap);
title('NTSC 的 I 分量')
subplot(2,3,6);
subimage(X,Qmap);
title('NTSC 的 Q 分量')
```

运行结果如图 3-33 所示。

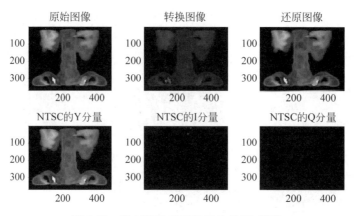

图 3-33　将 NTSC 模型转换为 RGB 模型

3.4.3　rgb2ycbcr 函数与 ycbcr2rgb 函数

在 MATLAB 中，rgb2ycb 函数用于将 RGB 模型转换为 YCbCr 模型；ycbcr2rgb 函数用于将 YCbCr 模型转换到 RGB 模型。这些函数的调用方法如下。

YCbCrMAP＝rgb2ycbcr(RGBMAP)：将 RGB 色表转换为 YCbCr 色表。

YCbCr ＝rgb2ycbcr (RGB)：将 RGB 图像转换为 YCbCr 图像。

RGBMAP＝ycbcr2rgb(YCbCrMAP)：将 YCbCr 色表转换为 RGB 色表。

RGB＝ycbcr2rgb(YCbCr)：将 YCbCr 图像转换为 RGB 图像。

【例 3-36】　利用 rgb2ycbcr 函数将 RGB 模型转换为 YCbCr 模型。

```
clear
RGB = imread('onion.png');        % 读入图像
YCbCr = rgb2ycbcr(RGB);           % 将 RGB 模型转换为 YCbCr 模型
subplot(1,2,1);
subimage(RGB);
title('原始图像');
subplot(1,2,2);
subimage(YCbCr);
title('变换后的图像');
```

运行结果如图 3-34 所示。

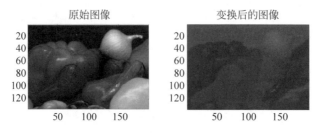

图 3-34　将 RGB 模型转换为 YCbCr 模型

【**例 3-37**】 利用 ycbcr2rgb 函数将 YCbCr 模型转换为 RGB 模型。

```
clear
RGB = imread('peppers.png');
YCbCr = rgb2ycbcr(RGB);              % 将 YCbCr 模型转换为 RGB 模型
subplot(1,3,1);
subimage(RGB);
title('原始图像');
subplot(1,3,2);
subimage(YCbCr);
title('变换后的图像');
RGB2 = ycbcr2rgb(YCbCr);
subplot(1,3,3);
subimage(RGB2);
title('还原的图像');
```

运行结果如图 3-35 所示。

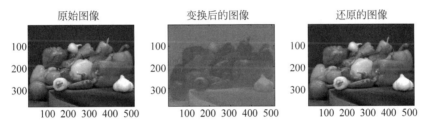

图 3-35　将 YCbCr 模型转换为 RGB 模型

3.5　本章小结

　　本章介绍了图像的文件格式、常用的图像类型、基本的图像处理函数、图像类型转换、颜色模型的转换等内容,并给出了大量的示例来阐述其在 MATLAB 中的实现方法。掌握这些内容是进行 MATALB 图像处理的基础。希望读者通过学习,能够熟悉和掌握其中的基本思想,为后面的复杂图像处理打好基础。

第二部分
MATLAB的常见图像处理技术

数据可视化是 MATLAB 的一项重要功能,它所提供的丰富的绘图功能,使用户从烦琐的绘图细节中解脱出来,而能够专注于最关键的东西。通过数据可视化的方法,用户可以对自己的样本数据的分布、趋势特性有一个直观的了解。

学习目标:

(1) 了解实现二维图像和三维图像绘制的基本方法与实现步骤。

(2) 熟悉二维图像、三维图像绘制及特殊图形的绘制。

4.1 二维绘图

在 MATLAB 中绘制二维图形,通常采用以下步骤。

(1) 准备数据。

(2) 设置当前绘图区。

(3) 绘制图形。

(4) 设置图形中曲线和标记点格式。

(5) 设置坐标轴和网格线属性。

(6) 标注图形。

(7) 保存和导出图形。

下面通过示例来演示绘图步骤。

【例 4-1】 在同一坐标轴上绘制 $\sin(x)$、$\sin(2x)$ 和 $\sin(3x)$ 这三条曲线。

```
clear all;
% 准备数据
x = 0:0.01:3 * pi;
y1 = sin(x);
y2 = sin(2 * x);
y3 = sin(3 * x);
% 设置当前绘图区
figure;
% 绘图
plot(x,y1,x,y2,x,y3);
% 设置坐标轴和网格线属性
axis([0 8 - 2 2]);
```

```
grid on;
% 标注图形
xlabel('x');
ylabel('y');
title('演示绘图基本步骤')
legend('sin(x)','sin(2x)','sin(3x)')
legend('sin(x)','sin(2x)','sin(3x)')
```

运行结果如图 4-1 所示。

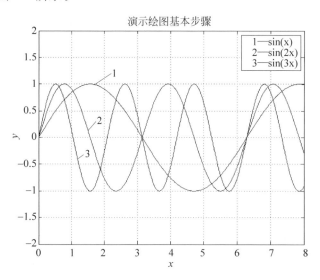

图 4-1 在同一坐标轴上绘制三条曲线

4.1.1 基本的二维绘图

plot 函数是最基本、最常用的绘图函数,用于绘制线性二维图。有多条曲线时,循环使用由坐标轴颜色顺序属性定义的颜色,以区别不同的曲线;之后再循环使用由坐标轴线型顺序属性定义的线型,以区别不同的曲线。它的多种语法格式如下。

(1) plot(Y):若 Y 是一维数组时,plot(Y)是把(i,X(i))各点顺次连接起来,其中 i 的取值范围从 1 到 length(X)。若 Y 是普通的二维数组时,相当于对 Y 的每一列进行 plot(Y(:,i))画线,并把所有的折线累叠绘制在当前坐标轴下。

【例 4-2】 绘制矩阵的图形。

```
clear all;
t = [0:0.15:24];
medium = [t,t,t] + i * [exp( - t/4),sin(3 * t + 3),log(1 + t)];
plot(medium,'LineWidth',2);
xlabel('t');
ylabel('Y - axis');
legend('exp( - t/4)','sin(4 * t + 3)','log(1 + t)');
```

运行结果如图 4-2 所示。

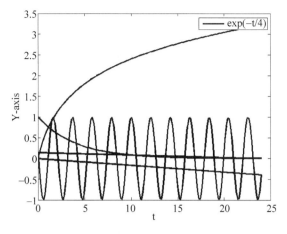

图 4-2　绘制矩阵的图形

【例 4-3】　利用 line 函数绘制 cos 函数图形。

```
clear all;
x = 0:0.15:3 * pi;
y = cos(x);
line(x,y);
axis([0 7 − 1.5 1.5]);
xlabel('x');
ylabel('y');
title('cos(x)')
```

运行结果如图 4-3 所示。

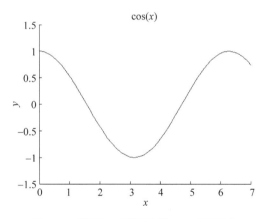

图 4-3　利用 line 函数绘制 cos 函数图形

（2）plot(X,Y)：若 X 和 Y 都是一维数组时，功能和 line(X,Y)类似；但 plot 函数中的 X 和 Y 也可以是一般的二维数组，这时就是对 X 和 Y 的对应列画线。特别地，当 X 是一个向量，Y 是一个在某一方向和 X 具有相同长度的二维数组时，plot(X,Y)则是对 X 和 Y 的每一行（或列）画线。

（3）plot(X1,Y1,X2,Y2,…,Xn,Yn)：表示对多组变量同时绘图，对于每一组变量，其意义同前所述。

【例 4-4】 画同心圆。

```
clear all;
theta = linspace(0,3 * pi,50);        %圆心角的采样点设置
r = 0.4:0.24:1.74;                    %半径长度的采样点设置
x = 1 + cos(theta)' * r;
y = 2 + sin(theta)' * r;
plot(x,y,1,2,' + ');
axis([ -1 3 0 4]);
axis equal;
xlabel('x');
ylabel('y');
title('绘制圆');
```

运行结果如图 4-4 所示。

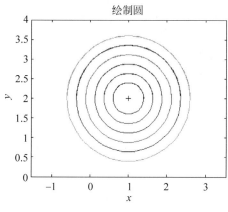

图 4-4　画同心圆

（4）plot(X1,Y1,LineSpec,…)：其中 LineSpec 是一个指定曲线颜色、线型等特征的字符串。可以通过它来指定曲线的线型、颜色以及数据点的标记类型，如表 4-1 表所示。这在突出显示原始数据点和个性化区分多组数据的时候十分有用。

表 4-1　指定曲线的线型、颜色以及数据点的标记类型设置值

线	型	颜	色	数	据 点
定义符	线型	定义符	类型	定义符	类型
—	实线	R(red)	红色	+	加号
——	画线	G(green)	绿色	o(字母)	小圆圈
…	点线	b(blue)	蓝色	*	星号
·—	点画线	c(cyan)	青色	.	实点
		M(magenta)	品红	x	交叉号
		y(yellow)	黄色	d	菱形
		k(black)	黑色	^	上三角形
		w(white)	白色	v	下三角形
				>	右三角形

线　　型		颜　　色		数　据　点	
				<	左三角形
				s	正方形
				h	正六角星
				p	正五角星

【例 4-5】　利用 plot 函数绘制函数效果图,并对其进行线型设置。

```
clear all;
x = - pi:pi/9:pi;
y = tan(cos(x)) - cos(tan(x));
plot(x,y,'-- rs','LineWidth',2,…
                 'MarkerEdgeColor','w',...
                 'MarkerFaceColor','r',...
                 'MarkerSize',9)
```

运行结果如图 4-5 所示。

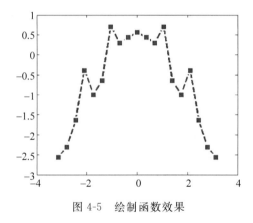

图 4-5　绘制函数效果

4.1.2　figure 函数与 subplot 函数

在 MATLAB 中,figure 函数用于创建一个新的图形对象。图形对象为屏幕上单独的窗口,在窗口中可以输出图形。subplot 函数用于生成与控制多个坐标轴。把当前图形窗口分隔成几个矩形部分,不同的部分是按行方向以数字进行标号的。每一部分有一坐标轴,后面的图形输出于当前的部分。这些函数的用法如下。

figure:表示用默认的属性值创建一个新的图形对象。

h = subplot(m,n,p)/subplot(mnp):将 figure 划分为 m×n 块,在第 p 块创建坐标系,并返回它的句柄。当 m,n,p < 10 时,可以简化为 subplot(mnp)或者 subplot mnp(注:subplot(m,n,p)或者 subplot(mnp),此函数最常用。subplot 是将多个图画到一个平面上的工具。其中,m 表示是图排成 m 行,n 表示图排成 n 列,也就是整个 figure 中有 n 个图是排成一行的,一共 m 行,如果第一个数字是 2 就是表示 2 行图。p 是指现在要把

曲线画到 figure 中哪个图上,最后一个如果是 1 表示是从左到右第一个位置)。

subplot(m,n,p,'replace'):如果所指定的坐标系已存在,就要创建新坐标系替换它。

subplot(m,n,P):此时 P 为向量,表示将 P 中指定的小块合并成一个大块创建坐标系,P 中指定的小块可以不连续,甚至不相连。比如 subplot(2,3,[2 5])表示将第 2 和 5 小块连成一个大块;对于 subplot(2,3,[2 6]),由于 2 和 6 不连续也不相连,此时表示将第 2、3、5 和 6 四块连成一个大块,相当于 subplot(2,3,[2 3 5 6])

subplot(h):将坐标系 h 设为当前坐标系,相当于 axes(h)。

subplot('Position',[left bottom width height]):在指定位置创建一个新坐标系,等效于 axes('Position',[left bottom width height]) 。

subplot(⋯,prop1,value1,prop2,value2,⋯):在创建坐标系时,同时设置相关属性。

h = subplot(⋯):返回所创建坐标系的句柄。

【例 4-6】 画出参数方程的图形。

```
clear all;
t1 = 0:pi/4:3 * pi;
t2 = 0:pi/25:3 * pi;
x1 = 3 * (cos(t1) + t1. * sin(t1));
y1 = 3 * (sin(t1) - t1. * cos(t1));
x2 = 3 * (cos(t2) + t2. * sin(t2));
y2 = 3 * (sin(t2) - t2. * cos(t2));
subplot(2,2,1);plot(x1,y1,'r.');
title('图形 1');
subplot(2,2,2);plot(x2,y2,'r.');
title('图形 2');
subplot(2,2,3);plot(x1,y1);
title('图形 3');
subplot(2,2,4);plot(x2,y2);
title('图形 4');
```

运行结果如图 4-6 所示。

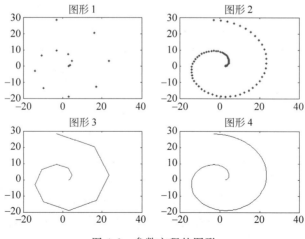

图 4-6　参数方程的图形

【**例 4-7**】 用 subplot(m,n,P)演示对图形进行分割。

```
% 均匀分割
figure
subplot(2,2,1)
text(.5,.5,{'1'},…
    'FontSize',20,'HorizontalAlignment','center')
subplot(2,2,2)
text(.5,.5,{'2'},…
    'FontSize',20,'HorizontalAlignment','center')
subplot(2,2,3)
text(.5,.5,{'3'},…
    'FontSize',20,'HorizontalAlignment','center')
subplot(2,2,4)
text(.5,.5,{'4'},…
    'FontSize',20,'HorizontalAlignment','center')
```

运行结果如图 4-7 所示。

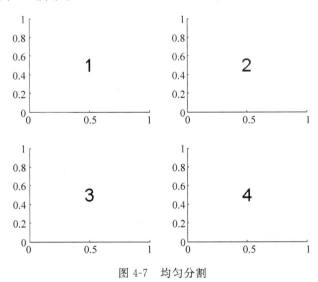

图 4-7　均匀分割

```
% 左右分割
figure
subplot(2,2,[1 3])
text(.5,.5,'[1 3]',…
    'FontSize',20,'HorizontalAlignment','center')
subplot(2,2,2)
text(.5,.5,'2',…
    'FontSize',20,'HorizontalAlignment','center')
subplot(2,2,4)
text(.5,.5,'4',…
    'FontSize',20,'HorizontalAlignment','center')
```

运行结果如图 4-8 所示。

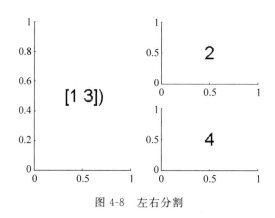

图 4-8　左右分割

4.1.3　二维图形的标注与修饰

MATLAB 提供了一些图形函数,专门对所画出的图形进行修饰,以使其更加美观,更便于应用。图形绘制以后,需要对图形进行标注、说明等修饰性的处理,以增加图形的可读性,使之反映出更多的信息。下面分别介绍这些函数。

1. axis 函数

在 MATLAB 中,axis 函数用于根据需要适当调整坐标轴,该函数的调用格式如下。

axis([xmin xmax ymin ymax]):此函数将所画 X 轴的大小范围限定在{xmin, xmax},Y 轴的大小范围限定在{ymin,ymax}。

axis(str):将坐标轴的状态设定为字符串参数 str 所指定的状态。参数 str 是由一对单引号所包起来的字符串,它表明了将坐标轴调整为哪一种状态。各种常用字符串的含义如表 4-2 所示。

表 4-2　axis 函数的用法

命　　令	描　　述
axis([xmin xmax ymin ymax])	表示按照用户给出的 X 轴和 Y 轴的最大、最小值选择坐标系
axis('auto')	表示自动设置坐标系: xmin＝min(x);xmax＝max(x); ymin＝min(y);ymax＝max(y);
axis('xy')	表示使用笛卡儿坐标系
axis('ij')	表示使用 matrix 坐标系,即坐标原点在左上方,x 坐标从左向右增大,y 坐标从上向下增大
axis('square')	表示将当前图形设置为正方形图形
axis('equal')	表示将 x,y 坐标轴的单位刻度设置为相等
axis（'normal')	表示关闭 axis equal 和 axis square 命令
axis('off')	表示关闭网络线与 xy 坐标用 label 命令所加的注释,但保留用图形中 text 命令和 gtext 命令所添加的文本说明
axis('on')	表示打开网络线与 xy 坐标用 label 命令所加的注释

variable＝axis：变量 variable 保存的是一个向量值，显然这个向量值能够以 axis (variable)的形式应用于设定坐标轴的大小范围。

[s1,s2.s3]＝axis('state')：将当前所使用的坐标轴的状态存储到向量[s1,s2,s3]中。s1 说明是否自动设定坐标轴的范围，取值为'auto'或'manual'；s2 说明是否关闭坐标轴，取值为'on'或'off'；s3 说明所使用的坐标轴的种类，取值为'xy'或'ij'。表 4-2 揭示了 axis 函数的用法。

【例 4-8】 利用函数 axis 调整 $y＝\cos x$ 的坐标轴范围。

```
x = 0:pi/100:2 * pi;
y = cos(x);
line([0,2 * pi],[0,0])
hold on;
plot(x,y)
axis([0 2 * pi - 1 1])
```

运行结果如图 4-9 所示。

【例 4-9】 利用 axis 函数为 $y＝\cos x$ 绘制笛卡儿坐标系。

```
x = 0:pi/100:3 * pi;
y = cos(x);
line([0,3 * pi],[0,0])
hold on;
plot(x,y)
axis([0 3 * pi - 2 2])
axis('xy')
```

运行结果如图 4-10 所示。

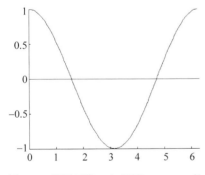

图 4-9　利用函数 axis 调整 $y＝\cos x$ 的坐标轴范围

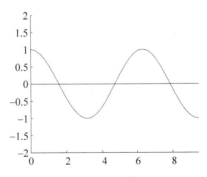

图 4-10　利用 axis 函数为 $y＝\cos x$ 绘制笛卡儿坐标系

【例 4-10】 利用函数 axis 绘制一个圆。

在命令行窗口直接输入以下程序代码：

```
alpha = 0:0.01:2 * pi;
x = cos(alpha);
y = sin(alpha);
```

```
plot(x,y)
axis([-2 2 -2 2])
grid on
axis square
```

运行结果如图 4-11 所示。

2. xlabel、ylabel 与 title 函数

在 MATLAB 中，xlabel、ylabel 函数用于给 x、y 轴贴上标签；title 函数用于给当前轴加上标题。每个 axes 图形对象可以有一个标题。标题定位于 axes 的上方正中央。这些函数的用法如下。

xlabel('string')：表示给当前轴对象中的 x 轴贴标签。

ylabel('string')：表示给当前轴对象中的 y 轴贴标签。

title('string')：表示在当前坐标轴上方正中央放置字符串 string 作为标题。

title(…,'PropertyName',PropertyValue,…)：可以在添加或设置标题的同时设置标题的属性，如字体、颜色、加粗等。

【例 4-11】 在当前坐标轴上方正中央放置字符串“余弦函数”作为标题。

```
x = -pi:0.1:pi;
y = cos(x);
plot(x,y)
title('余弦函数')
```

运行结果如图 4-12 所示。

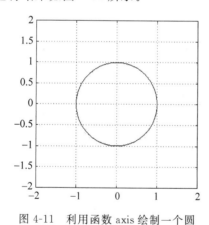

图 4-11 利用函数 axis 绘制一个圆

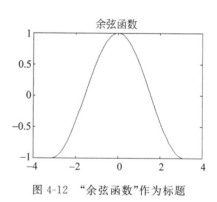

图 4-12 “余弦函数”作为标题

【例 4-12】 坐标轴标注函数 xlabel 和 ylabel 使用示例。

```
x = [2004:1:2013];
y = [1.45 0.91 2.3 0.86 1.46 0.95 1.0 0.96 1.21 0.74];
xin = 2004:0.2:2013;
yin = spline(x,y,xin);
plot(x,y,'ob',xin,yin,'-.r')
```

```
title('2004—2013 年北京年平均降水量图')
xlabel('年份','FontSize',10)
ylabel('每年降雨量','FontSize',10)
```

运行结果如图 4-13 所示。

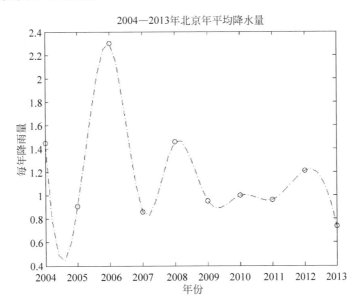

图 4-13 坐标轴标注函数 xlabel 和 ylabel 使用示例

3. grid 函数与 legend 函数

grid 函数用于给二维或三维图形的坐标面增加分隔线。legend 函数用于在图形上添加图例。该命令对有多种图形对象类型(线条图、条形图、饼形图等)的窗口中显示一个图例。对于每一线条,图例会在用户给定的文字标签旁显示线条的线型、标记符号和颜色等。这些函数的用法如下。

grid on:表示给当前的坐标轴增加分隔线。

grid off:表示从当前的坐标轴中去掉分隔线。

grid:表示转换分隔线的显示与否的状态。

legend('string1', 'string2',…, pos):表示用指定的文字 string 在当前坐标轴中对所给数据的每一部分显示一个图例,在指定的位置 pos 放置这些图例。

legend('off'):表示清除图例。

legend('hide'):表示隐藏图例。

legend('show'):表示显示图例。

【例 4-13】 给余弦函数图形的坐标轴增加分隔线。

```
x = − pi:0.1:pi;
y = cos(x);
plot(x,y)
title('余弦函数')
grid on
```

运行结果如图 4-14 所示。

【**例 4-14**】 利用 grid 命令去掉单位圆图形的网格线。

```
alpha = 0:0.01:2 * pi;
x = sin(alpha);
y = cos(alpha);
plot(x,y)
axis([ - 1.2 1.2 - 1.2 1.2])
grid off
axis square
```

运行结果如图 4-15 所示。

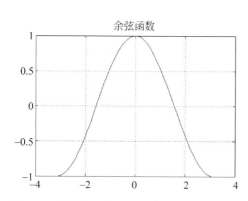

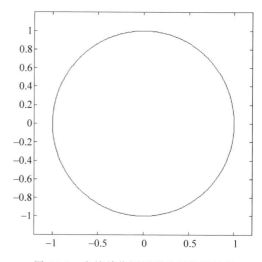

图 4-14 给余弦函数图形的坐标轴增加分隔线　　图 4-15 去掉单位圆图形的网格线效果

【**例 4-15**】 使用函数 legend 在图形中添加图例。

```
y = magic(3);bar(y);
legend('第一列','第二列','第三列',2);
grid on
```

运行结果如图 4-16 所示。

【**例 4-16**】 图形标定函数 legend 使用示例。

```
x = 0:0.01 * pi:4 * pi;
y1 = 2 * sin(x);
y2 = cos(x);
y3 = sin (2 * x). * cos(x);
plot(x,[y1;y2;y3])
axis([0 4 * pi - 2 2.5])
set(gca,'XTick',[0 pi 2 * pi],'XTickLabel',{'0','pi','2pi'})
legend('2 * cos (x)',' sin (x)','cos (2x) sin (x)')
```

运行结果如图 4-17 所示。

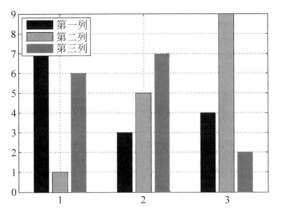

图 4-16 图形中添加图例效果

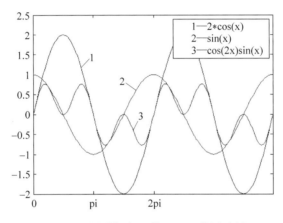

图 4-17 图形标定函数 legend 使用示例

4. text 函数与 gtext 函数

text 函数用于在当前坐标轴中创建 text 对象,它是创建 text 图形句柄的低级函数,可用该函数在图形中指定的位置上显示字符串;gtext 函数用于在当前二维图形中用鼠标放置文字,当光标进入图形窗口时,会变成一个大十字,表明系统正等待用户的操作。这些函数的用法如下。

text(x,y,'string'):表示在图形中指定的位置(x,y)上显示字符串 string。

text(x,y,string,option):主要功能是在图形指定坐标位置(x,y)处,写出由 string 所给出的字符串。坐标(x,y)的单位是由选项参数 option 决定的。如果不给出该选项参数,则(x,y)坐标的单位与图中的单位是一致的。如果选项参数取为'sc',则(x,y)坐标表示规范化的窗口相对坐标,其变化范围为 0~1,即该窗口绘图范围的左下角坐标为(0,0),右上角坐标为(1,1)。

gtext('string'):表示当光标位于一个图形窗口内时,等待用户单击鼠标或按键。若按下鼠标或按下按键,则在光标的位置放置给定的文字 string。

【例 4-17】 利用函数 text 将文本字符串放置在图形中的任意位置。

```
x = 0:pi/100:6;
plot(x,sin(x));
text(3 * pi/4,sin(3 * pi/4),'\leftarrowsin(x) = 0.707','fontsize',14);    %放置文本字符串
text(pi,sin(pi),'\leftarrowsin(x) = 0','fontsize',14),
text(5 * pi/4,sin(5 * pi/4),'sin(x) = − 0.707\rightarrow','horizontal','right','fontsize',14);
```

运行结果如图 4-18 所示。

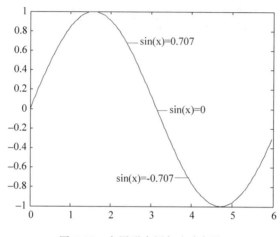

图 4-18　在图形中添加文本标注

【例 4-18】 使用函数 gtext 可以将一个字符串放到图形中，位置由鼠标来确定。

```
plot(peaks(80));
gtext('图形','fontsize',16)
```

运行结果如图 4-19 所示。

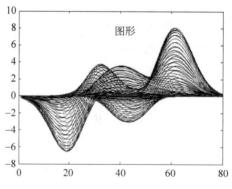

图 4-19　使用函数 gtext 示例效果

5. fill 函数与 hold 函数

在 MATLAB 中，fill 函数用于对一个封闭的图形进行填充处理；hold 函数用于对当

前的绘图叠加。这些函数的调用方法如下。

fill(x,y,d)：用 d 指定颜色来填充建立一个多边形。其中 d 为颜色映像索引向量、矩阵或颜色字符('r','g','b','c','m','y','w','k')。若 d 是列向量,则 length(d) 必须等于 size(x,2) 与 size(y,2)。若 d 为行向量,则 length(d) 必须等于 size(x,1) 与 size(y,1)。

fill(x,y,ColorSpec)：用 ColorSpec 指定的颜色填充由 x 与 y 定义的多边形,其中 ColorSpec 可以为颜色：'r','g','b','c','m','y','w','k'。

fill(x1,y1,c1,x2,y2,c2)：一次定义多个要填充的二维区域。

fill(…,'PropertyName',PropertyValue)：允许用户定义组成 fill 多边形的 patch 图形对象某个属性名称的属性值。

h=fill(…)：返回 patch 图形对象句柄值的向量,并且每一个 patch 对象对应一个句柄值。

hold：可以把切换当前的绘图叠加模式。

hold on 或 hold off：表示明确制定当前绘图窗口叠加绘图模式的开关状态。

hold all：不但实现 hold on 的功能,使得当前绘图窗口的叠加绘图模式打开,而且使新的绘图指令依然循环初始设置的颜色循环序和线型循环序。

【例 4-19】 利用 fill 函数绘制一个七角形。

```
t = (1/14:1/7:1)' * 2 * pi;        % 定义七角形的刻度
x = sin(t);y = cos(t);
H = fill(x,y,'r');
axis square
set(H,'LineWidth',5)               % 设置七角形的边线宽度
set(gcf,'color','w','Position',[400,350,250,150],'MenuBar','none')
set(gca,'Visible','off')           % 隐藏坐标轴
```

运行结果如图 4-20 所示。

图 4-20　利用 fill 函数绘制一个七角形

【例 4-20】 利用函数 hold 绘制叠加图形。

```
x = -5:5;
y1 = randn(size(x));
y2 = sin(x);
subplot(2,1,1)
hold
hold                               % 切换子图 1 的叠加绘图模式到关闭状态
plot(x,y1,'b')
```

```
plot(x,y2,'r')                    % 新的绘图指令冲掉了原来的绘图结果
title('hold off ')
subplot(2,1,2)
hold on                           % 打开子图 2 的叠加绘图模式
plot(x,y1,'b')
plot(x,y2,'r')                    % 新的绘图结果叠加在原来的图形中
title('hold on ')
```

运行结果如图 4-21 所示。

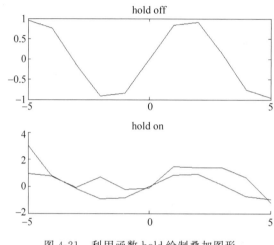

图 4-21　利用函数 hold 绘制叠加图形

4.1.4　特殊二维图形的绘制实例

与数值计算和符号计算相比,图形的可视化技术是数学计算人员所追求的更高级的一种技术,因为对于数值计算和符号计算来说,不管计算的结果多么准确,人们往往无法直接从大量的数据和符号中体会它们的具体含义。

很多工程及研究领域还使用其他一些不用类型的特殊二维图形,通过这些特殊图形绘制,可以方便地获悉单个数据在整体数据集中所占的比例、数据点的分布、数据分布的向量信息等。下面举例说明特殊图形的绘制。

【例 4-21】　绘制垂直的直方图。

```
clear all;
bar (rand(1,10))
```

运行结果如图 4-22 所示。

【例 4-22】　绘制矩阵的直方图。

```
x = − 2:0.1:2;
Y = exp2( − x. * x);
bar(x,Y)
```

运行结果如图 4-23 所示。

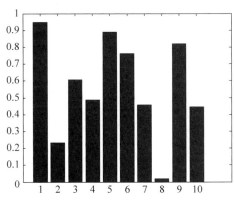

图 4-22 垂直的直方图

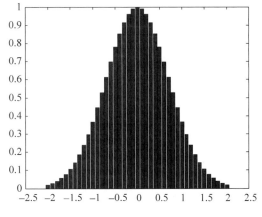

图 4-23 矩阵的直方图

【**例 4-23**】 用 area 函数根据矢量或矩阵的列生产一个区域图。

```
X = magic(6);
area(X)
```

运行结果如图 4-24 所示。

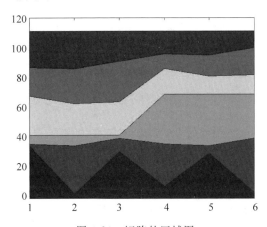

图 4-24 矩阵的区域图

【**例 4-24**】 利用 errorbar 函数来表示已知资料的误差值。

```
x = linspace(0,2 * pi,30);
y = cos(x);
e = std(y) * ones(size(x))          % 标准差
errorbar(x,y,e)
```

运行结果如下：

```
e =
  Columns 1 through 13
    0.7303   0.7303   0.7303   0.7303   0.7303   0.7303   0.7303   0.7303   0.7303   0.7303
  0.7303   0.7303   0.7303
  Columns 14 through 26
```

```
      0.7303   0.7303   0.7303   0.7303   0.7303   0.7303   0.7303   0.7303   0.7303   0.7303
      0.7303   0.7303   0.7303
    Columns 27 through 30
 0.7303   0.7303   0.7303   0.7303
```

运行结果如图 4-25 所示。

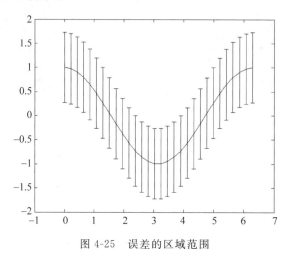

图 4-25　误差的区域范围

【例 4-25】　用 fplot 来进行较精确的绘图,并对剧烈变化处进行较密集的取样。

```
x = 0.02:0.001:0.2;
subplot(121),
plot(x,cos(1./x))
subplot(122),
fplot('cos(1/x)',[0.02 0.2])
```

运行结果如图 4-26 所示。

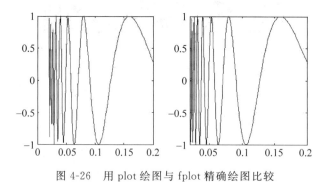

图 4-26　用 plot 绘图与 fplot 精确绘图比较

【例 4-26】　用 polar 函数产生极坐标图。

```
theta = linspace(0,2 * pi);
r = sin(4 * theta);
polar(theta,r)
```

运行结果如图 4-27 所示。

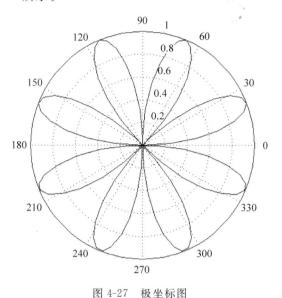

图 4-27　极坐标图

【**例 4-27**】　用 hist 函数来显示数据资料的分布情况（频数累计）。

```
x = - 3:0.1:3;
y = randn(100,1);
hist(y,x)
```

运行结果如图 4-28 所示。

【**例 4-28**】　利用 rose 将资料大小视为角度,资料个数视为距离,并采用极坐标表示。

```
x = randn(1000,1);
rose(x)
```

运行结果如图 4-29 所示。

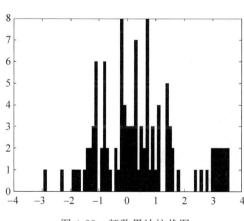

图 4-28　频数累计柱状图

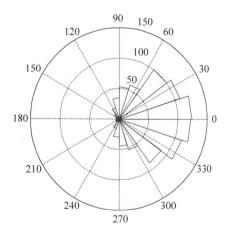

图 4-29　极坐标中的频数累计直方图

【例4-29】 利用 stairs 函数画出阶梯图。

```
x = linspace(0,10,50);
y = cos(x). * exp( - x/3);
stairs(x,y)
```

运行结果如图 4-30 所示。

【例4-30】 利用 stem 函数绘制数位信号针状图。

```
x = linspace(0,10,50);
y = cos(x). * exp( - x/3);
stem(x,y)
```

运行结果如图 4-31 所示。

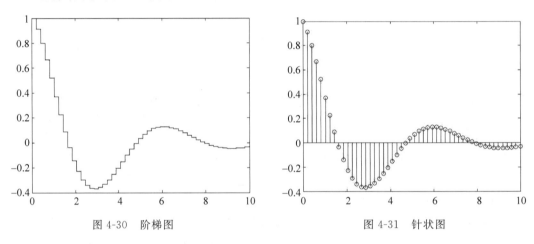

图 4-30　阶梯图　　　　　　　　　　　图 4-31　针状图

【例4-31】 利用 fill 函数将多边形涂上颜色。

```
x = linspace(0,10,50);
y = cos(x). * exp( - x/3);
fill(x,y,'b')
```

运行结果如图 4-32 所示。

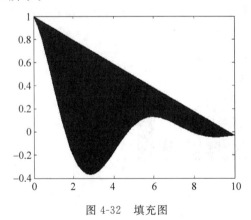

图 4-32　填充图

【例 **4-32**】 利用 feather 函数将每一个资料点视为复数，并用箭线画出。

```
theta = linspace(0,2 * pi,20);
z = sin(theta) + i * cos(theta);
feather(z)
```

运行结果如图 4-33 所示。

【例 **4-33**】 利用 compass 函数作罗盘图。

```
theta = linspace(0,2 * pi,20);
z = sin(theta) + i * cos(theta);
compass(z)
```

运行结果如图 4-34 所示。

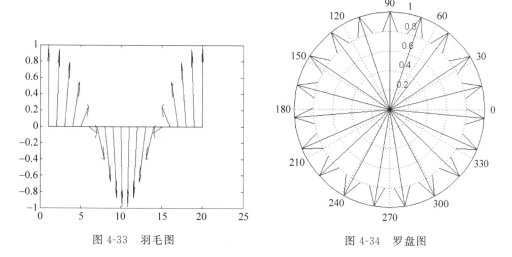

图 4-33 羽毛图   图 4-34 罗盘图

【例 **4-34**】 利用 scatter(X,Y,S,C) 在向量 X、Y 定义的位置绘制彩色的圆圈标志（离散点图）。

```
load seamount
scatter(x,y,7,z)
```

运行结果如图 4-35 所示。

【例 **4-35**】 利用 pie(X) 函数，使用 X 中的数据绘制一张饼图。

```
x = [4 3 8 2 1 7 5];
explode = [0 0 0 0 1 1 0];
pie(x,explode)
```

运行结果如图 4-36 所示。

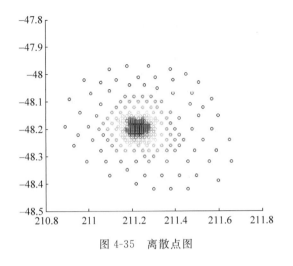

图 4-35 离散点图

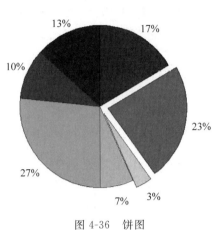

图 4-36 饼图

【**例 4-36**】 利用 quiver 函数绘制向量图。

```
[X,Y] = meshgrid( - 1.5:0.15:1.5);
Z = X. * exp( - X.^3 - Y.^3);
[DX,DY] = gradient(Z,3,3);
quiver(X,Y,DX,DY)
```

运行结果如图 4-37 所示。

【**例 4-37**】 利用命令 K＝conhull(x,y)绘制凸壳图。

```
xx = - 1.5:0.1:1.5;
yy = abs(sqrt(xx));
[x,y] = pol2cart(xx,yy);
k = convhull(x,y);
plot(x(k), y(k),'r - ',x,y,'g * ')
```

运行结果如图 4-38 所示。

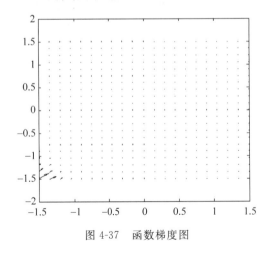

图 4-37 函数梯度图

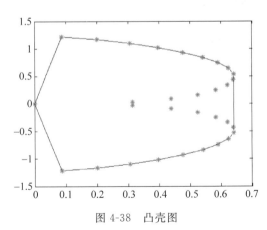

图 4-38 凸壳图

【例 4-38】 loglog 函数的用法示例。

```
x = logspace( - 3,3);
loglog(x,exp(x),'o');
grid on
```

运行结果如图 4-39 所示。

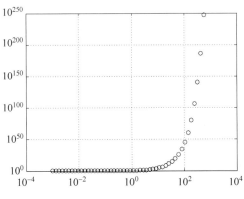

图 4-39 双对数刻度曲线

【例 4-39】 semilog 函数的用法示例。

```
x = logspace( - 3,0);
y = exp(x);
subplot(121),
semilogx(x,y,'b * ');
subplot(122),
semilogy(x,y,'g + ')
```

运行结果如图 4-40 所示。

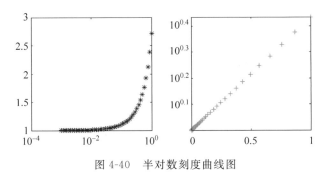

图 4-40 半对数刻度曲线图

【例 4-40】 利用 plotyy 函数绘制同一数据的不同图形显示。

```
t = 0:pi/30:6;
y = exp(cos(t));
plotyy(t,y,t,y,'plot','stem')
```

运行结果如图 4-41 所示。

【例4-41】 利用 plotyy 函数在同一幅图中绘制两组不同的数据。

```
t = 0:800;A = 900;a = 0.004;b = 0.004;
z1 = A * exp( − a * t);
z2 = cos(b * t);
plotyy(t,z1,t,z2,'semilogy','plot')
```

运行结果如图 4-42 所示。

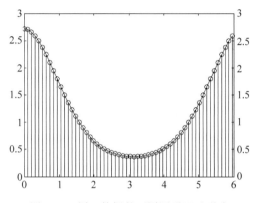

图 4-41 同一数据的不同图形显示形式

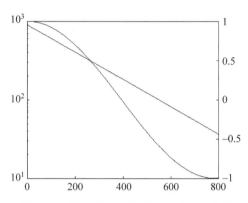

图 4-42 同一幅图中绘制两组不同的数据

4.2 三维绘图

在 MATLAB 中,三维绘图的基本流程如下。

(1) 数据准备。

(2) 图形窗口和绘图区选择。

(3) 绘图。

(4) 设置视角。

(5) 设置颜色表。

(6) 设置光照效果。

(7) 设置坐标轴刻度和比例。

(8) 标注图形。

(9) 保存、打印或导出。

下面根据绘制三维图形的基本流程,分节介绍创建图形的各种函数。

4.2.1 三维折线及曲线的绘制

在 MATLAB 中,plot3 函数的功能及使用方法与 plot 函数的功能及使用方法相类似,它们的区别在于前者绘制出的是三维图形。该函数的调用方法如下:

```
plot3(x,y,z)
plot3(x,y,z,option)
```

其中,选项参数 option 指明了所绘图中线条的线性、颜色以及各个数据点的表示记号。plot3 函数使用逐点连线的方法来绘制三维折线,当各个数据点的间距较小时,也可利用它来绘制三维曲线。

【例 4-42】 利用 plot3 函数绘制一条三维螺旋线图。

```
t = 0:pi/50:8 * pi;
x = sin(t);
y = cos(t);
z = t;
plot3(x,y,z)
```

运行结果如图 4-43 所示。

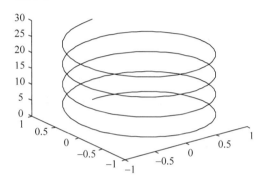

图 4-43 三维螺旋线图

4.2.2 三维图形坐标标记的函数

MATLAB 还提供了下述三条用于三维图形坐标标记的函数,并提供了用于图形标题说明的语句。这些函数的调用方法如下。

xlabel(str):将字符串 str 水平放置于 X 轴。

ylabel(str):将字符串 str 水平放置于 Y 轴。

zlabel(str):将字符串 str 水平放置于 Z 轴。

title(str):将字符串 str 水平放置于图形的顶部。

【例 4-43】 利用函数为 $x = \sin t$、$y = \cos t$ 的三维螺旋线图形添加标题说明。

```
t = 0:pi/50:8 * pi;
x = sin(t);
y = cos(t);
z = t;
plot3(x,y,z);
xlabel('sin(t) ');
ylabel('cos(t) ');
zlabel('t');
title('三维螺旋线');
```

运行结果如图 4-44 所示。

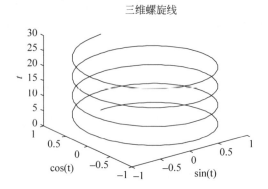

图 4-44　被标注了标题说明的三维螺旋线图

4.2.3　三维网格曲面的绘制

三维网格曲面是由一些四边形相互连接在一起所构成的一种曲面,这些四边形的 4 条边所围成的颜色与图形窗口的背景色相同,并且无色调的变化,在 MATLAB 中呈现的是一种线架图的形式,mesh 函数用于栅格数据点的产生;mesh 函数用于绘制三维网格曲面图;hidden 函数用于隐藏线的显示和关闭。这些函数的调用方法如下。

[X，Y]＝meshgrid(x，y):表示由 x 向量和 y 向量值通过复制的方法产生绘制三维图形时所需的栅格数据 X 矩阵和 Y 矩阵。在使用该命令时需要说明以下两点。

(1) 向量 x 和 y 向量分别代表三维图形在 X 轴、Y 轴方向上的取值数据点。

(2) x 和 y 分别是 1 个向量,而 X 和 Y 分别代表 1 个矩阵。

```
mesh(X,Y,Z,C)
mesh(X,Y,Z)
mesh(x,y,Z,C)
mesh(x,y,Z)
mesh(Z,C)
mesh(Z)
```

其中,在命令格式 mesh(X,Y,Z,C) 和 mesh(X,Y,Z) 中,参数 X,Y,Z 都为矩阵值,并且 X 矩阵的每一个行向量都是相同的,Y 矩阵的每一个列向量也都是相同的。参数 C 表示网格曲面颜色的分布情况,若省略该参数则表示网格曲面的颜色分布与 Z 方向上的高度值成正比;在命令格式(x,y,Z,C) 和 mesh(x,y,Z) 中,参数 x 和 y 的长度分别是 n 和 m 向量值,而参数 Z 是维数为 $m \times n$ 的矩阵;在命令格式[Z,C] 和 mesh(Z) 中,若参数 Z 是维数为 $m \times n$ 的矩阵,则绘图时的栅格数据点的取法是 x＝1：n 和 y＝1：m。另外,MATLAB 中还有两个 mesh 的派生函数:meshc 函数用于在绘图的同时,在 x-y 平面上绘制函数的等值线;meshz 函数则用于在 mesh 函数的网格图基础上,增加在图形的底部外侧绘制平行 z 轴的边框线的功能。

hidden on:表示去掉网格曲面的隐藏线。

hidden off:表示令显示网格曲面的隐藏线。

【例 4-44】 利用 meshgrid 函数绘制矩形网格。

```
x = -5:0.5:5;
y = 5:-0.5:-5;
[X,Y] = meshgrid(x,y);
plot(X,Y,'o')
```

运行结果如图 4-45 所示。

【例 4-45】 在笛卡儿坐标系中绘制函数的网格曲面图。

```
x = -7:0.5:7;
y = x;
[X,Y] = meshgrid(x,y);
Q = sqrt(X.^2 + Y.^2) + eps;
Z = cos(Q)./Q;
mesh(X,Y,Z)
grid on
axis([ -10 10 -10 10 -1 1 ])
```

运行结果如图 4-46 所示。

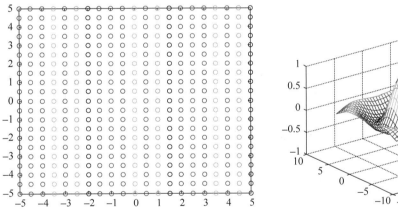

图 4-45　矩形网格　　　　　　　图 4-46　函数的网格曲面

【例 4-46】 利用 meshc 函数和 meshz 函数绘制三维网格图。

```
close all
clear
[X,Y] = meshgrid(-2:.4:2);
Z = 2*X.^2 - 3*Y.^2;
subplot(2,2,1)
plot3(X,Y,Z)
subplot(2,2,2)
mesh(X,Y,Z)
subplot(2,2,3)
meshc(X,Y,Z)
```

```
subplot(2,2,4)
meshz(X,Y,Z)
```

运行结果如图 4-47 所示。

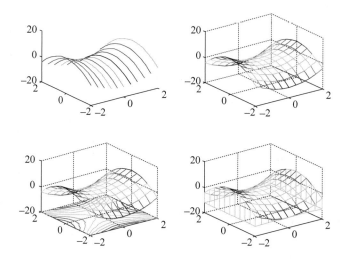

图 4-47　利用 meshc 函数和 meshz 函数绘制的三维网格图

4.2.4　三维阴影曲面的绘制

三维阴影曲面也是由很多个较小的四边形构成的,但是各个四条边是无色的(即为绘图窗口的底色),其内部却分布着不同的颜色,也可认为是各个四边形带有阴影的效果。

MATLAB 提供了 3 个用于绘制这种三类阴影曲面的函数:surf 函数用于基本的三维阴影曲面的绘制;surfc 函数用于基本的三维阴影曲面的绘制;furfl 函数用于绘制具有光照效果的阴影曲面绘制。这些函数的调用方法如下:

```
surf(X,Y,Z,C)
surf(X,Y,Z)
surf(x,y,Z,C)
surf(x,y,Z)
surf(Z,C)
surf(Z)
```

其中,surf 函数与 mesh 函数的使用方法及参数含义相同。surf 函数与 mesh 函数的区别是前者绘制的是三维阴影曲面,而后者绘制的是三维网格曲面。在 surf 函数中,各个四边形表面的颜色分布方式可由 shading 命令来指定。

shading faceted:表示截面式颜色分布方式。

shading interp:表示插补式颜色分布方式。

shading flat:表示平面式颜色分布方式。

```
surfc(X,Y,Z,C)
surfc(X,Y,Z)
surfc(x,y,Z,C)
surfc(x,y,Z)
surfc(Z,C)
surfc(Z)
```

其中,surfc 函数与 surf 函数的使用方法及参数含义相同；surfc 函数与 surf 函数的区别是前者除了绘制出三维阴影曲面外,在 XY 坐标平面上还绘制有曲面在 Z 轴方向上的等高线,而后者仅绘制出三维阴影曲面。

```
surfl(X,Y,Z,s)
surfl(X,Y,Z)
surfl(Z,s)
surfl(Z)
```

这 4 种 surfl 命令与前面介绍的 surf 命令的使用方法及参数含义相类似,其区别是：前者绘制出的三维阴影曲面具有光照效果,而后者绘制出的三维阴影曲面无光照效果。向量参数 s 表示光源的坐标位置,s＝[sx,xy,xz]。注意,若缺省 s,则表示光源位置设在观测角的逆时针 45°处,它是默认的光源位置。

【例 4-47】 采用函数 shading faceted 来设置函数的三维阴影曲面效果。

```
x = - 7:0.5:7;
y = x;
[X,Y] = meshgrid(x,y);
Q = sqrt(X.^2 + Y.^2) + eps;
Z = 2 * cos(Q)./Q;
surf(X,Y,Z)
grid on
axis([ - 10 10 - 10 10 - 0.5 1.5])
shading faceted
```

运行结果如图 4-48 所示。

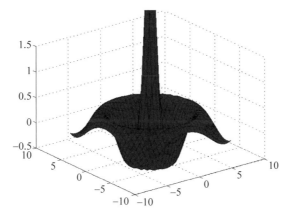

图 4-48　截面式颜色分布方式

【例 4-48】 利用 shading interp 函数来设置三维阴影曲面效果。

```
x = −7:0.5:7;
y = x;
[X,Y] = meshgrid(x,y);
R = sqrt(X.^2 + Y.^2) + eps;
Z = 2 * sin(R)./R;
surf(X,Y,Z)
grid on
axis([−10 10 −10 10 −0.5 1.5])
shading interp
```

运行结果如图 4-49 所示。

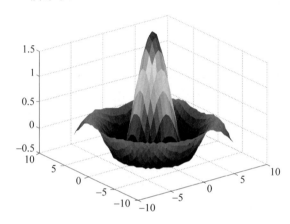

图 4-49   插补式颜色分布方式

【例 4-49】 利用 shading flat 函数来设置起到相应的效果。

```
x = −7:0.5:7;
y = x;
[X,Y] = meshgrid(x,y);
R = sqrt(X.^2 + Y.^2) + eps;
Z = 2 * cos(Q)./Q;
surf(X,Y,Z)
grid on
axis([−10 10 −10 10 −0.5 1.5])
shading flat
```

运行结果如图 4-50 所示。

【例 4-50】 利用 surfc 函数为三维曲面添加等高线。

```
x = −7:0.5:7;
y = x;
[X,Y] = meshgrid(x,y);
R = sqrt(X.^2 + Y.^2) + eps;
Z = 2 * cos(Q)./Q;
```

```
surfc(X,Y,Z)
grid on
axis([ − 10 10 − 10 10 − 0.5 1.5])
```

运行结果如图 4-51 所示。

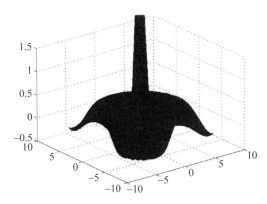

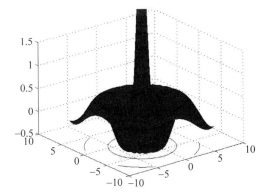

图 4-50　平面式颜色分布方式　　　　图 4-51　三维图形等高线

【**例 4-51**】　利用 sufl 函数为阴影曲面添加光照效果。

```
x = − 7:0.5:7;
y = x;
[X,Y] = meshgrid(x,y);
R = sqrt(X.^2 + Y.^2) + eps;
Z = 2 * cos(Q)./Q;
s = [0 − 1 0];
surfl(X,Y,Z)
grid on
axis([ − 10 10 − 10 10 − 0.5 1.5])
```

运行结果如图 4-52 所示。

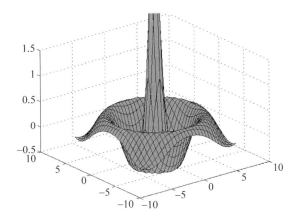

图 4-52　阴影曲面添加光照效果

4.2.5 三维图形的修饰与标注

与二维图形一样,用户也可以对三维图形的显示参数进行更改,以控制其显示效果。在 MATLAB 中,view 函数用于改变图形的视角。三维图形下坐标轴的设置和二维图形下类似,都是通过带参数的 axis 命令设置坐标轴显示范围和显示比例。这些函数的调用方法如下。

view():改变图形的视角。

view(az,el):两个参数 az 和 el 分别表示方位角和俯视角。

axis([xmin xmax ymin ymax zmin zmax]):设置三维图形的显示范围,数组元素分别确定了每一坐标轴显示的最大值和最小值。

axis auto:根据 x、y、z 的范围自动确定坐标轴的显示范围。

axis manual:锁定当前坐标轴的显示范围,除非手动进行修改。

axis tight:设置坐标轴显示范围为数据所在范围。

axis equal:设置各坐标轴的单位刻度长度等长显示。

axis square:将当前坐标范围显示在正方形(或正方体)内。

axis vis3d:锁定坐标轴比例,不随三维图形的旋转而改变。

【例 4-52】 设置三维图形的视角效果。

```
clear all;
x = -5:0.5:5;
[x,y] = meshgrid(x);
z = x.^3 - y.^3;
subplot(2,2,1);
surf(x,y,z);
view(38,32);
title ('视角为(38,32)')
subplot(2,2,2);
surf(x,y,z);
view(38 + 90,32);
title('视角为(38 + 90,32)')
subplot(2,2,3);
surf(x,y,z);
view(38,32 + 30);
title ('视角为(38,32 + 30)')
subplot(2,2,4);
surf(x,y,z);
view(180,0)
title('视角为(180,0)')
```

运行结果如图 4-53 所示。

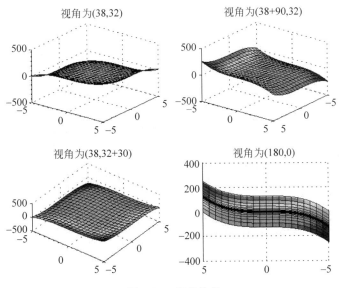

图 4-53　视角效果

【例 4-53】　使用 axis 函数设置坐标轴。

```
close all
subplot(1,3,1)
ezsurf(@(t,s)(cos(t). * cos(s)),@(t,s)(cos(t). * cos(s)),@(t,s)cos(t),[0,1.5 * pi,0,
1.5 * pi])
axis auto;
title('auto')
subplot(1,3,2)
ezsurf(@(t,s)(cos(t). * cos(s)),@(t,s)(cos(t). * cos(s)),@(t,s)cos(t),[0,1.5 * pi,0,
1.5 * pi])
axis equal;
title('equal')
subplot(1,3,3)
ezsurf(@(t,s)(cos(t). * cos(s)),@(t,s)(cos(t). * cos(s)),@(t,s)cos(t),[0,1.5 * pi,0,
1.5 * pi])
axis square;
title('square')
```

运行结果如图 4-54 所示。

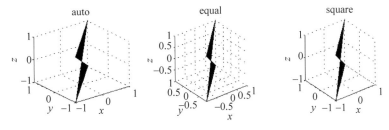

图 4-54　设置坐标轴

4.2.6 特殊三维图形的绘制实例

与二维图形一样,特殊三维图形的绘制也十分重要,下面举例介绍三维图像绘制的方法。

【例 4-54】 利用 contour、coutour3 函数来绘制等值线图。

```
[X,Y,Z] = peaks;                          %x,y及z轴的数据由peaks函数定义
subplot(221),
contour(Z,30)
subplot(222),contour(X,Y,Z,20);           %画出peaks的z轴二维等值线图,等值线的数目为20
subplot(223),                             %画出peaks的二维等值线图,等值线的数目为20
contour3(Z,30);
subplot(224),                             %画出peaks的z轴三维等值线图
contour3(X,Y,Z,20);                       %画出peaks的三维等值线图
```

运行结果如图 4-55 所示。

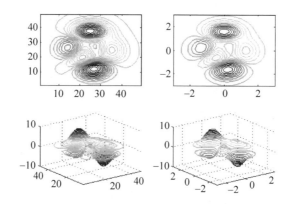

图 4-55 contour、contour3 函数绘图比较

【例 4-55】 利用 slice 函数来绘制立体空间的正交切片图。

```
[x,y,z] = meshgrid( -3:.3:3, -3:.3:3, -3:.3:3);
v = x. * exp( -x.^3 - y.^3 - z.^3);
slice(v,[4 14 31],31,[1 10]);
axis([0 31 0 31 0 31])
colormap(jet)
```

运行结果如图 4-56 所示。

【例 4-56】 利用 quiver3 函数绘制三维向量场图。

```
[X,Y] = meshgrid( -1.5:0.25:1.5, -1:0.2:1);
Z = X. * exp( -X.^2 - Y.^2);
[U,V,W] = surfnorm(X,Y,Z);           %空间表面的法线
quiver3(X,Y,Z,U,V,W,0.5);
hold on;
surf(X,Y,Z);
```

```
colormap hsv;
view( - 45,60);
axis([ - 3 3 - 1 1 - 0.6 0.6]);
hold off
```

运行结果如图 4-57 所示。

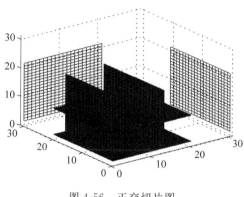

图 4-56　正交切片图

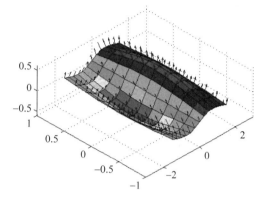

图 4-57　一个函数的法向表面

【例 4-57】　利用 clinder 函数绘制柱面图。

```
t = 0:pi/10:2 * pi;
[X,Y,Z] = cylinder(1.5 + sin(t));
surf(X,Y,Z);
axis square
```

运行结果如图 4-58 所示。

【例 4-58】　利用 bar3 函数绘制三维垂直和水平直方图。

```
Y = cool(8);        % Y 是由冷色图生成的 8 × 3 矩阵
bar3(Y)
```

运行结果如图 4-59 所示。

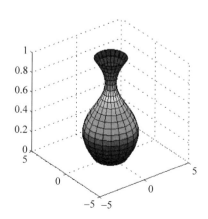

图 4-58　母线是曲面的柱面图

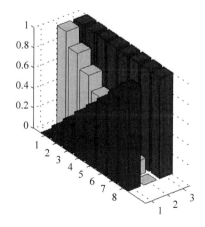

图 4-59　三维垂直直方图

【例 4-59】 利用 meshz 函数将曲面加上围裙。

```
[x,y,z] = peaks;
meshz(x,y,z);
axis([ - inf inf - inf inf - inf inf])
```

运行结果如图 4-60 所示。

【例 4-60】 利用 waterfall 函数在 x 方向或 y 方向产生水流效果。

```
[x,y,z] = peaks;
waterfall(x,y,z);
axis([ - inf inf - inf inf - inf inf])
```

运行结果如图 4-61 所示。

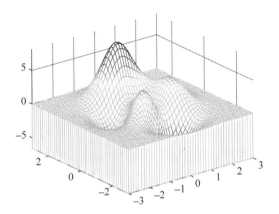

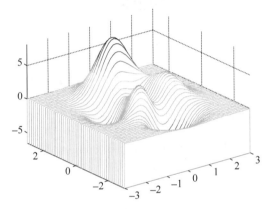

图 4-60　给 peaks 图加围裙　　　　　图 4-61　watefallr 函数水流效果

【例 4-61】 利用 meshc 函数画出网状图与等高线。

```
[x,y,z] = peaks;
meshc(x,y,z);
axis([ - inf inf - inf inf - inf inf])
```

运行结果如图 4-62 所示。

【例 4-62】 利用 surfc 函数画出曲面图与等高线。

```
[x,y,z] = peaks;
surfc(x,y,z);
axis([ - inf inf - inf inf - inf inf])
```

运行结果如图 4-63 所示。

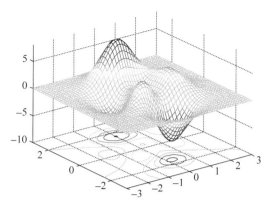

图 4-62　画出网状图与等高线

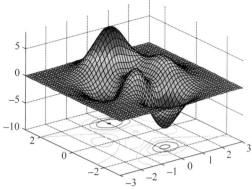

图 4-63　同时画出曲面图与等高线

【例 4-63】　将生成的图形进行透视。

```
[X0,Y0,Z0] = sphere(45);                    %产生单位球面的三维坐标
x = 3 * X0;                                  %产生半径为 2 的球面的三维坐标
y = 3 * Y0;
z = 3 * Z0;
clf,surf(X0,Y0,Z0);                          %画单位球面
shading interp;                              %采用插补明暗处理
hold on
mesh(x,y,z);
colormap(hot);                               %采用 hot 色彩
hold off;
hidden off;                                  %产生透视效果
axis equal;
axis off;                                    %不显示坐标轴
```

运行结果如图 4-64 所示。

【例 4-64】　利用"非数"NaN 对图形进行裁切处理。

```
clf;
t = linspace(0,2 * pi,90);
r = 1 - exp( - t/2). * sin(4 * t);                    %旋转母线
[X,Y,Z] = cylinder(r,60);                            %产生旋转柱面数据
ii = find(X < 0&Y < 0);                              %确定 x - y 平面第四象限上的数据下标
Z(ii) = NaN;                                          %剪切
surf(X,Y,Z);
colormap(spring);
shading interp;
light('position',[ - 3, - 1,3],'style','local');    %设置光源
material([0.5,0.4,0.3,10,0.3]);                      %设置表面反射
```

运行结果如图 4-65 所示。

图 4-64　透视球

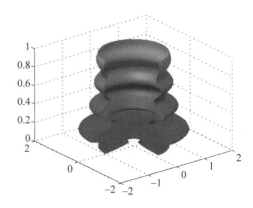

图 4-65　剪切 1/4 后的图形

【例 4-65】　利用"非数"NaN 对图形进行裁切处理。

```
Q = peaks(40);
Q(18:20,9:15) = NaN;          % 镂空
surfc(P);
colormap(summer);
light('position',[50, – 10,5]),lighting flat;
material([0.9,0.9,0.6,15,0.4]);
```

运行结果如图 4-66 所示。

【例 4-66】　将创建的图形进行裁切。

```
clf,x = [ – 7:0.3:7];
y = x;
[X,Y] = meshgrid(x,y);
ZZ = X.^3 – Y.^3;
ii = find(abs(X)> 5|abs(Y)> 5);     % 确定超出[ – 5,5]范围的格点下标
ZZ(ii) = zeros(size(ii));           % 强制为 0
surf(X,Y,ZZ);
shading interp;
colormap(copper);
light('position',[0,15,1]);
lighting phong;
material([0.3 0.3 0.5 11 0.5])
```

运行结果如图 4-67 所示。

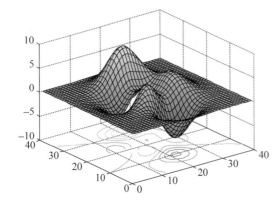

图 4-66　镂方孔的曲面

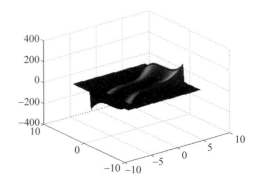

图 4-67　经裁切处理后的图形

【例 4-67】 利用色彩来表现函数的特征,即图形的思维表示。

```
x = 3 * pi * ( -1.2:1.2/15:1.2);
y = x;
[X,Y] = meshgrid(x,y);
R = sqrt(X.^2 + Y.^2) + eps;
Z = sin(R)./R;
[dzdx,dzdy] = gradient(Z);
dzdr = sqrt(dzdx.^2 + dzdy.^2);          %计算对 r 的导数
dz2 = del2(Z);                           %计算曲率
subplot(321),surf(X,Y,Z);
title('高度');
shading faceted;
colorbar('horiz'),brighten(0.2);
subplot(322),surf(X,Y,Z,R);
title('半径');
shading faceted;
colorbar('horiz');
subplot(323),surf(X,Y,Z,dzdx);
shading faceted;
colorbar('horiz'),brighten(0.1);
title('x 方向导数特征');
subplot(324),surf(X,Y,Z,dzdx);
shading faceted;
colorbar('horiz');
title('y 方向导数特征');
subplot(325),surf(X,Y,Z,abs(dzdr));
shading faceted;
colorbar('horiz'),brighten(0.6);
title('径向导数');
subplot(326),surf(X,Y,Z,abs(dz2));
shading faceted;
colorbar('horiz');
title('曲率');
```

运行结果如图 4-68 所示。

【例 4-68】 绘制彗星状轨迹图。

```
shg;n = 12;
t = n * pi * (0:0.0006:1);
x = sin(t);y = cos(t);
plot(x,y,'g');
axis square;
hold on
comet(x,y,0.01);
hold off
```

运行结果如图 4-69 所示。

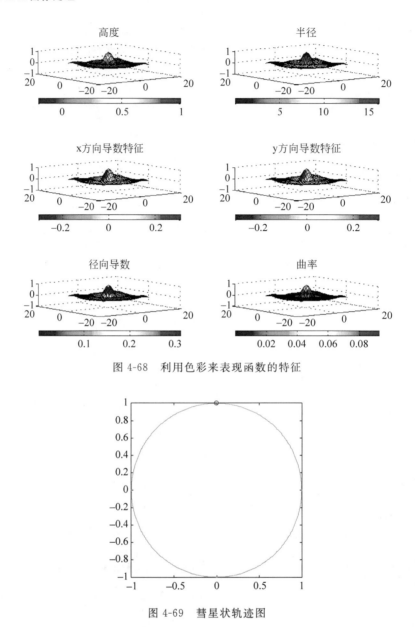

图 4-68　利用色彩来表现函数的特征

图 4-69　彗星状轨迹图

【例 4-69】 绘制卫星返回地球的运动轨迹。

```
shg;R0 = 1;                      % 地球半径为一个单位
a = 12 * R0;
b = 9 * R0;
T0 = 2 * pi;                     % T0 是轨道周期
T = 5 * T0;
dt = pi/100;
t = [0:dt:T]';
f = sqrt(a^2 - b^2);            % 地球与另一焦点的距离
th = 12.5 * pi/180;            % 卫星轨道与 x - y 平面的倾角
```

```
E = exp( - t/20);                           % 轨道收缩率
x = E. * (a * sin(t) - f);
y = E. * (b * sin(th) * cos(t));
z = E. * (b * cos(th) * cos(t));
plot3(x,y,z,'g');                           % 画全程轨迹
[X,Y,Z] = sphere(30);
X = R0 * X;Y = R0 * Y;Z = R0 * Z;           % 获得单位球坐标
grid on,hold on;
surf(X,Y,Z),shading interp;                 % 画地球
x1 = - 18 * R0;X2 = 6 * R0;                 % 确定坐标范围
y1 = - 12 * R0;y2 = 12 * R0;
z1 = - 6 * R0;z2 = 6 * R0;
view ([45 85]),                             % 设视角、画运动线
comet3(x,y,z,0.02),
hold off
```

运行结果如图 4-70 所示。

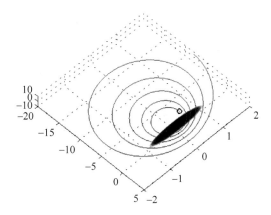

图 4-70   卫星返回地球轨迹示意图

【例 4-70】   利用 rotate 函数使图形旋转。

```
shg;clf;
[X,Y] = meshgrid([ - 2:.2:2]);
Z = 3 * X. * exp( - X.^2 - Y.^2);
G = gradient(Z);
subplot(121),
surf(X,Y,Z,G);
subplot(122),
h = surf(X,Y,Z,G);
rotate(h,[ - 2, - 2,0],20,[2,2,0]),          % 使图形旋转
colormap(jet)
```

运行结果如图 4-71 所示。

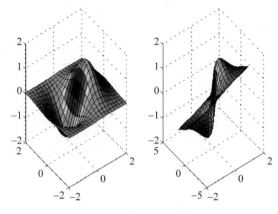

图 4-71　图形对象的旋转

4.3　本章小结

　　本章主要介绍 MATLAB 绘图的流程、函数、工具、图形修饰的方法以及特殊坐标轴的绘制和多种特殊绘图函数,并给出大量示例来阐述其在 MATLAB 中的实现方法。本章的例子只用到了最简单、最基本,也是最经典的绘图函数和标注函数,希望读者通过学习,仔细体会,亲自实践,这样可以熟悉和掌握各种方法的基本思想。

图形用户界面是由窗口、菜单、对话框等各种图形对象组成的用户界面,在用户界面中设定了观看和感知计算机、操作系统或应用程序的功能。通常是根据用户体验和用户界面功能来设计图形用户界面。

学习目标:

(1) 了解图形用户界面中的基本概念。

(2) 掌握图形用户界面中主要函数的基本原理及实现步骤。

(3) 熟悉图形用户界面设计的基本方法。

5.1 图形用户界面简介

用户界面(或接口)是指人与机器(或程序)之间交互作用的工具和方法。键盘、鼠标、跟踪球、话筒都可以成为与计算机交换信息的接口。图形用户界面(Graphical User Interfaces,GUI)则是由窗口、光标、按键、菜单、文字说明等对象(Objects)构成的一个用户界面。用户通过一定的方法(如鼠标或键盘)选择、激活这些图形对象,使计算机产生某种动作或变化,如实现计算和实现绘图等。

5.1.1 GUI 的设计原则及步骤

一个好的图形界面应该遵守简单性(Simplicity)、一致性(Consistency)和习惯性(Familiarity)3 个设计原则。

(1) 简单性。设计界面时,应力求简洁、直接、清晰地体现界面的功能和特征。无用的功能应尽量删去,以保持界面的整洁。设计的图形界面要直观,所以应该多采用图形,而尽量避免数值;应尽量减少窗口数目,避免在许多不同的窗口之间来回切换。

(2) 一致性。所谓一致性具有两层意思:一是界面风格要保持尽量一致;二是新设计的界面要与已有的界面风格协调。

(3) 习惯性。设计新界面时,应尽量使用人们熟悉的标志和符号。以便于用户了解新界面的具体含义及操作方法。

（4）其他考虑因素。除了以上对界面的静态要求之外，还应该注意界面的动态性能。如界面对用户操作的响应要迅速、连续；对持续时间较长的运算，要给出等待时间提示，并且允许用户中断运算，尽量做到人性化。

GUI的制作包括界面设计和程序实现，具体步骤如下。

（1）分析界面所要求实现的主要功能，明确设计任务。

（2）绘出草图，并站在使用者的角度来审查草图。

（3）按照构思的草图上机制作（静态）界面，并仔细检查。

（4）编写界面实现动态功能的程序，对功能进行仔细验证和检查。

打开GUI设计工作台的命令如下。

guide：打开设计工作台启动界面。

guide file：在工作台中打开文件名为file的用户界面。其中，guide命令中文件名不区分大小写。

图5-1　GUI的设计模板

打开的GUI启动界面提供新建GUI界面的功能，如图5-1所示，或打开已有界面文件的属性页。新建界面GUI可以选择空白界面、包含有控制框的模板界面、包含有轴对象和菜单的模板界面、标准询问窗口等选项。除此之外，还可以通过打开MATLAB的主窗，选择"文件"菜单中的"新建"菜单项，然后选择其中的"图形用户界面"菜单项，显示GUI的设计模板。

5.1.2　GUI 模板与设计窗口

MATLAB为GUI设计提供了以下4种模板。

（1）Blank GUI（空白模板，默认）。

（2）GUI with Uicontrols（带控制框对象的GUI模板）。

（3）GUI with Axes and Menu（带坐标轴与菜单的GUI模板）。

（4）Modal Question Dialog（带模式问题对话框的GUI模板）。

当用户选择不同的模板时，在GUI设计模板界面的右边就会显示出与该模板对应的GUI图形。GUI模板如图5-2所示。

在GUI设计模板中选中一个模板，单击"确定"按钮，就会显示GUI设计窗口。图形用户界面GUI设计窗口功能区由菜单栏、工具栏、控制框工具栏以及图形对象设计等组成。

GUI设计窗口的菜单栏中的菜单项有文件、编辑、视图、布局、工具和帮助，如图5-3所示，可以通过使用其中的命令完成图形用户界面的设计操作。在菜单栏的下方为编辑工具，提供了常用的工具。窗口的左半部分为设计工具区，提供了设计GUI过程中所用的用户控制框。空间模板区是网格形式的用户设计GUI的空白区域。在GUI设计窗口创建图形对象后，可以通过双击该对象来显示该对象的属性编辑器。

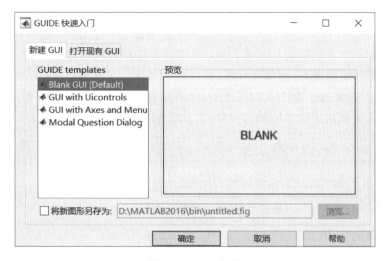

图 5-2 GUI 模板

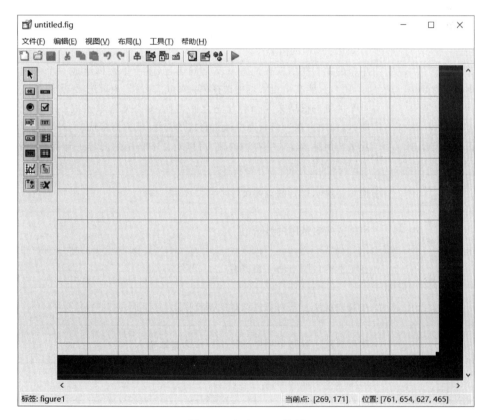

图 5-3 空白 GUI 模板

5.2 控制框对象及属性

控制框是一种包含在应用程序中的基本可视构件块,控制着该程序处理的所有数据以及关于这些数据的交互操作。事件响应的图形界面对象称为控制框对象,即当某一事件发生时,应用程序会做出响应并执行某些预定的功能与程序。MATLAB中的控制框大致可分为两种:一种为动作控制框,单击这些控制框会产生相应的响应;一种为静态控制框,是一种不产生响应的控制框,如文本框等。每种控制框都有一些可以设置的参数,用于表现控制框的外形、功能及效果,既属性。属性由两部分组成:属性名和属性值,它们必须是成对出现的。在MATLAB中,对话框上有各种各样的控制框用于实现有关控制,uicontrol函数用于建立控制框对象,其调用格式为:

> 对象句柄 = uicontrol(图形窗口句柄,属性名1,属性值1,属性名2,属性值2,…)

表5-1列出了MATLAB中常用的控制框。

表5-1　MATLAB中常用的控制框

名　　称	说　　明
按钮 (Push Buttons)	执行某种预定的功能或操作
开关按钮 (Toggle Button)	产生一个动作并指示一个二进制状态(开或关),当单击它时按钮将下陷,并执行 callback(回调函数)中指定的内容,再次单击,按钮复原,并再次执行 callback 中的内容
单选框 (Radio Button)	单个的单选框用来在两种状态之间切换,多个单选框组成一个单选框组时,用户只能在一组状态中选择单一的状态,或称为单选项
复选框 (Check Boxes)	单个的复选框用来在两种状态之间切换,多个复选框组成一个复选框组时,可使用户在一组状态中做组合式的选择,或称为多选项
可编辑文本框 (Editable Texts)	用来使用键盘输入字符串的值,可以对文本框中的内容进行编辑、删除和替换等操作
静态文本框 (Static Texts)	仅用于显示单行的说明文字
滚动条 (Slider)	可输入指定范围的数量值
边框 (Frames)	在图形窗口圈出的一块区域
列表框 (List Boxes)	在其中定义一系列可供选择的字符串
弹出式菜单 (Popup Menus)	让用户从一列菜单项中选择一项作为参数输入
坐标轴 (Axes)	用于显示图形和图像

　　每一个控制框都不可能是完全符合界面设计要求的,需要对其属性进行设置,以获得所需的界面显示效果。可以通过双击该控制框,或利用GUI设计窗口的菜单项"查看"→"属性检查器"打开控制框属性对话框。属性对话框具有良好的交互界面,以列表的形式给出该控制框的每一项属性。

　　表5-2介绍了控制框对象的公共属性。

表 5-2　控制框对象的公共属性

名　称	说　明
Children	取值为空矩阵,因为控制框对象没有自己的子对象
Parent	取值为某个图形窗口对象的句柄,该句柄表明了控制框对象所在的图形窗口
Tag	取值为字符串,定义了控制框的标识值,在任何程序中都可以通过这个标识值控制该控制框对象
Type	取值为 uicontrol,表明图形对象的类型
UserDate	取值为空矩阵,用于保存与该控制框对象相关的重要数据和信息
Visible	取值为 on 或 off
BackgroundColor	取值为颜色的预定义字符或 RGB 数值;默认值为浅灰色
Callback	取值为字符串,可以是某个 M 文件名或一小段 MATLAB 语句,当用户激活某个控制框对象时,应用程序就运行该属性定义的子程序
Enable	取值为 on(默认值)、inactive 和 off
Extend	取值为四元素矢量[0,0,width,height],记录控制框对象标题字符的位置和尺寸
ForegroundColor	取值为颜色的预定义字符或 RGB 数值,该属性定义控制框对象标题字符的颜色;默认值为黑色
Max,Min	取值都为数值,默认值分别为 1 和 0
String	取值为字符串矩阵或块数组,定义控制框对象标题或选项内容
Style	取值可以是 pushbutton(默认值)、radiobutton、checkbox、edit、text、slider、frame、popupmenu 或 listbox
Units	取值可以是 pixels(缺省值)、normalized(相对单位)、inches、centimeters(厘米)或 points(磅)
Value	取值可以是矢量,也可以是数值,其含义及解释依赖于控制框对象的类型
FontAngle	取值为 normal(正体,默认值)、italic(斜体)、oblique(方头)
FontName	取值为控制框标题等字体的字库名
FontSize	取值为数值
FontUnits	取值为 points(默认值)、normalized、inches、centimeters 或 pixels
FontWeight	取值为 normal(默认值)、light、demi 和 bold,定义字符的粗细
HorizontalAligment	取值为 left、center(默认值)或 right,定义控制框对象标题等的对齐方式
ListboxTop	取值为数量值,用于 listbox 控制框对象
SliderStep	取值为两元素矢量[minstep,maxstep],用于 slider 控制框对象
Selected	取值为 on 或 off(默认值)
SlectionHoghlight	取值为 on 或 off(默认值)
BusyAction	取值为 cancel 或 queue(默认值)
ButtDownFun	取值为字符串,一般为某个 M 文件名或一小段 MATLAB 程序
Creatfun	取值为字符串,一般为某个 M 文件名或一小段 MATLAB 程序
DeletFun	取值为字符串,一般为某个 M 文件名或一小段 MATLAB 程序
HandleVisibility	取值为 on(默认值)、callback 或 off
Interruptible	取值为 on 或 off(默认值)

5.2.1 按钮

按钮又称命令按钮或只叫按钮，是小的长方形屏幕对象，常常在对象本身标有文本。将鼠标指针移动至对象，来选择按钮 uicontrol 并单击，执行由回调字符串所定义的动作。按钮的 Style 属性值是 pushbutton。

【例 5-1】 按钮控件示例。

```
clear
clc
hf = figure('Position',[200 200 600 400] , …
            'Name','Uicontrol1', …
            'NumberTitle','off');
ha = axes('Position',[0.4 0.1 0.5 0.7], …
          'Box','on');
hbSin = uicontrol(hf, …
                'Style','pushbutton', …
                'Position',[50,140,100,30], …
                'String','绘制 sin(x)', …
                'CallBack', …
                ['subplot(ha);'…
                  'x = 0:0.1:4 * pi;'…
                  'plot(x,sin(x));'…
                  'axis([0 4 * pi − 1 1]);'…
                  'xlabel(''x'');'…
                  'ylabel(''y = sin(x)'');'…
                  'if get(hcGrid,''Value'') == 1;'…  % add
                      'grid on;'…
                      'else;'…
                        'grid off;'…
                      'end;'…
                ]);
hbCos = uicontrol(hf, …
                'Style','pushbutton', …
                'Position',[50,100,100,30], …
                'String','绘制 cos(x)', …
                'CallBack', …
                ['subplot(ha);'…
                  'x = 0:0.1:4 * pi;'…
                  'plot(x,cos(x));'…
                  'axis([0 4 * pi − 1 1]);'…
                'xlabel(''x'');'…
                  'ylabel(''y = cos(x)'');'…
                  'if get(hcGrid,''Value'') == 1;'…  % add
                'grid on;'…
                  'else;'…
                  'grid off;'…
                  'end;'…
```

```
                    ]);
hbClose = uicontrol(hf, …
                    'Style','pushbutton', …
                    'Position',[50,60,100,30], …
                    'String','退出', …
                    'CallBack','close(hf)');
```

运行结果如图 5-4 所示。

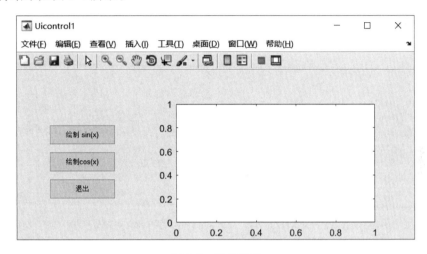

图 5-4　按钮效果

单击"绘制 sin(x)"按钮控件后的图形结果如图 5-5 所示。

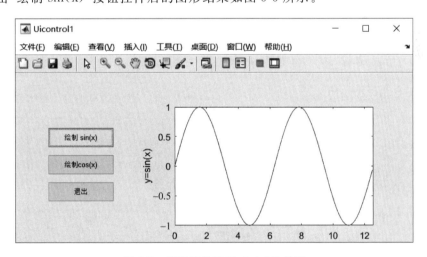

图 5-5　按键控件绘制 sin(x)的效果

5.2.2　滑标

滑标,或称滚动条,包括三个独立的部分:滚动槽、或长方条区域,代表有效对象值范围;滚动槽内的指示器,代表滑标当前值;以及在槽的两端的箭头。滑标 uicontrol 的 Style 属性值是 slider。

滑标典型的应用为从几个值域范围中选定一个。滑标值的设定有以下三种方式。

（1）鼠标指针指向指示器，移动指示器。拖动鼠标时，要按住鼠标按钮，当指示器位于期望位置后松开鼠标。

（2）当指针处于槽中但在指示器的一侧时单击，指示器按该侧方向移动距离约等于整个值域范围的10%。

（3）无论在滑标哪端单击，指示器都会沿着箭头的方向移动大约为滑标范围的1%。滑标通常与所用文本 uicontrol 对象一起显示标志、当前滑标值及值域范围。

【例 5-2】 实现一个滑标，可以用于设置视点方位角，三个文本框分别指示滑标的最大值、最小值和当前值。

```
fig = meshgrid(2:100);
mesh(fig)
vw = get(gca,'View');
Hc_az = uicontrol(gcf, 'Style', 'slider', 'Position', [10 5 140 20], 'Min', −90, 'Max', 90,
'Value', vw(1), 'CallBack', ['set(Hc_cur,"String",num2str(get(Hc_az,"Value")))', 'set(gca,
"View", [get(Hc_az,"Value") , vw(2)])']);
Hc_min = uicontrol(gcf,'Style','text','Position',[10 25 40 20],'String',[num2str(get(Hc_az,
'Min' )),num2str(get(Hc_az, 'Min'))]);
Hc_max = uicontrol(gcf, 'Style', 'text', 'Position', [110 25 40 20], 'String', num2str(get(Hc_
az,'Max')));
Hc_cur = uicontrol(gcf, 'Style', 'text', 'Position', [60 25 40 20], 'String' , num2str(get(Hc_
az,'Value')));
Axis off
```

运行结果如图 5-6 所示。

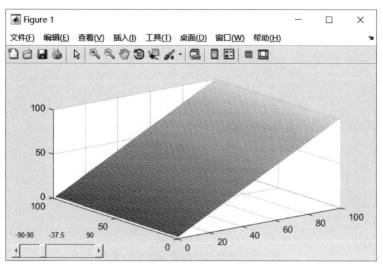

图 5-6 实现了一个滑标

5.2.3 单选按钮

单选按钮又称无线按钮，它由一个标注字符串（在 String 属性中设置）和字符串左侧的一个小圆圈组成。当它被选择时,圆圈被填充一个黑点,且属性 Value 的值为 1；若未被选择,圆圈为空,属性的 Value 值为 0。

单选按钮一般用于在一组互斥的选项中选择一项。为了确保互斥性,各单选按钮的回调程序需要将其他各项的 Value 值设为 0。单选按钮 style 的属性默认值是 Radio Button。

【例 5-3】 单选按钮示例。

```
clear
clc
hf = figure('Position',[200 200 600 400] , …
            'Name','Uicontrol1' , …
            'NumberTitle','off');
ha = axes('Position',[0.4 0.1 0.5 0.7], …
            'Box','on');
hrboxoff = uicontrol(gcf,'Style','radio', …        %单选按钮 off
            'Position',[50 180 100 20], …
            'String','Set box off', …
            'Value',0, …
            'CallBack',[ …
                        'set(hrboxon,''Value'',0);' …
                        'set(hrboxoff,''Value'',1);' …
                        'set(gca,''Box'',''off'');']);
hrboxon = uicontrol(gcf,'Style','radio', …         %单选按钮 on
            'Position',[50 210 100 20], …
            'String','Set box on', …
            'Value',1, …
            'CallBack',[ …
                        'set(hrboxon,''Value'',1);' …
                        'set(hrboxoff,''Value'',0);' …
                        'set(gca,''Box'',''on'');']);
```

运行结果如图 5-7 所示。

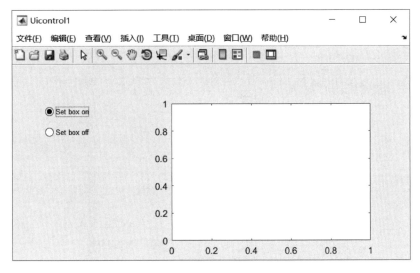

图 5-7 单选按钮示例

5.2.4 复选框

复选框又称检查框,它由一个标注字符串(在 String 属性中设置)和字符串左侧的一个小方框所组成。选中时在方框内添加√符号,Value 属性值设为 1;未选中时方框变空,Value 属性值设为 0。复选框一般用于表明选项的状态或属性。

【例 5-4】 复选框示例。

```
clear
clc
hf = figure('Position',[200 200 600 400] , …
            'Name','Uicontrol1', …
            'NumberTitle','off');
ha = axes('Position',[0.4 0.1 0.5 0.7], …
            'Box','on');
hcGrid = uicontrol(hf,'Style','check', …          %复选框
            'Position',[50 240 100 20], …          %复选框位置
            'String','Grid on', …
            'Value',1, …
            'CallBack',[ …
                        'if get(hcGrid,''Value'') == 1;' …   %判断是否选中
                        'Grid on;' …
                        'else;' …
                        'Grid off;' …
                        'end;' …
                        ]);
```

运行结果如图 5-8 所示。

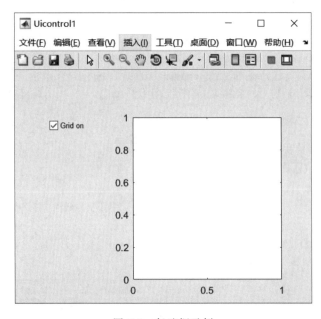

图 5-8 复选框示例

5.2.5　静态文本

静态文本仅仅显示一个文本字符串的 uicontrol, 该字符串是由 string 属性所确定的。静态文本框的 Style 属性值是 text。静态文本框的典型应用为显示标志、用户信息及当前值。

静态文本框之所以称之为"静态", 是因为用户不能动态地修改所显示的文本。文本只能通过改变 String 属性来更改。

【例 5-5】　静态文本示例。

```
hf = figure('Position',[200 200 600 400],…
            'Name','Uicontrol1',…
            'NumberTitle','off');
htDemo = uicontrol(hf,'Style','text',…        % 文本标签
                   'Position',[100 100 100 30],…
                   'String','静态文本示例');
```

运行结果如图 5-9 所示。

图 5-9　静态文本示例

5.2.6　可编辑文本框

可编辑文本框和静态文本框一样, 在屏幕上显示字符。但与静态文本框不同, 可编辑文本框允许用户动态地编辑或重新安排文本串, 就像使用文本编辑器或文字处理器一样。在 String 属性中有该信息。可编辑文本框 uicontrol 的 Style 属性值是 edit, 其典型的应用是让用户输入文本串或特定值。

可编辑文本框可包含一行或多行文本。单行可编辑文本框只接受一行输入, 而多行可编辑文本框可接受一行以上的输入。

【例 5-6】　可编辑文本框示例。

```
clear
clc
```

```
varX = ['NumStr = get(heNum,''String'');',…          % 调用过程
        'Num = str2num(NumStr);',…
        'x = 0:0.1:Num * pi;'];
hf = figure('Position',[200 200 600 400],…
            'Name','Uicontrol1',…
            'NumberTitle','off');
ha = axes('Position',[0.4 0.1 0.5 0.7],…
          'Box','on');
heNum = uicontrol(hf,'Style','edit',…                % 可编辑文本框
                  'Position',[50 270 100 20],…
                  'String','6',…                     % 默认输入为 4
                  'CallBack',varX);
```

运行结果如图 5-10 所示。

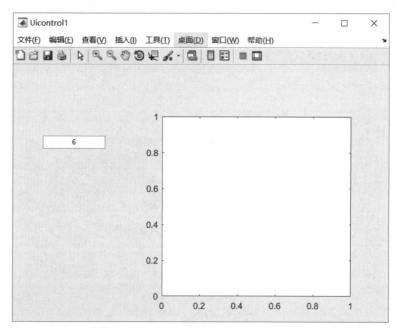

图 5-10　可编辑文本框示例

5.2.7　弹出式菜单

弹出式菜单(Pop-up Menu)可向用户提出互斥的一系列选项清单,用户可以选择其中的某一项。弹出式菜单不受菜单条的限制,可以位于图形窗口内的任何位置。

通常状态下,弹出式菜单以矩形的形式出现,矩形中含有当前选择的选项,在选项右侧有一个向下的箭头来表明该对象是一个弹出式菜单。当指针处在弹出式菜单的箭头之上并单击时,出现所有选项。移动指针到不同的选项,单击就选中了该选项,同时关闭弹出式菜单,显示新的选项。

选择一个选项后,弹出式菜单的 Value 属性值为该选项的序号。

弹出式菜单的 Style 属性的默认值是 popupmenu,在 string 属性中设置弹出式菜单

的选项字符串,在不同的选项之间用|分隔,类似于换行。

【例 5-7】 建一个弹出式菜单并提供不同颜色的选取。

```
clear
clc
PlotS = [
          'UD = get(hpcolor,''UserData'');', …
          'set(gcf,''Color'',UD(get(hpcolor,''Value'')),:));' …
          ];
hf = figure('Position',[200 200 600 400] , …
              'Name','Uicontrol1' , …
              'NumberTitle','off');
ha = axes('Position',[0.4 0.1 0.5 0.7], …
            'Box','on');

    hpcolor = uicontrol(gcf,'Style','popupmenu', …
          'Position',[340 360 100 20], …
          'String','Black|Red|Yellow|Green|Cyan|Blue|Magenta|White', …
          'Value',1, …
          'UserData',[[0 0 0]; …
                        [1 0 0]; …
                        [1 1 0]; …
                        [0 1 0]; …
                        [0 1 1]; …
                        [0 0 1]; …
                        [1 0 1]; …
                        [1 1 1]], …
          'CallBack',PlotS);
```

运行结果如图 5-11 所示。

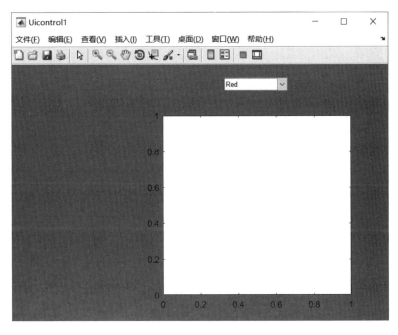

图 5-11 下拉菜单提供不同颜色的选取

5.2.8 列表框

列表框列出一些选项的清单,并允许用户选择其中的一个或多个选项,一个或多个的模式由 Min 和 Max 属性控制。Value 属性的值为被选中选项的序号,同时也指示了选中选项的个数。

当单击选中该项后,Value 属性的值被改变,释放鼠标按钮时 MATLAB 执行列表框的回调程序。列表框的 Style 属性的默认值是 listbox。

【例 5-8】 列表框示例。

```
clear
clc
hf = figure('Position',[200 200 600 400] , …
            'Name','Uicontrol1', …
            'NumberTitle','off');
ha = axes('Position',[0.4 0.1 0.5 0.7], …
            'Box','on');
hlist = uicontrol(gcf,'Style','list', …          %列表框
            'position', [50,140,100,100], …
    'string','.point| - solid|o circle|: dotted|x x - mark| - . dashdot| -- dashed| + plus|
s square|d diamond| * star', …
            'Max',2);                             %调用 PlotSin
```

运行结果如图 5-12 所示。

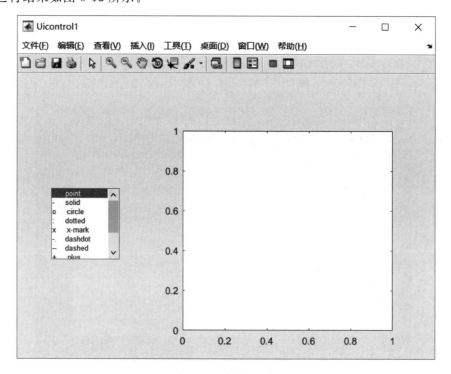

图 5-12　列表框示例

5.2.9　切换按钮

切换按钮由标志与在标志左边的一个小方框组成。激活时，uicontrol 在检查和清除状态之间切换。在检查状态时，根据平台的不同，方框被填充，或在框内含 x，Value 属性值设为 1。若为清除状态，则方框变空，Value 属性值设为 0。

【例 5-9】 切换按钮示例。

```
hf = figure('Position',[200 200 600 400] , …
            'Name','Uicontrol1', …
            'NumberTitle','off');
ha = axes('Position',[0.4 0.1 0.5 0.7], …
            'Box','on', …
            'XGrid','on', …                          %x 有网格
            'YGrid','on');                           %y 有网格
htg = uicontrol(gcf,'style','toggle', …             %切换按钮
        'string','Grid on', …
        'position',[50,200,100,40], …
        'callback',[ …
                    'grid;' …
        'if length(get(htg,''String'')) == 7 & get(htg,''String'') == ''Grid on'';' …
                'set(htg,''String'',''无网格'');' …    %改变字符显示
                'else;' …
                'set(htg,''String'',''有网格'');end;' … %改变字符显示
                ]);
```

运行结果如图 5-13 所示，切换按钮呈现上凸状态。

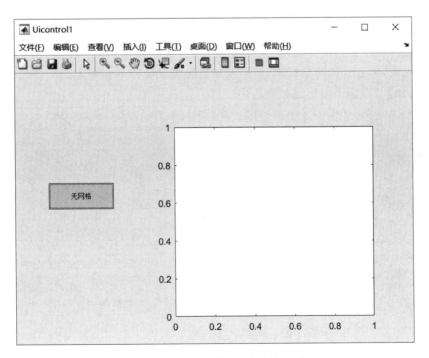

图 5-13　下拉菜单提供不同颜色的选取(1)

单击切换按钮如图 5-14 所示,切换按钮呈现下凹状态。

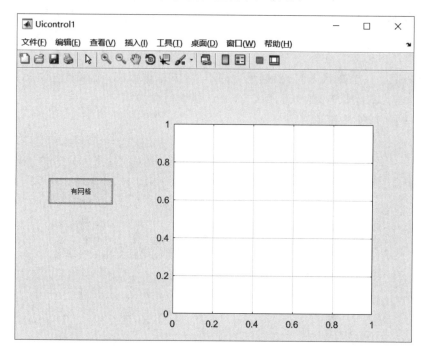

图 5-14　下拉菜单提供不同颜色的选取(2)

5.2.10　面板

面板是填充的矩形区域。一般用来把其他控件放入面板中组成一组。面板本身没有回调程序。注意,只有用户界面控件可以在图文框中显示。由于面板是不透明的,因而定义面板的顺序就很重要,必须先定义面板,然后定义放到面板中的控件。因为先定义的对象先画,后定义的对象后画,后画的对象覆盖到先画的对象上。

【例 5-10】　将两个按钮放在面板中。

```
clear
clc
hf = figure('Position',[200 200 600 400] , …
            'Name','Uicontrol1' , …
            'NumberTitle','off');
hp = uipanel('units','pixels', …                    %面板
            'Position',[48 78 110 100], …
        'Title','面板示例','FontSize',12);          %面板标题
ha = axes('Position',[0.4 0.1 0.5 0.7], …
            'Box','on');
hbSin = uicontrol(hf, …
                'Style','pushbutton', …            %sin 按钮
                'Position',[50,120,100,30], …
                'String','绘制 sin(x)', …
                'CallBack', …
```

```
                    ['subplot(ha);'…
                     'x = 0:0.1:4 * pi;'…
                     'plot(x,sin(x));'…              %绘制 sin
                     'axis([0 4 * pi − 1 1]);'…
                     'grid on;'…
                     'xlabel(''x'');'…
                     'ylabel(''y = sin(x)'');'…
                     ]);
hbClose = uicontrol(hf, …
                'Style','pushbutton', …             %结束按钮
                'Position',[50,80,100,30], …
                'String','退出', …
                'CallBack','close(hf)');
```

运行结果如图 5-15 所示。

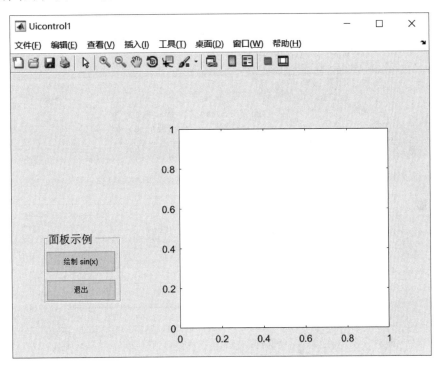

图 5-15　创建面板示例

5.2.11　按钮组

按钮组(Button Group),放到按钮组中的多个单选按钮具有排他性,但与按钮组外的单选按钮无关。制作界面时常常会遇到有几组参数具有排他性的情况,即每一组中只能选择一种情况。此时,可以用几组按钮组表示这几组参数,每一组单选按钮放到一个按钮组控件中。

【例 5-11】 创建按钮组,将两个单选按钮放在一个按钮组中。

```
clear
clc
hf = figure('Position',[200 200 600 400] , …
            'Name','Uicontrol1' , …
            'NumberTitle','off');
ha = axes('Position',[0.4 0.1 0.5 0.7], …
            'Box','on');
hbg = uibuttongroup('units','pixels', …          % 按钮组
                'Position',[48 178 104 70], …
                'Title','按钮组示例');            % 按钮组标题
hrboxoff = uicontrol(gcf,'Style','radio', …       % 单选按钮 off
                'Position',[50 180 100 20], …
                'String','Set box off', …
                'Value',0, …
                'CallBack',[ …
                                'set(hrboxon,''Value'',0);' …
                                'set(hrboxoff,''Value'',1);' …
                                'set(gca,''Box'',''off'');']);
hrboxon = uicontrol(gcf,'Style','radio', …         % 单选按钮 on
                'Position',[50 210 100 20], …
                'String','Set box on', …
                'Value',1, …
                'CallBack',[ …
                                'set(hrboxon,''Value'',1);' …
                                'set(hrboxoff,''Value'',0);' …
                                'set(gca,''Box'',''on'');']);
```

运行结果如图 5-16 所示。

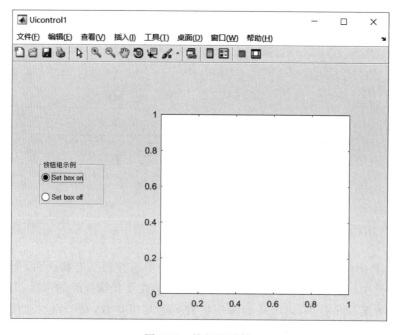

图 5-16　按钮组示例

5.2.12 轴

轴控件经常用来显示图像或者图形的坐标轴,在 GUI 中,可以设置一个或者多个坐标轴,下面举例说明轴的用法。

【例5-12】 图 5-17 展示了坐标轴的具体用法,双击轴可以查看它的属性,如图 5-18 所示。

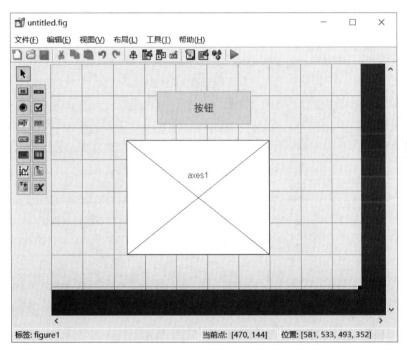

图 5-17　轴 GUI 示例

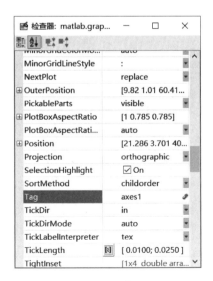

图 5-18　Tag 为 axes1

在"按钮"下添加如下代码。

```
function pushbutton1_Callback(hObject, eventdata, handles)
warning off
im = imread('11.jpg');          %读取图片
axes(handles.axes1)
imshow(im)
```

保存函数,运行结果如图 5-19 所示。

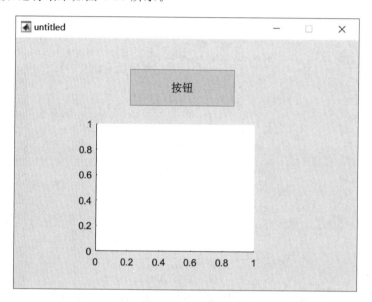

图 5-19   GUI 为 axes1

单击"按钮",就会显示图片 11.jpg,如图 5-20 所示。

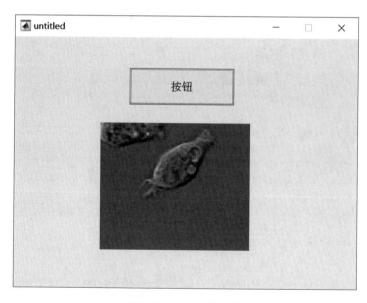

图 5-20   axes1 下显示

5.3 菜单设计

菜单是动态呈现的选择列表,它对应于相关方法(常称为命令)或 GUI 状态。菜单可以包含其他菜单或者菜单项,也可以包含菜单(即分层的菜单)。在 MATLAB 中,uimenu 函数用于建立自定义的用户菜单,该函数的调用格式如下。

Hm＝uimenu(Hp,属性名 1,属性值 1,属性名 2,属性值 2,…):创建句柄值为 Hm 的自定义的用户菜单。Hp 为其父对象的句柄,属性名和属性值构成属性二元对,定义用户菜单的属性。

一级菜单项句柄＝uimenu(图形窗口句柄,属性名 1,属性值 1,属性名 2,属性值 2,…):建立一级菜单项。

子菜单项句柄＝uimenu(一级菜单项句柄,属性名 1,属性值 1,属性名 2,属性值 2,…):建立子菜单项。

右击某对象时在屏幕上弹出的菜单叫做快捷菜单。这种菜单出现的位置是不固定的,而且总是和某个图形对象相联系。在 MATLAB 中,可以使用 uicontextmenu 函数和图形对象的 UIContextMenu 属性来建立快捷菜单,这些函数的调用格式如下。

hc＝uicontextmenu:建立快捷菜单,并将句柄值赋给变量 hc。

uimenu('快捷菜单名',属性名,属性值,…):其功能为给创建的快捷菜单赋值,其中属性名和属性值构成属性二元对。

菜单对象常见的属性如表 5-3 所示。

表 5-3 菜单对象常见的属性

菜单对象属性	说　　明	菜单对象属性	说　　明
Children	子对象	callback	回调
Parent	父对象	label	菜单名
Tag	标签	Position	位置
Type	类型	Separator	分隔线
UserData	用户数据	checked	检录符
Enable	使能	ForeGroundColor	前景颜色
Visible	可见性		

【例 5-13】 建立"图形演示系统"菜单示例。

菜单条中含有 3 个菜单项:绘图、选项和退出。"绘图"菜单项中有 tan 和 cot 两个子菜单项,分别控制在本图形窗口画出正弦和余弦曲线。"选项"菜单项的内容为:Grid on 和 Grid off 控制给坐标轴加网格线,Box on 和 Box off 控制给坐标轴加边框,而且这 4 项只有在画有曲线时才是可选的。Figure Color 控制图形窗口背景颜色。"退出"菜单项控制是否退出系统。

程序代码如下：

```
screen = get(0,'ScreenSize');
W = screen(3);H = screen(4);
figure('Color',[1,1,1],'Position',[0.2 * H,0.2 * H,0.6 * W,0.4 * H], …
'Name','图形演示系统','NumberTitle','off','MenuBar','none');
% 定义绘图菜单项
hplot = uimenu(gcf,'Label','& 绘图');
uimenu(hplot,'Label','tan','Call',['t = - pi:pi/30:pi;','plot(t,tan(t));', …
'set(hgon,''Enable'',''on'');','set(hgoff,''Enable'',''on'');', …
'set(hbon,''Enable'',''on'');','set(hboff,''Enable'',''on'');']);
uimenu(hplot,'Label','cot','Call',['t = - pi:pi/30:pi;','plot(t,cot(t));', …
'set(hgon,''Enable'',''on'');','set(hgoff,''Enable'',''on'');', …
'set(hbon,''Enable'',''on'');','set(hboff,''Enable'',''on'');']);
% 定义选项菜单项
hoption = uimenu(gcf,'Label','& 选项');
hgon = uimenu(hoption,'Label','&Grig on','Call','grid on','Enable','off');
hgoff = uimenu(hoption,'Label','&Grig off','Call','grid off','Enable','off');
hbon = uimenu(hoption,'Label','&Box on','separator','on','Call','box on','Enable','off');
hboff = uimenu(hoption,'Label','&Box off','Call','box off','Enable','off');
hfigcor = uimenu(hoption,'Label','&Figure Color','Separator','on');
uimenu(hfigcor,'Label','& 红','Accelerator','r','Call','set(gcf,''Color'',''r'');');
uimenu(hfigcor,'Label','& 蓝','Accelerator','b','Call','set(gcf,''Color'',''b'');');
uimenu(hfigcor,'Label','& 黄','Call','set(gcf,''Color'',''y'');');
uimenu(hfigcor,'Label','& 白','Call','set(gcf,''Color'',''w'');');
% 定义退出菜单项
uimenu(gcf,'Label','& 退出','Call','close(gcf)');
```

运行结果如图 5-21 所示。

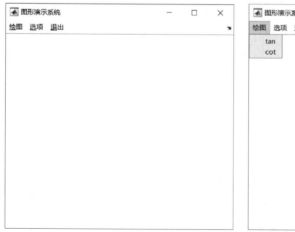
(a) 图形演示系统

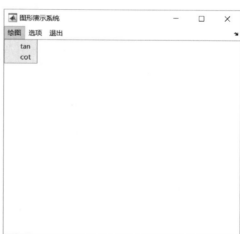
(b) 绘图选项效果

图 5-21　图形演示系统效果

 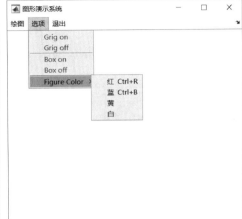

(c) 选项演示效果   (d) Figure Color 效果

图 5-21 （续）

绘制出曲线图如图 5-22 所示。

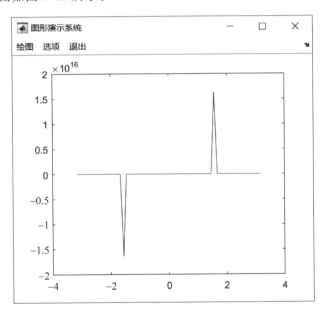

图 5-22 图形演示系统效果

【例 5-14】 建立一个菜单系统。

```
sc = get(0, 'ScreenSize');
W = sc (3); H = sc (4);
hf = figure('Color', [1,1,1], 'Position', [1,1,0.4 * W,0.3 * H],...
'Name', '菜单示例', 'NumberTitle', 'off', 'MenuBar', 'none');
hfile = uimenu(hf, 'label', '&file');
hhelp = uimenu(hf, 'label', '&help');
uimenu(hfile, 'label', ' New ', 'call', 'disp(''New Item'')');
```

```
uimenu(hfile,'label',' Open ','call','disp(''Open Item'')');
hsave = uimenu(hfile,'label','&save','Enable','off');
uimenu(hsave,'label','Text file','call','k1 = 0;k2 = 1;file01;');
uimenu(hsave,'label','Graphics file','call','k1 = 1;k2 = 0;file10;');
uimenu(hfile,'label','&Save As ','call','disp(''Save As Item'')');
uimenu(hfile,'label',' close ','separator','on','call','close(hf)');
uimenu(hhelp,'label','about','call',...
['disp(''Help Item'');','set(hsave,''Enable'',''on'')']);
```

运行结果如图 5-23~图 5-25 所示。

图 5-23　菜单示例效果

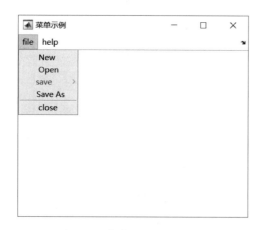

图 5-24　菜单系统 file 菜单项

图 5-25　菜单系统 help 菜单项

【例 5-15】　绘制曲线,并建立一个与之相联系的快捷菜单。

```
x = 0:pi/100:2 * pi;
y = 3 * exp( - 0.6 * x). * tan(2 * pi * x);
hl = plot(x,y);
hc = uicontextmenu;                    %建立快捷菜单
hls = uimenu(hc,'Label','线型');       %建立菜单项
hlw = uimenu(hc,'Label','线宽');
```

```
uimenu(hls,'Label','虚线','Call','set(hl,''LineStyle'','':'');');
uimenu(hls,'Label','实线','Call','set(hl,''LineStyle'',''-'');');
uimenu(hlw,'Label','加宽','Call','set(hl,''LineWidth'',2);');
uimenu(hlw,'Label','变细','Call','set(hl,''LineWidth'',0.5);');
set(hl,'UIContextMenu',hc);              %将该快捷菜单和曲线对象联系起来
```

运行结果如图 5-26 所示。

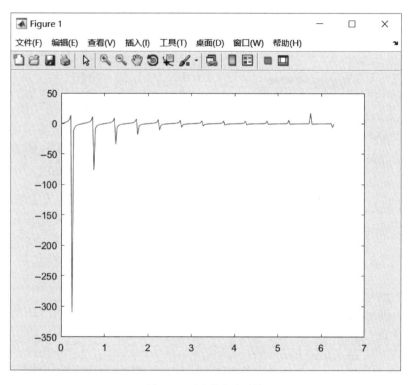

图 5-26　图形演示系统

【例 5-16】 制作一个依附于某对象的弹出式菜单。

```
m = uicontextmenu;
subplot(1,3,1)
h1 = line([1,2],[2,2],'LineWidth',12,'UIContextMenu',m)
c1 = ['subplot(1,3,2);line([1 2],[1 3])'];
c2 = ['subplot(1,3,3);plot(magic(4))'];
uimenu(m,'Label','line','Callback',c1);
uimenu(m,'Label','magic(4)','Callback',c2);
```

运行程序后在蓝色宽条上右击，弹出的菜单有两个选项：line 与 magic(4)，如图 5-27 所示。

选择 line 绘制出图 5-28 所示线段(2)；选择 magic(4)绘制出图 5-28 所示 4 条 magic 线段(3)，如图 5-28 所示。

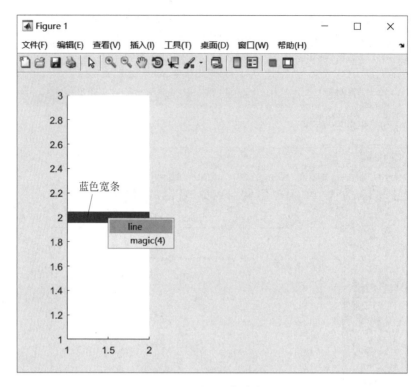

图 5-27　弹出式菜单窗口

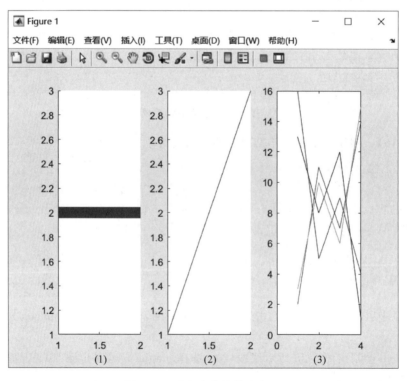

图 5-28　弹出式菜单效果窗口

5.4 对话框设计

在 GUI 程序设计中，对话框是重要的信息显示和获取输入数据的用户界面对象。使用对话框，可以使应用程序的界面更加友好，使用更加方便。要了解对话框的相关信息可以通过帮助文件来实现。

```
>> help dialog;
dialog;
```

运行结果如下：

```
dialog Create dialog figure.
    H = dialog(…) returns a handle to a dialog box and is
    basically a wrapper function for the FIGURE command. In addition,
    it sets the figure properties that are recommended for dialog boxes.
    These properties and their corresponding values are:

    'BackingStore'       - 'off'
    'ButtonDownFcn'      - 'if isempty(allchild(gcbf)), close(gcbf), end'
    'Colormap'           - []
    'Color'              - DefaultUicontrolBackgroundColor
    'DockControls'       - 'off'
    'HandleVisibility'   - 'callback'
    'IntegerHandle'      - 'off'
    'InvertHardcopy'     - 'off'
    'MenuBar'            - 'none'
    'NumberTitle'        - 'off'
    'PaperPositionMode'  - 'auto'
    'Resize'             - 'off'
    'Visible'            - 'on'
    'WindowStyle'        - 'modal'

    Any parameter from the figure command is valid for this command.
    Example:
        out = dialog;
        out = dialog('WindowStyle', 'normal', 'Name', 'My Dialog');

ans =
    0.0178
```

运行结果如图 5-29 所示。

MATLAB 提供了两类对话框：一类为 Windows 的公共对话框，另一类为 MATLAB 风格的专用对话框。

图 5-29　对话框

5.4.1　Windows 公共对话框

公共对话框是利用 Windows 资源的对话框,包括文件打开与保存、颜色与字体设置、打印等。

1. 打开文件与保存

在 MATALB 中,uigetfile 函数用于打开文件,uiputfile 函数用于保存文件。这些函数的调用格式如下。

uigetfile:弹出文件并打开对话框,列出当前目录下的所有 MATLAB 文件。

uigetfile('FilterSpec'):弹出文件并打开对话框,列出当前目录下的所有由 FilterSpec 指定类型的文件。

uigetfile('FilterSpec','DialogTitle'):同时设置文件并打开对话框的标题为 DialogTitle。

uigetfile('FilterSpec','DialogTitle',x,y):表示 x,y 参数用于确定文件打开对话框的位置。

[fname,pname]＝uigetfile(…):返回打开文件的文件名和路径。

uiputfile:弹出文件并保存对话框,列出当前目录下的所有 MATLAB 文件。

uiputfile('InitFile'):弹出文件并保存对话框,列出当前目录下的所有由 InitFile 指定类型的文件。

uiputfile('InitFile','DialogTitle'):弹出文件并保存对话框的同时设置文件保存对话框的标题为 DialogTitle。

uiputfile('InitFile','DialogTitle',x,y):x,y 参数用于确定文件保存对话框的位置。

[fname,pname]＝uiputfile(…):返回保存文件的文件名和路径。

例如,建立一个打开文件的窗口。

```
[f,p] = uigetfile('*.m;*.txt','请选择一个文件')
```

运行如图 5-30 所示。

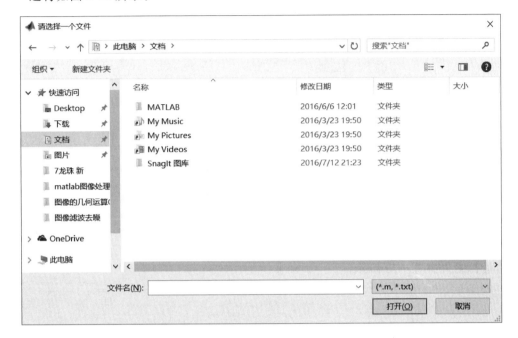

图 5-30　打开文件的窗口

若选择 trdec.m,则运行结果如下:

```
f =
trdec.m
p =
D:\Program Files\MATLAB\R2013a\bin\
```

2. 颜色与字体的设置

在 MATALB 中,uisetcolor 函数用于图形对象颜色的交互式设置,uisetfont 函数用于字体属性的交互式设置。这些函数的调用格式如下。

c=uisetcolor(h_or_c,'DialogTitle'):输入参数 h_or_c 可以是一个图形对象的句柄,也可以是一个三色 RGB 矢量,DialogTitle 为颜色设置对话框的标题。

uisetfont:表示打开字体设置对话框,返回所选择字体的属性。

uisetfont(h):h 为图形对象句柄,使用字体设置对话框重新设置该对象的字体属性。

uisetfont(S):S 为字体属性结构变量,S 中包含的属性有 FontName、FontUnits、FontSize、FontWeight、FontAngle,返回重新设置的属性值。

uisetfont(h,'DialogTitle'):h 为图形对象句柄,使用字体设置对话框重新设置该对象的字体属性,DialogTitle 设置对话框的标题。

uisetfont(S,'DialogTitle'):S 为字体属性结构变量,S 中包含的属性有 FontName、

FontUnits、FontSize、FontWeight、FontAngle，返回重新设置的属性值，DialogTitle 设置对话框的标题。

S＝uisetfont(…)：返回字体属性值，保存在结构变量 S 中。

例如，在命令行窗口直接输入：

```
c = uisetcolor;
```

运行结果如图 5-31 所示。

例如，设计一个字体设置对话框，代码如下：

```
s = uisetfont
s =
FontName: 'Arial'
FontWeight: 'normal'
FontAngle: 'normal'
FontUnits: 'points'
FontSize: 10
```

运行结果如图 5-32 所示。

图 5-31　颜色设置窗口

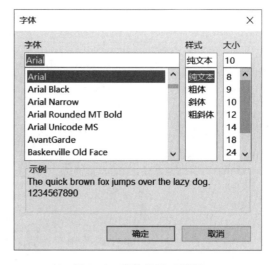

图 5-32　字体设置对话框

3. 打印设置

在 MATALB 中，函数 pagesetupdlg 用于打印页面的交互式设置，printpreview 函数用于对打印页面进行预览，printdlg 函数为打开 Windows 的标准对话框。这些函数的调用格式如下。

dlg＝pagesetupdlg(fig)：fig 为图形窗口的句柄，省略时为当前图形窗口。

printpreview：对当前图形窗口进行打印预览。

printpreview(f)：对以 f 为句柄的图形窗口进行打印预览。

printdlg：对当前图形窗口打开 Windows 打印对话框。

printdlg(fig)：对以 fig 为句柄的图形窗口打开 Windows 打印对话框。

printdlg('-crossplatform',fig)：打开 crossplatform 模式的 MATLAB 打印对话框。

printdlg(-'setup',fig)：在打印设置模式下强制打开打印对话框。

5.4.2 MATLAB 专用对话框

MATLAB 除了使用公共对话框外，还提供了一些专用对话框。

1. 帮助提示信息窗口

在 MATALB 中，helpdlg 函数用于帮助提示信息，该函数的调用格式如下。

helpdlg：打开默认的帮助对话框。

helpdlg('helpstring')：打开显示 errorstring 信息的帮助对话框。

helpdlg('helpstring','dlgname')：打开显示 errorstring 信息的帮助对话框，对话框的标题由'dlgname'指定。

h＝helpdlg(…)：返回对话框句柄。

【例 5-17】 帮助提示信息对话框示例。

在命令行窗口输入：

```
helpdlg('矩阵尺寸必须相同','帮助在线')
```

运行结果如图 5-33 所示。

2. 错误信息窗口

在 MATALB 中，errordlg 函数用于提示错误信息，该函数的调用格式如下。

errordlg：表示打开默认的错误信息对话框。

errordlg('errorstring')：表示打开显示 errorstring 信息的错误信息对话框。

图 5-33　帮助信息窗口

errordlg('errorstring','dlgname')：表示打开显示 errorstring 信息的错误信息对话框，对话框的标题由 dlgname 指定。

errordlg('errorstring','dlgname','on')：表示打开显示 errorstring 信息的错误信息对话框，对话框的标题由 dlgname 指定。如果对话框已存在，on 参数将对话框显示在最前端。

h＝errodlg(…)：表示返回对话框句柄。

【例 5-18】 错误信息对话框示例。

在命令行窗口输入：

```
errordlg('输入错误,请重试','错误信息')
```

运行结果如图 5-34 所示。

图 5-34　错误信息提示

3. 列表选择对话框

在 MATALB 中,listdlg 函数用于在多个选项中选择需要的值,该函数的调用格式如下。

[selection,ok]=listdlg('Liststring',S,…)：输出参数 selection 为一个矢量,存储所选择的列表项的索引号,输入参数为可选项 Liststring(字符单元数组)、SelectionMode(single 或 multiple(默认值))、ListSize([wight,height])、Name(对话框标题)等。

【例 5-19】　创建一个列表选择对话框。

```
clear all;
e = dir;
str = {e.name};
[s,v] = listdlg('PromptString','选择文件:',…
                'SelectionMode','single',…
                'ListString',str)
```

运行结果如图 5-35 所示。

4. 进程条

在 MATALB 中,waitbar 函数用于以图形方式显示运算或处理的进程,其调用格式如下。

h=waitbar(x,'title')：显示以 title 为标题的进程条,x 为进程条的比例长度,其值必须在 0 到 1 之间,h 为返回的进程条对象的句柄。

waitbar(x,'title','creatcancelbtn','button_callback')：在进程条上使用 CreatCancelBtn 参数创建一个撤销按钮,在进程中按下撤销按钮将调用 button_callback 函数。

waitbar(…,property_name,property_value,…)：选择其他由 property_name 定义的参数,参数值由 property_value 指定。

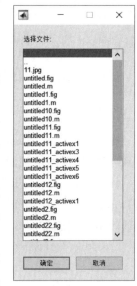

图 5-35　列表选择对话框

【例 5-20】　创建并使用进程条。

```
h = waitbar(0,'请稍候…');
for i = 1:10000
  waitbar(i/10000,h)
end
  close(h)
```

运行结果如图 5-36 所示。

5. 输入信息窗口

在 MATALB 中,inputdlg 函数用于输入信息,其调用格式如下。

图 5-36 进程条

answer＝inputdlg(prompt)：打开输入对话框,prompt 为单元数组,用于定义输入数据窗口的个数和显示提示信息,answer 为用于存储输入数据的单元数组。

answer＝inputdlg(prompt,title)：与上者相同,title 确定对话框的标题。

answer＝inputdlg(prompt,title,lineNo)：参数 lineNo 可以是标量、列矢量或 $m \times 2$ 阶矩阵,若为标量,表示每个输入窗口的行数均为 lineNo；若为列矢量,则每个输入窗口的行数由列矢量 lineNo 的每个元素确定；若为矩阵,每个元素对应一个输入窗口,每行的第一列为输入窗口的行数,第二列为输入窗口的宽度。

answer＝inputdlg(prompt,title,lineNo,defAns)：参数 defans 为一个单元数组,存储每个输入数据的默认值,元素个数必须与 prompt 所定义的输入窗口数相同,所有元素必须是字符串。

answer＝inputdlg(prompt,title,lineNo,defAns,Resize)：参数 resize 决定输入对话框的大小能否被调整,可选值为 on 或 off。

【例 5-21】 创建两个输入窗口的输入对话框。

```
prompt = {'Please Input Name','Please Input Age'};
title = 'Input Name and Age';
lines = [2 1]';
def = {'小明','15'};
answer = inputdlg(prompt,title,lines,def);
```

运行结果如图 5-37 所示。

6. 通用信息对话框

在 MATLAB 中,msgbox 函数用于通用信息对话框,其调用格式如下。

msgbox('显示信息','标题','图标')：图标包括 Error、Help、Warn 及 Custom,如果缺省则为 None。

例如,在命令行窗口输入：

```
data = 1:64;data = (data'*data)/64;
msgbox('这是一个关于图像处理的示例!','custom ico','custom',data,hot(64))
```

运行结果如图 5-38 所示。

图 5-37 两个输入窗口对话框

图 5-38 通用信息对话框

7. 问题提示对话框

在 MATALB 中，questdlg 函数用于回答问题的多种选择，该函数的调用格式如下。

button=questdlg('qstring')：打开问题提示对话框，有 3 个按钮，分别为 Yes、No 和 Cancel，questdlg 确定提示信息。

button=questdlg('qstring','title')：title 确定对话框标题。

button=questdlg('qstring','title','default')：当按回车键时，返回 default 的值，default 必须是 Yes、No 或 Cancel 之一。

button=questdlg('qstring','title','str1','str2','default')：打开问题提示对话框，有两个按钮，分别由 str1 和 str2 确定，qstdlg 确定提示信息，title 确定对话框标题，default 必须是 str1 或 str2。

button=questdlg('qstring','title','str1','str2','str3','default')：打开问题提示对话框，有 3 个按钮，分别由 str1、str2 和 str3 确定，qstdlg 确定提示信息，title 确定对话框标题，default 必须是 str1、str2 或 str3 之一。

【例 5-22】 创建一个问题提示对话框。

```
questdlg('今天你学习了吗?','问题提示','Yes','No','Yes');
```

运行结果如图 5-39 所示。

8. 信息提示对话框

在 MATALB 中，msgbox 函数用于显示提示信息，其调用格式如下。

msgbox(message)：打开信息提示对话框，显示 message 信息。

msgbox(message,title)：title 确定对话框标题。

msgbox(message,title,'custom',icondata,iconcmap)：当使用用户定义图标时，iconData 为定义图标的图像数据，iconCmap 为图像的色彩图。

msgbox(…,'creatmode')：选择模式 creatMode，选项为 modal、non-modal 和 replace。

h=msgbox(…)：返回对话框句柄。

【例 5-23】 创建一个信息提示对话框。

```
>> clear all;
>> msgbox('有错误请检查','信息提示对话框', 'warn')
```

运行结果如图 5-40 所示。

图 5-39　问题提示对话框

图 5-40　信息提示对话框

9. 警告信息对话框

在 MATALB 中,warndlg 函数用于提示警告信息,其调用格式如下。

h=warndlg('warningstring','dlgname'):打开警告信息对话框,显示 warningstring 信息,dlgname 确定对话框标题,h 为返回的对话框句柄。

例如,h=warndlg({'错误:','代号 1111.'}, 'Warning')。

运行结果如图 5-41 所示。

图 5-41　警告信息对话框

5.5　GUI 的设计工具

MATLAB 提供了一套可视化的创建图形窗口的工具,使用图形用户界面开发环境可方便地创建 GUI 应用程序,它可以根据用户设计的 GUI 布局,自动生成 M 文件的框架,用户使用这一框架编制自己的应用程序。表 5-4 为可视化创建图形用户接口(GUI)的工具。

表 5-4　可视化创建图形用户接口(GUI)的工具

工 具 名 称	用 途
布局编辑器 (Layout Editor)	在图形窗口中创建及布置图形对象
对象对齐工具 (Alignment Tool)	调整各对象相互之间的几何关系和位置
属性查看器 (Property Inspector)	查询并设置属性值
对象浏览器 (Object Browser)	用于获得当前 MATLAB 图形用户界面程序中的全部对象信息和对象的类型,同时显示控制框的名称和标识,在控制框上双击可以打开该控制框的属性编辑器
菜单编辑器 (Menu Editor)	创建、设计、修改下拉式菜单和快捷菜单
Tab 顺序编辑器 (Tab Order Editor)	用于设置当用户按下键盘上的 Tab 键时,对象被选中的先后顺序

5.5.1　布局编辑器

布局编辑器用于在图形窗口中加入及安排对象。布局编辑器是可以启动用户界面的控制面板,用 guide 命令可以启动,或在启动平台窗口中选择 Guide 菜单项来启动布局编辑器。使用布局编辑器的基本步骤如下。

(1) 将控制框对象放置到布局区。用鼠标选择并放置控制框到布局区内,移动控制框到适当的位置,改变控制框的大小,选中多个对象的方法。

(2) 激活图形窗口。如果建立的布局还没有进行存储,可用"文件"菜单下的"另存为"

菜单项(或工具栏中的对应项),输入文件名,在激活图形窗口的同时将存储一对同名的
M 文件和带有.fig 扩展名的 FIG 文件。

(3)运行 GUI 程序。打开该 GUI 的 M 文件,在命令行窗口直接键入文件名或在启
动平台窗口中直接单击"运行图形"按钮,运行 GUI 程序。

(4)利用布局编辑器的弹出菜单。通过该菜单可以完成布局编辑器的大部分操作。

5.5.2 对象浏览器

对象浏览器用于查看当前设计阶段的各个句柄图形对象,可以在对象浏览器中选中
一个或多个控制框来打开该控制框的属性编辑器,如图 5-42 所示。

对象浏览器的打开方式有如下 3 种。

(1)从 GUI 设计窗口的工具栏上选择"对象浏览器"按钮。

(2)选择"查看"菜单下的"对象浏览器"菜单项。

(3)在设计区域右击,选择弹出菜单的"对象浏览器"菜单项。

5.5.3 用属性查看器设置控制框属性

对象属性查看器用于查看每个对象的属性值,也可以用于修改、设置对象的属性值,
如图 5-43 所示。

图 5-42　对象浏览器

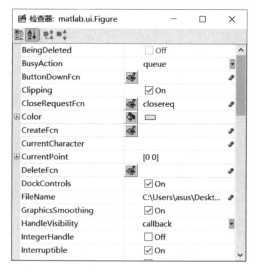

图 5-43　属性查看检查器

对象属性查看器的打开方式有如下 4 种。

(1)在工具栏上直接单击"属性检查器"按钮。

(2)选择"查看"菜单下的"属性检查器"菜单项。

(3)在命令行窗口中输入 inspect。

(4)在控制框对象上右击,选择弹出菜单的"属性检查器"菜单项。

使用属性查看器可以进行布置控制框和定义文本框的属性、坐标轴的属性、按钮的属性、复选框等操作。

5.5.4 对象对齐工具

利用对象对齐工具,可以对 GUI 对象设计区内的多个对象的位置进行调整,如图 5-44 所示,对齐对象工具的打开方式有两种。

(1) 从 GUI 设计窗口的工具栏上选择"对象对齐"按钮。

(2) 选择"工具"菜单下的"对象对齐"菜单项,就可以打开"对齐对象"对话框。

在"对齐对象"对话框,第一栏是垂直方向的位置调整,第二栏是水平方向的位置调整。当选中多个对象时,可以通过对象位置调整器调整对象间的对齐方式和距离。

5.5.5 Tab 键顺序编辑器

Tab 键顺序编辑器用于设置用户按键盘上的 Tab 键时对象被选中的先后顺序,如图 5-45 所示。Tab 键顺序编辑器的打开方式如下。

(1) 选择"工具"菜单下的"Tab 键顺序编辑器"菜单项,打开 Tab 键顺序编辑器。

(2) 从 GUI 设计窗口的工具栏上选择"Tab 键顺序编辑器"按钮。

图 5-44　对齐对象

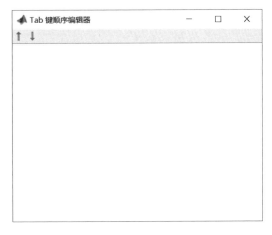

图 5-45　Tab 键顺序编辑器

5.5.6 菜单编辑器

菜单编辑器用于创建、设置、修改下拉式菜单和快捷菜单。选择"工具"菜单下的"菜单编辑器"菜单项,即可打开菜单编辑器。菜单编辑器也可以通过编程实现,从 GUI 设计窗口的工具栏上选择"菜单编辑器"按钮,打开菜单编辑程序。菜单编辑器包括菜单的设计和编辑,菜单编辑器有 8 个快捷键,可以利用它们任意添加或删除菜单,可以设置菜单项的属性,包括名称、标识、选择是否显示分隔线、是否在菜单前加上选中标记、调回函数等。

打开的菜单编辑器如图 5-46 所示。

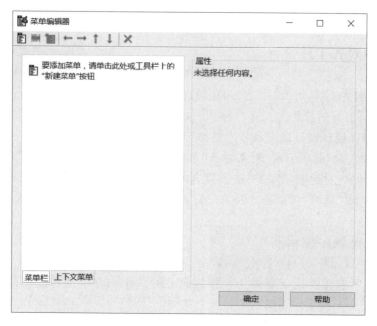

图 5-46　菜单编辑器

菜单编辑器左上角的第一个按钮用于创建一级菜单项,如图 5-47 所示。

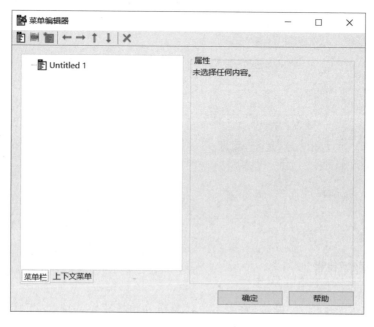

图 5-47　创建一级菜单

第二个按钮用于创建一级菜单的子菜单,如图 5-48 所示。

菜单编辑器的左下角有两个按钮,第一个"菜单栏"按钮用于创建菜单栏;第二个"上下文菜单"按钮用于创建上下文菜单。选择后,菜单编辑器左上角的第三个按钮就会变成可用,单击它就可以创建上下文主菜单。在选中已经创建的上下文主菜单后,可以单击第二个按钮创建选中的上下文主菜单的子菜单。与下拉式菜单一样,选中创建的某个上下文菜单,菜单编辑器的右边就会显示该菜单的有关属性,可以在这里设置、修改菜单的属性。菜单编辑器左上角的第四个与第五个按钮用于对选中的菜单进行左右移动,第六与第七个按钮用于对选中的菜单进行上下移动,最右边的按钮用于删除选中的菜单。如图 5-49 所示。

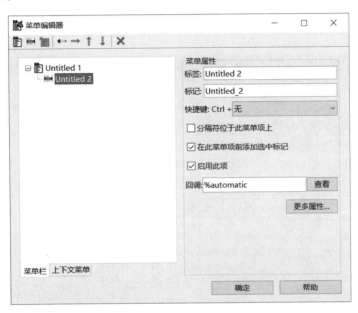

图 5-48　创建一级子菜单

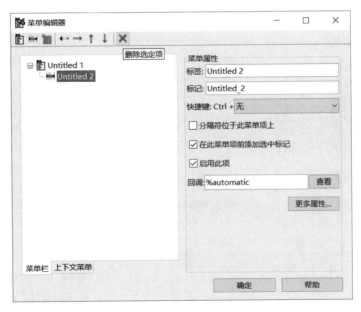

图 5-49　创建下拉式菜单

5.5.7 编辑器

在 MATLAB 中,GUI 编辑器主要用于编程来实现某个控件的功能,编辑器如图 5-50 所示,打开编辑器的方式有以下两种。

（1）单击布局编辑器中的"文件"按钮。

（2）依次选择菜单项中的"查看"→"编辑器"菜单项,也可以启动编辑器。

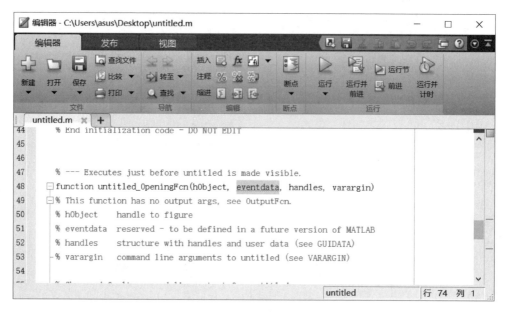

图 5-50　编辑器

5.6　本章小结

图形用户界面(GUI)可以允许用户定制用户与 MATLAB 的交互方式,而命令行窗口不是唯一与 MATLAB 的交互方式。用户通过鼠标或键盘选择、激活这些图形对象,使计算机产生某种动作或变化。本章详细介绍了图形对象的属性,以及如何通过 M 文件和图形用户界面设计工具建立 GUI,并列举了相关的实例,读者在学习时应仔细体会。

在图像处理中,最简单的操作是图像的基本运算,它是图像高级处理的前期处理过程,主要包括点运算、代数运算、几何等运算。MATLAB 提供了使用起来简单方便的函数用于图像的基本运算,读者可以通过仔细阅读本章来掌握图像的基本运算。

学习目标:

(1) 掌握图像的点运算的基本原理及实现步骤。

(2) 掌握图像代数运算、逻辑运算和几何运算的基本原理及实现步骤。

(3) 熟悉图像空间变换相关函数及实现步骤。

6.1 图像的点运算

点运算可以理解为像素到像素的运算,是图像处理中最基本的运算。通过对图像中的每个像素值进行计算,从而改善图像显示效果的操作称为点运算。对于一幅图像,它的输出图像是输入的图像映射,输出图像每个像素点的灰度值仅由对应的输入像素点的灰度值决定。设输入图像为 $A(x,y)$,输出图像为 $B(x,y)$,则点运算可表示为

$$B(x,y) = f[A(x,y)]$$

点运算完全由灰度映射函数 f 决定。根据 f 的不同可以将图像的点运算分为线性点运算和非线性点运算两种。显然,点运算不会改变图像内像素点之间的空间关系。

6.1.1 点运算的种类

点运算分为线性点运算和非线性点运算,下面分别介绍。

1. 线性点运算

由于成像设备以及图像记录设备的动态范围太窄等因素,会导致图像曝光不足或者曝光过度,这时可以通过点运算将灰度图像的线性范围进行拓展。线性点运算是指灰度变换函数 $f(D)$ 为线性函

数时的运算。用 D_A 表示输入点的灰度值，D_B 表示相应输出点的灰度值，则函数 f 的形式为

$$f(D_A) = aD_A + b = D_B$$

【例6-1】 对原始图像进行线性点运算。

```
clear all;
a = imread('rice.png');
subplot(2,3,1);imshow(a);
title('原始图像')
b1 = a + 50;                    % 图像灰度值增加 45
subplot(2,3,2);imshow(b1);
title ('灰度值增大')
b2 = 1.2 * a;                   % 图像对比度增大
subplot(2,3,3);imshow(b2)
title ('对比度增大')
b3 = 0.65 * a;                  % 图像对比度减小
subplot(2,3,4);imshow(b3)
title ('对比度减小')
b4 = - double(a) + 255;         % 图像求补,注意把 a 的类型转换为 double
subplot(2,3,5);imshow(uint8(b4));  % 再把 double 类型转换为 unit8
title ('图像求补运算')
```

运行结果如图6-1所示。

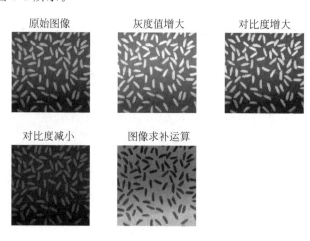

图 6-1　线性点运算

2. 非线性点运算

非线性点运算是指输出灰度级与输入灰度级成非线性函数关系。非线性点运算对应与非线性的灰度映射函数，典型的映射包括平方函数、窗口函数、值域函数、多值量化函数等。引入非线性点运算主要是考虑到在成像时，可能由于成像设备本身的非线性失衡，需要对其进行校正，或者强化部分灰度区域的信息。

【例 6-2】 对图像进行非线性点运算。

```
clear all;
a = imread('rice.png');              % 读取原始图像
subplot(1,3,1);imshow(a);            % 显示原始图像
title ('原始图像');
x = 1:255;
y = x + x. * (255 − x)/255;
subplot(1,3,2);plot(x,y);            % 绘制的曲线图
title ('函数的曲线图');
b1 = double(a) + 0.006 * double(a) . * (255 − double(a));
subplot(1,3,3);imshow(uint8(b1));    % 显示非线性处理图像
title ('非线性处理效果');
```

运行结果如图 6-2 所示。

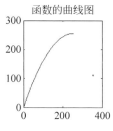

图 6-2 非线性点运算

6.1.2 直方图与点运算

直方图是多种空间域处理技术的基础。直方图操作能有效地用于图像增强,直方图固有的信息在其他图像处理应用中也是非常有用的,如图像压缩与分割。直方图在软件中易于计算,也适用于商用硬件设备,因此直方图成为实时图像处理的一个流行工具。

在 MATLAB 中,imhist 函数可以显示一幅图像的直方图。其常见调用方法如下:

```
imhist(I)
```

其中 I 是图像矩阵,该函数返回一幅图像,显示 I 的直方图。

线性点运算只是把图像的直方图拉伸后进行平移,形状基本没变,超过灰度范围的部分将积累在边界上。对于非线性的点运算,可想而知,其直方图的形状将发生非线性变换。

【例 6-3】 点运算对直方图的影响。

```
clear;
%% 读入图像
a = imread('pout.tif');
subplot(1,2,1);
imhist(a);
title('原始图像的直方图');
```

```
%% b = f(a)
b1 = 1.24 * double(a) + 44;
subplot(1,2,2);
imhist(uint8(b1));
title ('变换后的直方图');
```

运行结果如图 6-3 所示。

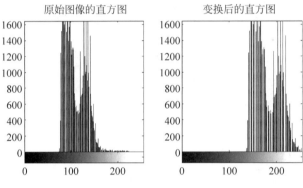

图 6-3　点运算对直方图的影响

6.1.3　直方图的均衡化

对图像进行非线性拉伸,重新分配图像像元值,使一定灰度范围内像元值的数量大致相等就是直方图的均衡化。原来直方图中间的峰顶部分对比度得到增强,而两侧的谷底部分对比度降低,输出图像的直方图是一个较平的分段直方图:如果输出数据分段值较小,会产生粗略分类的视觉效果。

在 MATLAB 中,histeq 函数用于直方图均衡化,该函数的调用方法如下:

```
J = histeq(I)
```

其中 I 是输入的原图像;J 是直方图均衡化后的图像。

【例 6-4】　对图像进行直方图均衡化。

```
I = imread('peppers.png');              % 读取图像
figure;
subplot(2,2,1);
imshow(I);
title('原始图像');
I = rgb2gray(I);
subplot(2,2,2);
imhist(I);
title('原始图像直方图');
I1 = histeq(I);                         % 图像均衡化
subplot(2,2,3);
imshow(I1);
```

```
title('图像均衡化');
subplot(2,2,4);
imhist(I1);
title('直方图均衡化');
```

运行结果如图 6-4 所示。

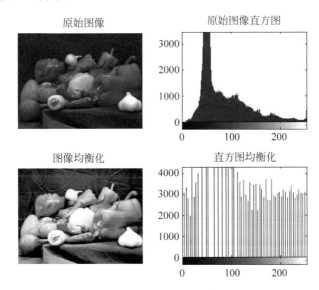

图 6-4　直方图均衡化效果图

从 MATLAB 2007a 开始,提供了一个新函数 adapthisteq,该函数限定对比度适应性直方图均衡化,它先对图像的局部块进行直方图均衡化,然后利用双线性插值方法把各个小块拼接起来,以消除局部块造成的边界。在 MATLAB 中,该函数的调用方法如下:

```
J = adapthisteq (I)
```

其中 I 是输入的原图像;J 是直方图均衡化后的图像。

【例 6-5】　使用 adapthisteq 函数对图像进行直方图均衡化。

```
A = imread('cell.tif');          % 读取图像
figure, subplot(1,3,1);
imshow(A) ;
title('原始图像');
B = histeq(A);                   % 利用 histeq 函数对图像进行直方图均衡化
subplot(1,3,2);
imshow(B);
title('histeq 函数作用效果');
C = adapthisteq(A);              % 利用 adapthisteq 函数对图像进行直方图均衡化
subplot(1,3,3);
imshow(C) ;
title('adapthisteq 函数作用效果');
```

运行结果如图 6-5 所示。

原始图像 histeq 函数作用效果 adapthisteq 函数作用效果

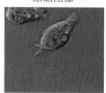 

图 6-5　adapthisteq 函数对图像进行直方图均衡化

6.1.4　直方图规定化

所谓直方图规定化,就是通过一个灰度映像函数,将原灰度直方图改造成所希望的直方图。所以,直方图修正的关键就是灰度映像函数。直方图规定化是用于产生处理后有特殊直方图的图像方法。令 $P_r(V)$ 和 $P_z(Z)$ 分别为原始图像和期望图像的灰度概率密度函数。对原始图像和期望图像均作直方图均衡化处理,应有

$$S = T(r) = \int_0^r P_r(V)\,\mathrm{d}r$$

$$V = G(Z) = \int_0^z P_z(Z)\,\mathrm{d}z$$

$$Z = G^{-1}(V)$$

由于都是做直方图均衡化处理,所以处理后原图像的灰度概率密度函数 $P_S(S)$ 及理想图像的灰度概率密度函数 $P_V(V)$ 是相等的。因此,可以用变换后的原始图像灰度级 S 代替上式中的 V,即 $Z = G^{-1}[T(r)]$。利用此式可以从原始图像得到希望的图像灰度级。对离散图像,有

$$P_Z(Z_i) = \frac{n_i}{n}$$

$$Z_i = G^{-1}(S_i) = G^{-1}[T(r_i)]$$

综上所述,数字图像的直方图规定的算法如下:

(1) 将图像进行直方图均衡化处理,求出原图像中每一个灰度级 r_i 所对应的变换函数 S_i。

(2) 对给定直方图做类似计算,得到理想图像中每一个灰度级 Z_i 所对应的变换函数 V_i。

(3) 找出 $V_i \approx S_i$ 的点,并映射到 Z_i。

(4) 求出 $P_i(Z_i)$。

【例 6-6】　利用直方图规定化对图像进行处理。

```
I = imread('tire.tif');          % 读取图像
subplot(2,2,1),
imshow(I);
title('原始图像')
hgram = 50:2:250;                % 规定化函数
J = histeq(I,hgram);
subplot(2,2,2),
```

```
imshow(J);
title('图像的规定化')
subplot(2,2,3),
imhist(I,64);
title('原始图像直方图')
subplot(2,2,4),
imhist(J,64);
title('规定化后直方图')
```

运行结果如图 6-6 所示。

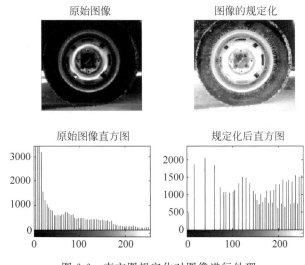

图 6-6　直方图规定化对图像进行处理

6.2　图像的代数运算

图像的代数运算是图像之间进行点对点的加、减、乘、除运算后得到输出图像的过程。图像的代数运算可以简单地理解成数组的运算。设 $A(x,y)$、$B(x,y)$ 为输入图像，$C(x,y)$ 为输出图像，则图像的代数运算有如下 4 种形式

$$C(x,y) = A(x,y) + B(x,y)$$
$$C(x,y) = A(x,y) - B(x,y)$$
$$C(x,y) = A(x,y) \times B(x,y)$$
$$C(x,y) = A(x,y) \div B(x,y)$$

图像的代数运算在图像处理中有着广泛的应用，除了可以实现自身所需的算术操作，还能为许多复杂的图像处理提供准备。例如，图像减法就可以用来检测同一场景或物体生成的两幅或多幅图像的误差。可以使用 MATLAB 基本算术符（＋、－、×、÷）来执行图像的算术操作，但是在此之前必须将图像转换为适合进行基本操作的双精度类型。在 MATLAB 中，图像代数运算函数无须再进行数据类型间的转换，这些函数能够接受 uint8 和 uint16 数据，并返回相同格式的图像结果。

表 6-1 是一个常见的 MATLAB 图像运算函数集合。

表 6-1　常见的 MATLAB 图像运算函数

函 数 名	功 能 描 述
imabsdiif	用于两幅图像的绝对差值
imcomplment	用于补足一幅图像
imlincomb	用于计算两幅图像的线性组合

在 MATLAB 中,图像代数运算函数无须再进行数据类型间的转换,这些函数能够接受 uint8 和 uint16 数据,并返回相同格式的图像结果。图像的代数运算函数使用以下截取规则使运算结果符合数据范围的要求:超出数据范围的整型数据将被截取为数据范围的极值,分数结果将被四舍五入。无论进行哪一种代数运算都要保证两幅输入图像的大小相等,且类型相同。

【例 6-7】　利用求补函数对各类图像进行处理。

```
clear all;
bw = imread('circbw.tif');
bw2 = imcomplement(bw);
subplot(2,3,1),
imshow(bw)
title('二值原始图像')
subplot(2,3,4),
imshow(bw2)
title('二值图像求补')
I = imread('cell.tif');
J = imcomplement(I);
subplot(2,3,2),
imshow(I)
title('灰度原始图像')
subplot(2,3,5),imshow(J)
title('灰度图像求补')
RGB = imread('onion.png');
RGB1 = imcomplement(RGB);
subplot(2,3,3),imshow(RGB)
title('RGB 原始图像')
subplot(2,3,6),
imshow(RGB1)
title('RGB 图像求补')
```

运行结果如图 6-7 所示。

二值原始图像　　　　　　灰度原始图像　　　　　　RGB 原始图像

 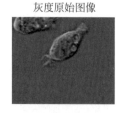 

图 6-7　求补函数对各类图像进行处理效果

二值图像求补 灰度图像求补 RGB 图像求补

  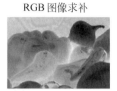

图 6-7 （续）

【例 6-8】 利用 imlincomb 函数将图像的灰度值放大 1.5 倍。

```
clear all;
I = imread('pout.tif');
J = imlincomb(1.5,I);
subplot(1,2,1);
imshow(I);
title('原始图像')
subplot(1,2,2);
imshow(J)
title('放大 1.5 倍后图像')
```

运行结果如图 6-8 所示。

原始图像 放大1.5倍后的图像

图 6-8 将图像的灰度值放大 1.5 倍

【例 6-9】 利用 imlincomb 函数计算两幅图像的平均值。

```
clear all;
A1 = imread('rice.png');
A2 = imread('cameraman.tif');
K = imlincomb(0.3,A1,0.3,A2);
subplot(1,3,1),subimage(A1);
title('原始图像 rice')
subplot(1,3,2),
subimage(A2);
title('原始图像 cameraman')
subplot(1,3,3),
subimage(K);
title('图像平均')
```

运行结果如图 6-9 所示。

图 6-9　计算两幅图像的平均值

6.2.1　图像的加法运算

图像相加一般用于对同一场景的多重影像叠加求平均图像,以便有效地降低加性随机噪声。在 MATLAB 中,imadd 函数用于实现图像相加,该函数的调用格式如下。

Z＝imadd(X,Y)：将矩阵 X 中的每一个元素与矩阵 Y 中对应的元素相加,返回值为 Z。

【例 6-10】　使用图像的加法运算将两幅图像相加。

```
I = imread('rice.png');            %读入 rice 图像
J = imread('cameraman.tif');       %读入 cameraman 图像
K = imadd(I,J,'uint16');           %图像相加,并把结果存为 16 位的形式
figure;
subplot(1,3,1);
imshow(I);
title('rice 原始图像');
subplot(1,3,2);
imshow(J);
title('cameraman 原始图像');
subplot(1,3,3);
imshow(K,[]);                      %注意把结果压缩到 0～255 范围之内显示
title('相加图像');
```

运行结果如图 6-10 所示。

rice 原始图像　　　　cameraman 原始图像　　　　相加图像

图 6-10　图像相加

【**例 6-11**】 利用 imnoise 函数对噪声进行相加运算。

```
clear
a = imread('pout.tif');                              %读取图像
a1 = imnoise(a,'gaussian',0,0.007);                  %加入噪声
a2 = imnoise(a,'gaussian',0,0.007);
a3 = imnoise(a,'gaussian',0,0.007);
a4 = imnoise(a,'gaussian',0,0.007);
k = imlincomb(0.25,a1,0.25,a2,0.25,a3,0.25,a4);      %噪声相加
subplot(1,3,1);
imshow(a);
subplot(1,3,2);
imshow(a1);
subplot(1,3,3);
imshow(k);
```

运行结果如图 6-11 所示。

图 6-11　进行噪声相加处理后的图像

【**例 6-12**】 增加图像的亮度。

```
R = imread('peppers.png');        %读入图像
R2 = imadd(R,100);                %增加图像的亮度
subplot(1,2,1),
imshow(R);
title('原始图像');
subplot(1,2,2),
imshow(R2);
title('增亮后的图像');
```

运行结果如图 6-12 所示。

原始图像　　　　　　　　　　　增亮后的图像

图 6-12　增亮效果

6.2.2 图像的减法运算

图像的减法运算也称为差分运算,经常用于检测变化及运动的物体。在 MATLAB 中可以用图像数组直接相减来实现,也可以调用 imsubtract 函数来实现函数运算。该函数的调用格式如下。

Z=imsubtract(X,Y):将矩阵 X 中的每一个元素与矩阵 Y 中对应的元素相减,返回值为 Z。

【例 6-13】 图像的减法运算。

```
clear
i = imread('eight.tif');            %读入图像
subplot(2,2,1);
imshow(i);
back = imopen(i,strel('disk',15));
subplot(2,2,2);
imshow(back);
i1 = imsubtract(i,back);            %进行图像的减法运算
subplot(2,2,3);
imshow(i1);
i2 = imsubtract(i,45);
subplot(2,2,4);
imshow(i2);
```

运行结果如图 6-13 所示。

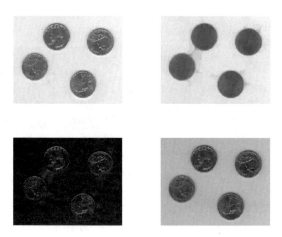

图 6-13   图像的减法运算

【例 6-14】 取图像的相减值和取绝对值。

```
clear all;
X = uint8([ 254 12 76; 46 226 106]);
Y = uint8([ 200 56 56; 56 56 56 ]);
```

```
Z1 = imsubtract(X,Y)          % 图像相减
Z2 = imabsdiff(X,Y)           % 取绝对值
```

运行结果如下：

```
Z1 =
    54     0    20
     0   170    50
Z2 =
    54    44    20
    10   170    50
```

【**例 6-15**】 利用两种函数取图像的相减值和绝对值。

```
clear all;
coins = imread('coins.png');
background = imopen(coins,strel('disk',15));
coins1 = imsubtract(coins,background);
subplot(2,2,1),
imshow(coins);
title ('原始图像')
subplot(2,2,2);
imshow(background);
title ('背景图像')
subplot(2,2,3),
imshow(coins1);
title ('imsubtract 函数相减结果')
K = imabsdiff(coins,background);
subplot(2,2,4);
imshow(K,[])
title ('imabsdiff 函数相减结果')
```

运行结果如图 6-14 所示。

原始图像

背景图像

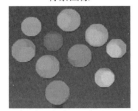

imsubtract 函数相减结果

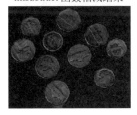

imabsdiff 函数相减结果

图 6-14 两种函数取图像的相减值和绝对值

【例 6-16】 降低 R 图像的亮度。

```
clear
R = imread('peppers.png');          % 读入图像
R2 = imsubtract(R,100);             % 降低 R 图像的亮度
subplot(1,2,1),
imshow(R);
title('原始图像');
subplot(1,2,2),
imshow(R2);
title('降低后的图像');
```

运行结果如图 6-15 所示。

原始图像   降低后的图像

图 6-15　降低 R 图像的亮度

6.2.3　图像的乘法运算

图像的乘法运算主要用于实现图像的掩模处理,即屏蔽掉图像的某些部分。图像的缩放就是指一幅图像乘以一个常数。若缩放因子大于 1,那么图像的亮度将增强,若因数小于 1 则会使图像变暗。在 MATLAB 中,immultiply 函数用于实现两幅图像相乘。该函数的调用格式如下。

Z＝immultiply(X,Y):将矩阵 X 中的每一个元素与矩阵 Y 中对应的元素相乘,返回值为 Z。

【例 6-17】 对图像进行乘法运算。

```
clear all;
I = imread('rice.png');
I1 = uint16(I);                     % 转换图像为 uint16 类型
I2 = immultiply(I1,I1);             % 图像自乘
I3 = immultiply(I,1.2);             % 图像扩大像素
I4 = immultiply(I,0.6);             % 图像缩小像素
subplot(2,2,1),imshow(I);
title('原始图像')
subplot(2,2,2),
imshow(I2);
title('图像自乘')
subplot(2,2,3),
```

```
imshow(I3);
title ('图像扩大像素')
subplot(2,2,4),
imshow(I4);
title ('图像缩小像素')
```

运行结果如图 6-16 所示。

原始图像   图像自乘

图像扩大像素   图像缩小像素

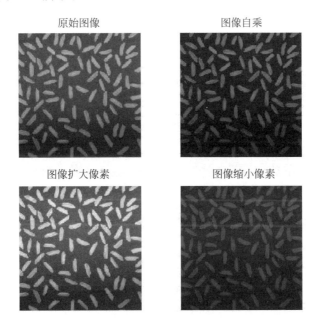

图 6-16 乘法运算效果

6.2.4 图像的除法运算

图像的除法运算可用于校正由于照明或者传感器的非线性影响造成的偏差,此外图像的除法运算还被用于产生比率图像,在 MATLAB 中调用 imdivide 函数进行两幅图像相除。调用格式如下。

Z=imdivide(X,Y):将矩阵 X 中的每一个元素除以矩阵 Y 中对应的元素,返回值为 Z。

【例 6-18】 图像的除法运算示例。

```
clear all;
I = imread('coins.png');
subplot(221);imshow(I);
title ('原始图像')
background = imopen(I,strel('disk',15));
Ip = imdivide(I,background);
subplot(222);
imshow(Ip,[])
title ('图像与背景相除')
J = imdivide(I,3);
```

```
subplot(2,2,3),
imshow(J)
title('图像与 3 相除效果')
K = imdivide(I,0.6);
subplot(2,2,4),
imshow(K)
title('图像与 0.6 相除效果')
```

运行结果如图 6-17 所示。

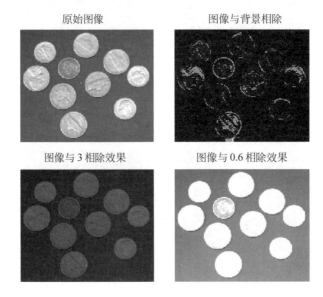

图 6-17　除法运算效果

6.3　图像的几何运算

图像的几何运算是指引起图像几何形状发生改变的变换。与点运算不同的是,几何运算可以看成是像素在图像内的移动过程,该移动过程可以改变图像中物体对象之间的空间关系。虽然几何运算可以不受任何限制,但是通常都需要做出一些限制以保持图像的外观顺序。

6.3.1　图像的插值

图像插值是指利用已知邻近像素点的灰度值来产生未知像素点的灰度值,以便由原始图像再生成具有更高分辨率的图像。插值是在不生成新的像素的情况下对原图像的像素重新分布,从而来改变像素数量的一种方法。在图像放大过程中,像素也相应地增加,增加的过程就是"插值"发生作用的过程,"插值"程序自动选择信息较好的像素作为增加,弥补空白像素的空间,而并非只使用临近的像素,所以在放大图像时,图像看上去会比较平滑、干净。无论使用何种插值方法,首先都需要找到与输出图像像素相对应的输入图像点,然后再通过计算该点附近某一像素集合的权平均值来指定输出像素的灰度值。像素的权是根据像素到点的距离而定的,不同插值方法的区别就在于所考虑的像素集合不同。最常见的差值方法如下。

(1) 向前映射法。通过输入图像像素位置,计算输出图像对应的像素位置,将该位置像素的灰度值按某种方式分配到输出图像相邻的 4 个像素。

(2) 向后映射法。通过输出图像像素位置,计算输入图像对应像素位置,根据输入图像相邻 4 个像素的灰度值计算该位置像素的灰度值。

(3) 最近邻插值。表示输出像素将被指定为像素点所在位置处的像素值。

(4) 双线性插值。表示输出像素值是像素 2×2 邻域内的权平均值。

(5) 双三次插值。表示输出像素值是像素 4×4 邻域内的权平均值。

双线性插值利用(x, y)点的 4 个最近邻像素的灰度值,按照以下方法计算(x, y)点的灰度值。

在 MATLAB 中,interp2 函数用于对图像进行插值处理,该函数的调用方法如下。

A=interp2(X,Y,Z,IX,IY):Z 为要插值的原始图像,IX、IY 为图像的新行和新列。

【**例 6-19**】 对图像进行各种插值处理。

```
clear all;
I2 = imread('eight.tif');
subplot(2,3,1);imshow(I2);
title('原始图像')
Z1 = interp2(double(I2),2,'nearest');      %最近邻插值法
Z1 = uint8(Z1);
subplot(2,3,2);
imshow(Z1);
title('最近邻插值');
Z2 = interp2(double(I2),2,'linear');       %线性插值法
Z2 = uint8(Z2);
subplot(2,3,3);
imshow(Z2);
title('线性插值法');
Z3 = interp2(double(I2),2,'spline');       %三次样条插值法
Z3 = uint8(Z3);
subplot(2,3,4);
imshow(Z3);
title('三次样条插值');
Z4 = interp2(double(I2),2,'cubic');        %立方插值
Z4 = uint8(Z4);
subplot(2,3,5);
imshow(Z4);
title('立方插值');
```

运行结果如图 6-18 所示。

原始图像　　　　　　最近邻插值　　　　　　线性插值法

三次样条插值　　　　　立方插值

图 6-18　各种插值效果

6.3.2　旋转与平移变换

旋转变换的表达式为

$$a(x,y) = x * \cos(\alpha) - y * \sin(a)$$
$$b(x,y) = x * \sin(\alpha) + y * \cos(a)$$

用齐次矩阵表示为

$$
\begin{vmatrix} a(x,y) \\ b(x,y) \\ 1 \end{vmatrix} =
\begin{vmatrix} \cos\alpha & 0 & x_0 \\ \sin\alpha & 1 & y_0 \\ 0 & 0 & 1 \end{vmatrix}
\begin{vmatrix} x \\ y \\ 1 \end{vmatrix}
$$

在 MATLAB 中,使用 imrotate 函数来旋转一幅图像,调用格式如下:

```
B = imrotate(A, ANGLE, METHOD, BBOX)
```

其中,A 是需要旋转的图像;ANGLE 是旋转的角度,正值为逆时针;METHOD 是插值方法;BBOX 表示旋转后的显示方式。

图像的平移变换所用到的是直角坐标系的平移变换公式为

$$
\begin{cases} x' = x + \Delta x \\ y' = y + \Delta y \end{cases}
$$

其中,x 与 y 表示矩阵的行列方向。

【例 6-20】　对图像实现旋转变换。

```
clear
[A, map] = imread('autumn.tif');        % 读取图像
J = imrotate(A, 40, 'bilinear');        % 对图像进行旋转
subplot(1,2,1),
imshow(A, map);
title('原始图像')
subplot(1,2,2),
imshow(J, map);
title('旋转后的图像')
```

运行结果如图 6-19 所示。

原始图像

旋转后的图像

图 6-19 图像的旋转变换

【例 6-21】 通过使用不同的插值方法来对图像进行旋转。

```
clear all;
[I,map] = imread('trees.tif');
J = imrotate(I,35,'bilinear');
J1 = imrotate(I,35,'bilinear','crop');      % 采用双线性插值法,图像进行水平旋转
J2 = imrotate(I,35,'nearest','crop');       % 采用最近邻插值法,图像进行水平旋转
J3 = imrotate(I,35,'bicubic','crop');       % 采用双立方插值法,图像进行水平旋转
subplot(2,3,1),
imshow(I,map)
title('原始图像')
subplot(2,3,2),
imshow(J,map)
title('双线性插值')
subplot(2,3,3),
imshow(J1,map)
title('双线性插值')
subplot(2,3,4),
imshow(J2,map)
title('最近邻插值')
subplot(2,3,5),
imshow(J3,map)
title('双立方插值')
```

运行结果如图 6-20 所示。

原始图像

双线性插值

双线性插值

最近邻插值

双立方插值

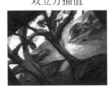

图 6-20 通过使用不同的插值方法来对图像进行旋转的效果

【例 6-22】 对图像进行平移。

```
clear all;
A = imread('office_4.jpg');
subplot(121);imshow(A);
title('原始图像')
A = double(A);
A_move = zeros(size(A));
H = size(A);
A_x = 50;
A_y = 50;
A_movesult(A_x + 1:H(1),A_y + 1:H(2),1:H(3)) = A(1:H(1) - A_x,1:H(2) - A_y,1:H(3));
subplot(122);
imshow(uint8(A_movesult));
title('平移后图像')
```

运行结果如图 6-21 所示。

图 6-21 图像的平移

6.3.3 缩放与裁剪变换

图像的缩放是指在保持原有图像形状的基础上对图像的大小进行扩大或缩小。若在 x 方向缩放 c 倍，在 y 方向缩放 d 倍，则用齐次矩阵表示为

$$\begin{vmatrix} a(x,y) \\ b(x,y) \\ 1 \end{vmatrix} = \begin{vmatrix} c & 0 & 0 \\ 0 & d & 0 \\ 0 & 0 & 1 \end{vmatrix} \begin{vmatrix} x \\ y \\ 1 \end{vmatrix}$$

在 MATLAB 中，imresize 函数用于改变一幅图像的大小，该函数的调用格式如下：

```
B = imresize(A,M,METHOD)
```

其中，A 是原图像；M 为缩放系数；B 为缩放后的图像；METHOD 为插值方法，可取值 nearest、bilinear 和 bicubic。

图像的裁剪是指将图像不需要的部分切除，只保留感兴趣的部分。在 MATLAB 中，imcrop 函数用于从一幅图像中抽取一个矩形的部分，该函数的调用格式如下。

I2＝imcrop(I)：表示交互式地对灰度图像进行剪切，显示图像，允许用鼠标指定剪裁矩形。

X2＝imcrop(X,map)：表示交互式地对索引图像进行剪切，显示图像，允许用鼠标指定剪裁矩形。

RGB2＝imcrop(RGB)：表示交互式地对真彩图像进行剪切，显示图像，允许用鼠标指定剪裁矩形。

I2＝imcrop(I,rect)：表示非交互式地指定灰度图像进行剪裁，按指定的矩阵框 rect 剪切图像，rect 四元素向量[xmin,ymin,width,height]分别表示矩形的左下角和长度及宽度，这些值在空间坐标中指定。

X2＝imcrop(X,map,rect)：表示对非交互式指定索引图像进行剪裁。

RGB2＝imcrop(RGB,rect)：表示对非交互式指定真彩图像进行剪裁。

【例 6-23】 利用 imresize 改变一幅图像的大小。

```
clear all;
I = imread('football.jpg');          %I 为原始图像
figure;
subplot(131);imshow(I);              %显示原始图像
title('原始图像')
I = double(I);
I_en = imresize(I,4,'nearest');      %最近邻法标志函数 nearest 扩大 4 倍
subplot(132);imshow(uint8(I_en));    %显示扩大 4 倍后的图像
title('扩大 4 倍后的图像')
I_re = imresize(I,0.5,'nearest');    % 缩小 2 倍
subplot(133);imshow(uint8(I_re));    %显示缩小 2 倍后的图像
title('缩小 2 倍后的图像')
```

运行结果如图 6-22 所示。

图 6-22　图像比例变换的效果图

【例 6-24】 利用不同的方法对图像进行缩放。

```
clear
i = imread('pout.tif');              % 读取图像
j = imresize(i,0.5);
j1 = imresize(i,2.5);
j2 = imresize(i,0.05,'nearest');     % 利用不同的方法对图像进行缩放
j3 = imresize(i,0.05,'bilinear');
j4 = imresize(i,0.05,'bicubic');
subplot(2,3,1);
imshow(i);
subplot(2,3,2);
imshow(j);
subplot(2,3,3);
```

```
imshow(j2);
subplot(2,3,4);
imshow(j1);
subplot(2,3,5);
imshow(j3);
subplot(2,3,6);
imshow(j4);
```

运行结果如图 6-23 所示。

图 6-23　利用不同的方法对图像进行缩放的效果

【例 6-25】　手动裁剪图像。

```
clear all;
[I,map] = imread('trees.tif');
figure; subplot(121)
imshow(I);
[I2,map] = imcrop(I, map);
subplot(122)
imshow(I2);
```

运行结果如图 6-24 所示。

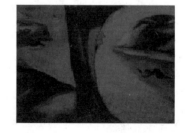

图 6-24　手动剪切图像

【**例 6-26**】 指定剪切区域大小和位置，对图像进行剪切。

```
clear all;
[I,map] = imread('trees.tif');
figure;
subplot(121);imshow(I,map);
% 指定剪切区域的大小和位置,剪切图像,并返回坐标(x,y)和剪切区域 rect
[x,y,I2,rect] = imcrop(I, map,[75 68 130 112]);
subplot(122);imshow(I2);
x,y,rect
```

运行结果如下：

```
x =
    1   350
y =
    1   258
rect =
   75   68   130   112
```

运行结果如图 6-25 所示。

 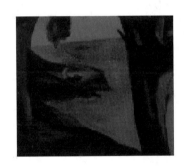

图 6-25 指定区域剪切图像效果图

6.3.4 镜像变换

镜像变换的特点是左右颠倒或者上下颠倒，图像的镜像分水平镜像和垂直镜像两种。

水平镜像计算公式为

$$\begin{cases} x' = x \\ y' = -y \end{cases}$$

由于表示图像的矩阵坐标必须非负，因此需要在进行镜像计算之后再进行坐标的平移。

$$\begin{cases} x'' = x' = x \\ y'' = y' + N + 1 = N + 1 - y \end{cases}$$

垂直镜像计算公式为

$$\begin{cases} x' = -x \\ y' = y \end{cases}$$

由于表示图像的矩阵坐标必须非负,因此需要在进行镜像计算之后再进行坐标的平移。

$$\begin{cases} x'' = x' + M + 1 = M + 1 - x \\ y'' = y = y \end{cases}$$

在 MATLAB 中,flipud 函数用于实现对图像的上下翻转;fliplr 函数用于实现对图像的左右翻转。

【例 6-27】 对图像的镜面变换。

```
I = imread('office_4.jpg');                                      %读取图像
figure;
subplot(221)
;imshow(I);
title('原始图像')
I = double(I);
h = size(I);
I_fliplr(1:h(1),1:h(2),1:h(3)) = I(1:h(1),h(2): - 1:1,1:h(3));    %水平镜像变换
I1 = uint8(I_fliplr);
subplot(222);
imshow(I1);
title('水平镜像变换')
I_flipud(1:h(1),1:h(2),1:h(3)) = I(h(1): - 1:1,1:h(2),1:h(3));    %垂直镜像变换
I2 = uint8(I_flipud);
subplot(223);
imshow(I2);
title('垂直镜像变换')
I_fliplr_flipud(1:h(1),1:h(2),1:h(3)) = I(h(1): - 1:1,h(2): - 1:1,1:h(3));    %对角镜像变换
I3 = uint8(I_fliplr_flipud);
subplot(224);
imshow(I3);
title('对角镜像变换')
```

运行结果如图 6-26 所示。

原始图像   水平镜像变换

垂直镜像变换   对角镜像变换

图 6-26　对图像的镜面变换效果

6.4 图像的仿射变换

两个向量空间之间的仿射变换(或仿射映射)是由一个线性变换接上一个平移组成。仿射变换可以理解为对坐标进行缩放、旋转、平移后取得的新坐标的值,或者是经过对坐标的缩放、旋转、平移后原坐标在新坐标领域中的值,可以表示为

$$f(x) = Ax + b$$

其中,A 是变换矩阵;b 是平移矩阵。在二维空间里,A 可以按 4 个步骤分解:尺寸、伸缩、扭曲和旋转。

6.4.1 尺度与伸缩变换

尺度变换的变换矩阵表达式为

$$A_S = \begin{bmatrix} S & 0 \\ 0 & S \end{bmatrix}, \quad S \geqslant 0$$

伸缩变换的变换矩阵表达式为

$$A_t = \begin{bmatrix} 1 & 0 \\ 0 & t \end{bmatrix}, \quad A_t A_s = \begin{bmatrix} s & 0 \\ 0 & st \end{bmatrix}$$

【例 6-28】 创建图像并对其进行尺寸变换。

```
clear
clf
I = checkerboard(40,4);
subplot(121);
imshow(I);                                    % 显示图像
title('原始图像')
axis on;
s = 1.2;T = [s 0;0 s;0 0];
tf = maketform('affine',T);
I1 = imtransform(I,tf,'bicubic','FillValues',0.7);    % 对图像进行尺寸变换
subplot(122);
imshow(I1);
title('尺寸变换')
axis on;
```

运行结果如图 6-27 所示。

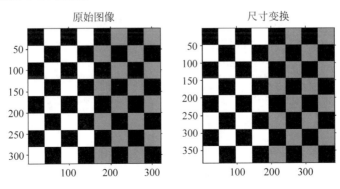

图 6-27　尺寸变换效果

【例6-29】 对图像进行伸缩变换。

```
clear all;
I = checkerboard(40,4);
subplot(121);imshow(I);
axis on;
title('原始图像')
t = 2;T = [1 0;0 t;0 0];
tf = maketform('affine',T);
I1 = imtransform(I,tf,'bicubic','FillValues',0.3);
subplot(122);
imshow(I1);
axis on;
title('伸缩变换')
```

运行结果如图6-28所示。

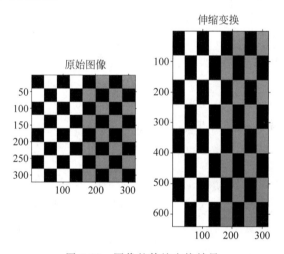

图 6-28　图像的伸缩变换效果

6.4.2　扭曲与旋转变换

扭曲变换的变换矩阵表达式为

$$A_u = \begin{bmatrix} 1 & u \\ 0 & 1 \end{bmatrix}, \quad A_u A_t A_s = \begin{bmatrix} s & stu \\ 0 & st \end{bmatrix}$$

旋转变换的变换矩阵表达式为

$$A_\theta = \begin{bmatrix} \cos\theta & -\sin\theta \\ \sin\theta & \cos\theta \end{bmatrix}, \quad 0 \leqslant \theta \leqslant 2\pi$$

$$A_\theta A_u A_t A_s = \begin{bmatrix} s\cos\theta & stu\cos\theta - st\sin\theta \\ s\sin\theta & stu\sin\theta + st\cos\theta \end{bmatrix}$$

【例6-30】 对创建的图像进行扭曲变换。

```
clear all;
I = checkerboard(40,4);
```

```
subplot(121);imshow(I);
axis on;
title('原始图像')
u = 0.5;T = [1 u;0 1;0 0];
tf = maketform('affine',T);
I1 = imtransform(I,tf,'bicubic','FillValues',0.3);
subplot(122);
imshow(I1);
axis on;
title('扭曲变换')
```

运行结果如图 6-29 所示。

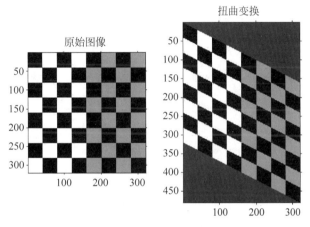

图 6-29　扭曲变换效果

【例 6-31】　对图像进行旋转变换。

```
clear
clf;
I = checkerboard(40,4);
subplot(1,2,1);
imshow(I);                                    %显示图像
title('原始图像')
angle = 15 * pi/180;
sc = cos(angle);
ss = sin(angle);
T = [sc – ss; ss   sc;0 0];
tf = maketform('affine',T);
I1 = imtransform(I,tf,'bicubic','FillValues',0.3);     %对图像进行旋转变换
subplot(122);
imshow(I1);
title('旋转图像')
```

运行结果如图 6-30 所示。

原始图像　　　　　　　旋转图像

图 6-30　旋转变换效果图

【例 6-32】　对所创建的图像进行综合仿射变换。

```
clear all;
I = checkerboard(40,4);
subplot(1,2,1);
imshow(I);
axis on;
title('原始图像')
Angle = 60;
s = 2;As = [s 0;0 s];                    %尺度变换
t = 2;At = [1 0;0 t];                    %伸缩变换
u = 1.5;Au = [1 u;0 1];                  %扭曲变换
st = 30 * pi/180;sc = cos(Angle);ss = sin(Angle);
Ast = [sc - ss; ss   sc];               %旋转变换
T = [As * At * Au * Ast;3 5];
tf = maketform('affine',T);
I1 = imtransform(I,tf,'bicubic','FillValues',0.3);
subplot(122);
imshow(I1);
axis on;
title('综合仿射变换')
```

运行结果如图 6-31 所示。

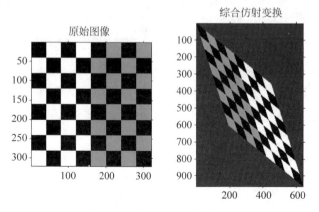

图 6-31　综合仿射变换效果

6.5 图像的逻辑运算

逻辑运算又称布尔运算。布尔用数学方法研究逻辑问题,成功地建立了逻辑运算。他用等式表示判断,把推理看作等式的变换。这种变换的有效性不依赖人们对符号的解释,只依赖于符号的组合规律。这一逻辑理论被称为布尔代数。逻辑运算通常用来测试真假值。最常见到的逻辑运算就是循环的处理,用来判断是否该离开循环或继续执行循环内的指令。图像的逻辑运算主要应用于图像的增强、图像识别、图像复原和区域分割等领域。与代数运算不同,逻辑运算既关注图像像素点的数值变化,又重视位变换的情况,在 MATLAB 中,提供了一些逻辑运算函数,表 6-2 给出了图像的逻辑运算函数。

表 6-2 图像的逻辑运算函数

函　　数	功 能 描 述	函　　数	功 能 描 述
bitand	位与	bixor	位异或
bitcmp	位补	bitshift	位移位
bitor	位或		

【例 6-33】 演示逻辑函数的用法。

```
%图像的逻辑运行
clear all;
I = imread('trees.tif');
subplot(2,3,1);imshow(I);
title('原始图像')
J = imdivide(I,2);
K1 = bitand(I,J);
subplot(2,3,2);
imshow(K1);
title('位与运算')
K2 = bitcmp(I,8);              %等价于 2^8-I
subplot(2,3,3);
imshow(K2);
title('位补运算')
K3 = bitor(I,J);
subplot(2,3,4);
imshow(K3);
title('位或运算')
K4 = bitxor(I,J);
subplot(2,3,5);
imshow(K4);
title('位异或运算')
K5 = bitshift(I,2);
subplot(2,3,6);
imshow(K5);
title('位移运算')
```

运行结果如图 6-32 所示。

图 6-32　图像的逻辑运算

6.6　本章小结

　　本章主要介绍了几种常见的图像运算,包括图像的点运算、代数运算、逻辑运算、几何等运算,并给出了大量的示例来阐述其在 MATLAB 中的实现方法。这几种方法涵盖了大部分的数字图像处理的常用手段,希望读者通过学习熟悉并掌握各种方法的基本思想,为后面的复杂图像处理打牢基础。

图像变换是图像处理与分析中的主要手段。为了用正交函数或正交矩阵表示图像,对原图像做二维线性可逆变换,经过变换后的图像更有利于图像的增强、压缩和编码等复杂的处理。

学习目标:

(1) 了解傅里叶变换的相关知识。

(2) 掌握傅里叶变换、离散余弦变换和 Radon 变换的基本原理及实现步骤。

(3) 学会小波变换的基本方法及实现步骤。

7.1 傅里叶变换

傅里叶变换就是以时间为自变量的信号和以频率为自变量的频谱函数之间的某种变换关系。这种变换同样可以用在其他有关数学和物理的各种问题之中,并可以采用其他形式的变量。当自变量时间或频率取连续时间形式和离散时间形式的不同组合,就可以形成各种不同的傅里叶变换对。

傅里叶变换是信号处理中最重要、应用最广泛的变换。从某种意义上来说,傅里叶变换就是函数的第二种描述语言。

傅里叶变换理论及其物理解释两者的结合,对图像处理领域诸多问题的解决提供了有利的思路,它让人们从事物的另一方面来考虑问题,这样在分析某一问题时就会从空域和频域两个角度来考虑问题并来回切换,可以在空域或频域中思考的问题,利用频域中特有的性质,使图像处理过程更简单、有效,对于迂回解决图像处理中的难题非常有帮助,被广泛应用于图像处理中。

7.1.1 连续傅里叶变换

在数学中,连续傅里叶变换是把一组函数映射为另一组函数的线性算子。不严格地说,傅里叶变换就是把一个函数分解为组成该函数的连续频率谱。

在数学分析中,信号 $f(t)$ 的傅里叶变换被认为是处在频域中的信号。这一基本思想类似于其他傅里叶变换,如周期函数的傅里叶级数。

函数 $f(x)$ 的傅里叶变换存在的前提是满足狄里赫莱条件。

(1)具有有限个间断点。

(2)具有有限个极值点。

(3)绝对可积。

一维连续傅里叶变换为

$$F(u) = \int_{-\infty}^{+\infty} f(x) \exp[-j2\pi ux] \mathrm{d}x$$

其反变换为

$$f(x) = \int_{-\infty}^{+\infty} F(u) \exp[j2\pi ux] \mathrm{d}u$$

如果为实函数,$f(x)$ 傅里叶变换用复数表示。

二维连续傅里叶变换为

$$F(u,v) = \int_{-\infty}^{\infty} \int_{-\infty}^{\infty} f(x,y) \mathrm{e}^{-\mathrm{j}2\pi(ux+vy)} \mathrm{d}x\mathrm{d}y$$

其反变换为

$$f(x,y) = \int_{-\infty}^{\infty} \int_{-\infty}^{\infty} F(u,v) \mathrm{e}^{\mathrm{j}2\pi(ux+vy)} \mathrm{d}u\mathrm{d}v$$

7.1.2 离散傅里叶变换

离散傅里叶变换(DFT)是连续傅里叶变换在时域和频域上都离散的形式,将时域信号的采样变换为在离散时间傅里叶变换(DTFT)频域的采样。在形式上,变换两端(时域和频域上)的序列是有限长的,而实际上这两组序列都应当被认为是离散周期信号的主值序列。即使对有限长的离散信号做 DFT,也应当将其看作经过周期延拓成为周期信号再做变换。在实际应用中通常采用快速傅里叶变换,以高效计算 DFT。

1. 一维离散傅里叶变换

一维离散傅里叶变换为

$$F(u) = \sum_{x=0}^{N-1} f(x) \mathrm{e}^{-\mathrm{j}2\pi ux/N}, \quad u = 0,1,2,\cdots,N-1$$

其反变换为

$$f(x) = \frac{1}{N} \sum_{u=0}^{N-1} F(u) \mathrm{e}^{\mathrm{j}2\pi ux/N}$$

2. 二维离散傅里叶变换

对二维连续傅里叶变换在二维坐标上进行采样,对空域的取样间隔为 Δx 和 Δy,对频域的取样间隔 Δu 为 Δv,它们的关系为

$$\Delta u = \frac{1}{N\Delta x}$$

$$\Delta v = \frac{1}{N\Delta y}$$

式中，N 是在图像一个维上的取样总数。那么，二维离散傅里叶变换为

$$F(u,v) = \frac{1}{N^2} \sum_{x=0}^{N-1} \sum_{y=0}^{N-1} f(x,y) \exp[-j2\pi(ux+vy)/N]$$

$$f(x,y) = \frac{1}{N^2} \sum_{u=0}^{N-1} \sum_{v=0}^{N-1} F(u,v) \exp[j2\pi(ux+vy)/N]$$

7.1.3 快速傅里叶变换

快速傅里叶变换(FFT)是计算 DFT 的一种快速有效的方法。虽然频谱分析和 DFT 运算很重要，但在很长一段时间里，由于 DFT 运算复杂，并没有得到真正的运用，而频谱分析仍大多采用模拟信号滤波的方法解决。1965 年首次提出 DFT 运算的一种快速算法以后，人们开始认识到 DFT 运算的一些内在规律，从而很快地发展和完善了一套高速有效的运算方法——快速傅里叶变换(FFT)算法。

FFT 的出现，使 DFT 的运算大大简化，运算时间缩短一至两个数量级，使 DFT 的运算在实际中得到广泛应用。下面分别介绍这些函数的用法。

对于一个有限长序列$\{f(x)\}(0 \leqslant x \leqslant N-1)$，它的傅里叶变换表示为

$$F(u) = \sum_{n=0}^{N-1} f(x) W_n^{ux}$$

令 $W_N = \mathrm{e}^{-j\frac{2\pi}{N}}$，$W_N^{-1} = \mathrm{e}^{j\frac{2\pi}{N}}$，傅里叶变换对可写成

$$F(u) = \sum_{x=0}^{N-1} f(x) W_N^{ux}$$

从上面的运算显然可以看出，要得到每一个频率分量，需进行 N 次乘法和 $N-1$ 次加法运算。要完成整个变换需要 N^2 次乘法和 $N(N-1)$次加法运算。当序列较长时，必然要花费大量的时间。

观察上述系数矩阵，发现 W_N^{ux} 是以 N 为周期的，即

$$W_N^{(u+LN)(x+KN)} = W_N^{ux}$$

7.1.4 MATLAB 的傅里叶变换函数

在 MATLAB 中，函数 fft、fft2 和 fftn 分别可以实现一维、二维和 N 维 DFT 算法；而函数 ifft、ifft2 和 ifftn 则用来计算反 DFT。ffishift 函数可以把傅里叶操作(fft、fft2、fftn)得到的结果中零频率成分移到矩阵的中心，这样有利于观察频谱。这些函数的调用格式如下：

```
A = fft(X,N,DIM)
```

其中，X 表示输入图像；N 表示采样间隔点，如果 X 小于该数值，那么 MATLAB 将会对 X 进行零填充，否则将进行截取，使之长度为 N；DIM 表示要进行离散傅里叶变换。

```
A = fft2(X,MROWS,NCOLS)
```

其中,MROWS 和 NCOLS 指定对 X 进行零填充后的 X 大小,分别可以实现一维、二维和 N 维 DFT。

```
A = fftn(X,SIZE)
```

其中,SIZE 是一个向量,它们每一个元素都将指定 X 相应维进行零填充后的长度。

由于函数 ifft、ifft2 和 ifftn 的调用格式与对应的离散傅里叶变换函数一致,分别可以实现一维、二维和 N 维反 DFT。

```
A = fftshift (X,DIM)
```

对于一维 fft、fftshift 是将左右元素互换;对于 fft2、fftshift 是进行对角元素的互换。

下面分别举例来说明这些函数的用法。

【例 7-1】 利用 fft 函数对一个频率为 150Hz 和 250Hz 的信号做傅里叶变换。

```
clear all;
fs = 1000;
t = 0:1/fs:0.6;
f1 = 150;
f2 = 250;
x = sin(1.8 * pi * f1 * t) + sin(1.8 * pi * f2 * t);
subplot(411);
plot(x);
title('f1(150Hz)、f2(250Hz)的正弦信号');
grid on;
number = 512;
y = fft(x,number);
n = 0:length(y) - 1;
f = fs * n/length(y);
subplot(412);
plot(f,abs(y)/max(abs(y)));
hold on;
plot(f,abs(fftshift(y))/max(abs(y)),'r');
title('f1、f2 的正弦信号的 FFT');
grid on;
x = x + randn(1,length(x));
subplot(413);
plot(x);
title('原始信号');
grid on;
y = fft(x,number);
n = 0:length(y) - 1;
f = fs * n/length(y);
subplot(414);
plot(f,abs(y)/max(abs(y)));
title('原始信号的 FFT');
grid on;
```

运行结果如图 7-1 所示。

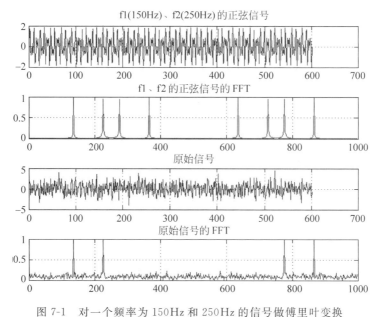

图 7-1　对一个频率为 150Hz 和 250Hz 的信号做傅里叶变换

【例 7-2】　创建一个图像，对其进行二维傅里叶变换。

```
clear all;
I = checkerboard(40);            % 创建一个棋盘
F = fft2(I);
subplot(1,2,1);
imshow(I);
title('原始图像');
subplot(1,2,2);
imshow(F);
title('二维傅里叶变换')
```

运行结果如图 7-2 所示。

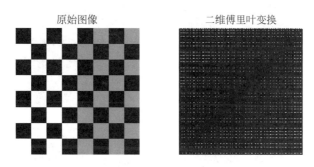

原始图像　　　　　　二维傅里叶变换

图 7-2　二维傅里叶变换效果

【例 7-3】　计算创建矩阵的卷积。

```
clear all;
C = magic(3);                    % 产生一个 3 × 3 魔方矩阵
```

```
D = ones(3);                        %产生一个 3×3 全 1 矩阵
C(6,6) = 0;
D(6,6) = 0;
E = ifft2(fft2(C).* fft2(D));
E = E(1:5,1:5);                     %截取有效数据
E = real(E)
```

程序运行结果如下：

```
E =
    7.999    9.000   15.000    7.000    6.000
   11.000   17.000   30.000   19.000   13.000
   15.000   30.000   45.000   29.999   15.000
    7.000   20.999   30.000   23.000    9.000
    3.999   13.000   15.000   11.000    1.999
```

【例 7-4】 对创建的图像进行傅里叶变换。

```
f = zeros(60,60);
f(10:48,26:34) = 1;                              %生成矩形
F0 = fft2(f);
F2 = log(abs(F0));
F = fft2(f,256,256);
F1 = fftshift(F);
figure;
subplot(221);
imshow(f,'InitialMagnification','fit');          %以合适窗口大小显示 f
subplot(222);
imshow(F2,[-1 5],'InitialMagnification','fit');  %确定像素值的显示范围
subplot(223);
imshow(log(abs(F)),[-1 5]);                      %对数显示补零变换后的图像
subplot(224);
imshow(log(abs(F1)),[-1 5]);                     %对数显示频移后的图像
```

运行结果如图 7-3 所示。

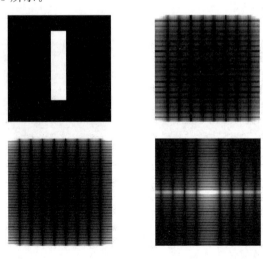

图 7-3　对创建的图像进行傅里叶变换结果比较

7.2 傅里叶变换的性质

傅里叶变换建立了信号的时域特性与频域特性的一般关系。这种变换不仅具有数学意义上的唯一性，而且还揭示了信号时域特性与频域特性之间确定的内在联系，并具有许多重要的性质，这些性质在理论分析和工程实际中都有着广泛的应用。利用性质求解复杂信号的傅里叶变换，不仅计算过程简单，而且物理概念清楚。

7.2.1 线性与周期性

傅里叶变换具有线性性质，即

$$F[c_1 f_1(x,y) + c_2 f_2(x,y)] = c_1 F_1(u,v) + c_2 F_2(u,v)$$

一个有界图像函数必须是周期性的，傅里叶变换具有周期性质，即

$$F(u+mN, v+nN) = F(u,v)$$

7.2.2 缩放性与可分离性

傅里叶变换的缩放性表明，对于两个标量 a 和 b，有

$$f(ax, by) \Leftrightarrow \frac{1}{|ab|} F\left(\frac{u}{a}, \frac{v}{b}\right)$$

特别是当 $a,b = -1$ 时，有

$$f(-x, -y) \Leftrightarrow F(-u, -v)$$

二维 DFT 可视为由沿 x,y 方向的两个一维 DFT 构成。

$$\exp[-j2\pi(ux+vy)/N] = \exp(-j2\pi ux/n) \cdot \exp(-j2\pi vy/N)$$

这个性质可使二维傅里叶变换依次进行两次一维傅里叶变换来实现。这样，对于任何可分离性函数

$$f(x,y) = f_1(x) f_2(y)$$

则有

$$F(u,v) = \int_{-\infty}^{+\infty} f_1(x) f_2(y) e^{-j2\pi(ux+vy)} \, dx dy$$

$$= \int_{-\infty}^{+\infty} f_1(x) e^{-j2\pi ux} \, dx \int_{-\infty}^{+\infty} f_2(y) e^{-j2\pi vy} \, dy$$

$$= F_1(u) F_2(v)$$

7.2.3 平移性

傅里叶变换对具有平移性，即

$$f(x-x_0, y-y_0) \Leftrightarrow F(u,v) \exp[-j2\pi(ux_0 + vy_0)/N]$$

$$F(u-u_0, v-v_0) \Leftrightarrow f(x,y) \exp[j2\pi(ux_0 + vy_0)/N]$$

【例 7-5】 沿 X 轴方向移动的傅里叶变换频谱。

```
clear all;
f = zeros(900,900);
f(351:648,476:525) = 1;
subplot(2,2,1);
imshow(f);
title('原始图像');
F = fftshift(abs(fft2(f)));
subplot(2,2,2);
imshow(F,[-1 5]);
title('原始图像频谱');
f(351:648,800:849) = 1;
subplot(2,2,3);
imshow(f);
title('X轴方向移动后的图像');
F = fftshift(abs(fft2(f)));
subplot(2,2,4);
imshow(F,[-1 5]');
title('X轴方向移动后的频谱');
```

运行结果如图 7-4 所示。

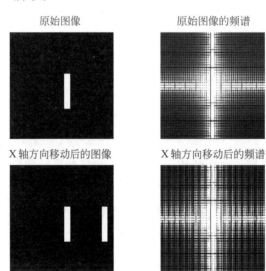

原始图像　　　　　原始图像的频谱

X轴方向移动后的图像　　　X轴方向移动后的频谱

图 7-4　X 轴方向移动的傅里叶变换频谱

【例 7-6】 沿 Y 轴方向移动的傅里叶变换频谱。

```
f = zeros(900,900);
f(351:648,476:525) = 1;
F = fftshift(abs(fft2(f)));
f(351:648,800:849) = 1;
F = fftshift(abs(fft2(f)));
figure;
```

```
subplot(2,2,1);
imshow(f);
title('原始图像');
F = fftshift(abs(fft2(f)));
subplot(2,2,2);
imshow(F,[-1 5]);
title('原始图像的频谱');
f = zeros(1000,1000);
f(50:349,475:524) = 1;
subplot(2,2,3);
imshow(f);
title('Y 轴方向移动后的图像');
F = fftshift(abs(fft2(f)));
subplot(2,2,4);
imshow(F,[-1 5]);
title('Y 轴方向移动后的频谱');
```

运行结果如图 7-5 所示。

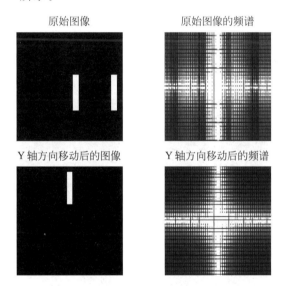

原始图像　　　　原始图像的频谱

Y 轴方向移动后的图像　　　Y 轴方向移动后的频谱

图 7-5　沿 Y 轴方向移动的傅里叶变换频谱

7.2.4　旋转不变性

设极坐标 F，令

$$\begin{cases} x = r\cos\theta \\ y = r\sin\theta \end{cases}, \quad \begin{cases} u = \omega\cos\varphi \\ v = \omega\sin\varphi \end{cases}$$

则 $f(x,y)$ 和 $F(u,v)$ 分别可以表示成 $f(r,\theta)$ 和 $F(\omega,\varphi)$。这样，在极坐标中就可以变换为

$$f(r,\theta + \theta_0) \Leftrightarrow F(\omega,\varphi + \theta_0)$$

$$F(\omega, \varphi + \theta_0) = \int_0^{\infty} \int_0^{2\pi} f(r, \theta) \cdot e^{-j2\pi r\omega \cos[\varphi - (\theta - \theta_0)]} \cdot r\,dr\,d\theta$$

【例 7-7】 对创建的图像进行旋转并求其傅里叶变换的频谱。

```
f = zeros(900,900);
f(351:648,476:525) = 1;
subplot(221);
imshow(f,[])
title('原始图像');
F = fftshift(fft2(f));
subplot(222);
imshow(log(1 + abs(F)),[])
title('原始图像的频谱');
f = imrotate(f,45,'bilinear','crop');          % 对其进行旋转
subplot(223)
imshow(f,[])
title('图像正向旋转45度')
Fc = fftshift(fft2(f));
subplot(224);
imshow(log(1 + abs(Fc)),[])
title('旋转后图像的频谱')
```

运行结果如图 7-6 所示。

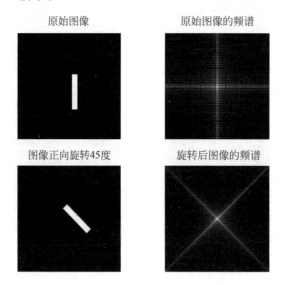

图 7-6 图像旋转后频谱效果

7.2.5 平均值与卷积定理

二维离散函数的平均值定义为

$$\bar{f}(x,y) = \frac{1}{N^2} \sum_{x=0}^{N-1} \sum_{x=0}^{N-1} f(x,y)$$

在二维傅里叶变换定义式中，令 $u_0=0$，$v_0=0$，得

$$F(0,0) = \frac{1}{N}\sum_{x=0}^{N-1}\sum_{y=0}^{N-1}f(x,y)\mathrm{e}^{-\mathrm{j}\frac{2\pi}{N}(x\cdot 0+y\cdot 0)} = N\left[\frac{1}{N^2}\sum_{x=0}^{N-1}\sum_{y=0}^{N-1}f(x,y)\right] = N\bar{f}(x,y)$$

卷积定理是线性系统分析中最重要的一条定理，考虑一维傅里叶变换

$$f(x) * g(x) = \int_{-\infty}^{\infty}f(z)g(x-z)\mathrm{d}z \Leftrightarrow F(u)G(u)$$

同理，二维傅里叶变换为

$$f(x,y) * g(x,y) \Leftrightarrow F(u,v)G(u,v)$$

7.3 离散余弦变换

离散余弦变换（DCT）是一种实数域变换，其变换核为实数的余弦函数，计算速度较快，而且对于具有一阶马尔柯夫过程的随机信号，DCT 十分接近于 Karhunen-Loeve 变换，也就是说它是一种最佳变换，很适于做图像压缩和随机信号处理。

7.3.1 一维离散余弦变换

$f(x)$ 为一维离散函数，$x=0,1,\cdots,N-1$，进行离散变换后的表达式为

$$F(u) = \sqrt{\frac{2}{N}}\sum_{x=0}^{N-1}f(x)\cos\left[\frac{\pi}{2N}(2x+1)u\right], \quad u=1,2,\cdots,N-1$$

$$F(0) = \frac{1}{\sqrt{N}}\sum_{x=0}^{N-1}f(x), \quad u=0$$

其反变换表达式为

$$f(x) = \frac{1}{\sqrt{N}}F(0) + \sqrt{\frac{2}{N}}\sum_{u=1}^{N-1}F(u)\cos\left[\frac{\pi}{2N}(2x+1)u\right], \quad x=0,1,\cdots,N-1$$

其中

$$g(x,0) = \frac{1}{\sqrt{N}}, \quad g(x,u) = \sqrt{\frac{2}{N}}\cos\frac{(2x+1)u\pi}{2N}$$

7.3.2 二维离散余弦变换

$f(m,n)$ 为二维离散函数 $m,n=0,1,2,\cdots,N-1$，进行离散变换后的表达式为

$$F(u,v) = a(u)a(v)\sum_{m=0}^{N-1}\sum_{n=0}^{N-1}f(m,n)\cos\frac{(2m+1)u\pi}{2N}\cos\frac{(2n+1)v\pi}{2N}$$

其反变换表达式为

$$f(m,n) = \sum_{u=0}^{N-1}\sum_{v=0}^{N-1}a(u)a(v)F(u,v)\cos\frac{(2m+1)u\pi}{2N}\cos\frac{(2n+1)v\pi}{2N}$$

其中

$$m,n = 0,1,2,\cdots,N-1, \quad a(u) = a(v) = \begin{cases} \sqrt{\dfrac{1}{N}} & u = 0 \text{ 或 } v = 0 \\ \sqrt{\dfrac{2}{N}} & u,v = 1,2,\cdots,N-1 \end{cases}$$

7.3.3　MATLAB 的离散余弦变换函数

在傅里叶级数展开式中,如果函数对称于原点,则其级数中将只有余弦函数项。从这一现象出发,提出了另一种图像变换方法——离散余弦变换(DCT)。由于离散余弦变换把图像的重要可视信息都集中在变换的一小部分系数中,DCT 在图像压缩中非常有用,是 JPEG(Joint Photographic Expert Group)算法的基础。

在 MATLAB 中,对图像进行二维离散余弦函数变换有两种方法,对应的函数有 dct2 函数和 dctmtx 函数。这些函数的调用方法如下:

```
B = dct2(A)
```

其中,B＝dct2(A)计算 A 的 DCT 变换 B,A 与 B 的大小相同。

```
B = dct2(A,m,n)
```

其中,B＝dct2(A,m,n)和 B＝dct2(A,[m,n])通过对 A 补 0 或剪裁,使 B 的大小为 m×n。

```
D = dctmtx(n)
```

其中,D＝dctmtx(n)返回一个 n×n 的 DCT 变换矩阵,输出矩阵 D 为 double 类型。

idct2 函数的调用格式与对应的二维离散余弦函数变换函数一致,可以实现二维反 DCT。

【例 7-8】　对图像进行二维离散余弦变换。

```
RGB = imread('tape.png');
subplot(131),
imshow(RGB);
title('原始图像');
I = rgb2gray(RGB);              %转换为灰度图像
subplot(132),
imshow(I);
title('灰度图像');
J = dct2(I);                    %使用 dct2 对图像进行 DCT 变换
subplot(133),
imshow(log(abs(J)),[],colormap(jet(64)));
title('DCT 变换');
```

运行结果如图 7-7 所示。

原始图像 灰度图像 DCT变换

图 7-7 二维离散余弦变换效果

【例 7-9】 读取一个图像,把 DCT 变换结果中绝对值小于 9 的系数舍弃,使用 idct2 重构图像。

```
Y = imread('onion.png');
subplot(131),
imshow(Y)
title('原始图像');
I = rgb2gray(Y);                    % 转换为灰度图像
J = dct2(I);
K = idct2(J);
subplot(132),
imshow(K,[0 255])
title('灰度图像');
J(abs(J)<9) = 0;                    % 舍弃系数
K2 = idct2(J);
subplot(133),
imshow(K2,[0 255])
title('重构图像');
```

运行结果如图 7-8 所示。

原始图像 灰度图像 重构图像

图 7-8 DCT 变换与 idct2 重构图像效果

【例 7-10】 对添加噪声的图像进行 DCT 处理。

```
clear all;
I = imread('eight.tif');            % 读取灰度图像
subplot(1,3,1),
imshow(I)
title('原始图像')
[m,n] = size(I);                    % 图像尺寸
In = imnoise(I,'speckle',0.05);     % 添加噪声
subplot(1,3,2),
imshow(In)
```

```
title('添加噪声')
J = dct2(In);
X = zeros(m,n);
X(1:m/3,1:n/3) = 1;
Ydct = J.* X;
J1 = uint8(idct2(Ydct));              % 逆 DCT 变换
subplot(1,3,3),
imshow(J1)
title('DCT 处理后的图像')
```

运行结果如图 7-9 所示。

图 7-9　对添加噪声的图像进行 DCT 处理效果图

【例 7-11】 使用 dctmtx 函数对图像进行 DCT 压缩重构。

```
clear;
close all
I = imread('eight.tif');
subplot(121),
imshow(I);
title('原始图像');
I = im2double(I);
T = dctmtx(8);
B = blkproc(I,[8 8], 'P1 * x * P2',T,T);
Mask = [ 1 1 1 1 0 0 1 1
         1 1 1 0 0 0 0 1
         1 1 0 0 0 0 0 0
         1 0 0 0 0 0 0 0
         0 0 0 0 0 0 0 0
         0 0 0 0 0 0 0 0
         1 1 0 0 0 0 1 1
         1 1 0 0 0 0 1 1];
B2 = blkproc(B,[8 8],'P1.* x',Mask);        % 此处为点乘
I2 = blkproc(B2,[8 8], 'P1 * x * P2',T,T);
subplot(122),
imshow(I2);                                 % 重建后的图像
title('DCT 重构');
```

运行结果如图 7-10 所示。

原始图像   DCT 重构

图 7-10　图像 DCT 压缩重构效果

7.4　图像的 Radon 变换

Radon 变换及其逆变换是图像处理中的一种重要研究方法,许多图像重建便是有效地利用了这种方法,它不必知道图像内部的具体细节,仅利用图像的摄像值即可很好地反演出原图像。

一个平面内沿不同的直线对某一函数做线积分,就得到函数的 Radon 变换。也就是说,平面的每个点的像函数值对应了原始函数的某个线积分值。

若直角坐标系(x,y)转动 θ 角后得到旋转坐标系$(\hat{x},\hat{y})$,由此得表达式为

$$\hat{x} = x\cos\theta + y\sin\theta$$

Radon 变换表达式为

$$p(\hat{x},\theta) = \int_{-\infty}^{\infty}\int_{-\infty}^{\infty} f(x,y)\delta(x\cos\theta + y\sin\theta - x)\mathrm{d}x\mathrm{d}y, \quad 0 \leqslant \theta \leqslant \pi$$

这就是函数 $f(x,y)$ 的 Radon 变换,$p(\hat{x},\theta)$ 为 $f(\hat{x},\hat{y})$ 的投影 $f(x,y)$ 沿着旋转坐标系中 $\hat{x}$ 轴 θ 方向的线积分,其逆变换的表达式为

$$f(x,y) = \left(\frac{1}{2\pi}\right)^2 \int_0^{\pi}\int_{-\infty}^{\infty} \frac{\dfrac{\partial p(\hat{x},\theta)}{\partial \hat{x}}}{(x\cos\theta + y\sin\theta) - \hat{x}}\mathrm{d}\hat{x}\mathrm{d}\theta$$

从理论上讲,图像重建过程就是逆 Radon 变换过程,Radon 公式就是通过图像的大量线性积分来还原图像。为了达到准确的目的,需要用不同的 θ 建立很多旋转坐标系,从而可以得到大量的投影函数,为重建图像的精确度提供基础。

与 Radon 投影类似,Fanbeam 投影也是指图像沿着指定方向上的投影,区别在于 Radon 投影是一个平行光束,而 Fanbeam 投影则是点光束,发散成一个扇形,所以也称为扇形射线。从本质上讲,扇形 Fanbeam 变换和平行数据的 Radon 变换是相同的,不同的是几何上的具体处理方式,这里就不再赘述了。

在 MATLAB 中,radon 函数和 iradon 函数用于实现 Radon 变换及其逆变换,fanbeam 函数与 iradon 函数用于实现计算扇形 Radon 变换及其逆变换,这些函数的调用方法如下:

```
[R,xp] = radon(I,theta)
```

其中,I 表示需要变换的图像;theta 表示变换的角度;R 表示各行返回 theta 中各方向上

的 radon 变换值；xp 表示向量沿轴相应的坐标轴。

```
I = iradon(R, theta)
I = iradon(P, theta, interp, filter, frequency_scaling, output_size)
[I, H] = iradon(...)
```

其中，R 表示各列中投影值来构造图像 I 的近似值。投影数越多，获得的图像越接近原始图像，角度 theta 必须是固定增量的均匀向量。Radon 逆变换可以根据投影数据重建图像，因此在 X 射线断层摄影分析中常常使用。表 7-1 揭示了各参数的含义。

表 7-1 radon 函数中各参数含义

参　　数	含　　义
interp	后向映射插值类型
	nearest
	linear
	spline
	pchip 和 cubic
filter	对数据滤波的滤波器
	Ram-Lak：爬坡滤波器（默认值）
	Shepp-Logan：Ram-Lak 滤波器乘 sin 函数
	Cosine：Ram-Lak 滤波器乘 cos 函数
filter	Hamming：Ram-Lak 滤波器乘 Hamming 窗口
	Hann：Ram-Lak 滤波器乘 Hanning 窗口
	None：不用滤波器
output_size	输出尺寸

```
f = fanbeam(I,D)
```

其中，I 表示 Fanbeam 投影变换的图像；D 表示光源到图像中心像素点的距离。

```
f = fanbeam(…,param1,val1,param1,val2,…)
```

其中，param1,val1,param1,val2,…表示输入的一些参数。表 7-2 揭示了各参数的含义。

表 7-2 fanbeam 函数中各参数含义

参　　数	含　　义
FanRotationIncrement	实质标量，扫描精度，以度为单位，默认值为 1
FanSensorGeometry	接受传感器的类型：弧形或平板，即 arc（默认值）或 line

```
I = ifanbeam(F, D)
I = infanbeam(…, param1, val1, param2, val2, …)
[I, H] = ifanbeam(…)
```

其中，param1，val1，param2，val2 表示各种参数。表 7-3 揭示了各参数的含义。

表 7-3　ifanbeam 函数中各参数含义

参　　数	描　　述
FanCoverage	扫描范围 cycle 或者 minimal
FanRotationIncrement	扫描步长,角度,默认 1
FanSensorGeometry	同 fanbeam
FanSensorSpacing	fan-beam 传感器的上步长间隔
Filter	同 iradon
FrequencyScaling	同 iradon
Interpolation	同 iradon
OutputSize	输出尺寸,如果默认,则程序自动确定

【**例 7-12**】　使用 radon 函数对图像进行直线检测。

```
clear all;
RGB = imread('tape.png');
I = rgb2gray(RGB);                      % 转化成灰度图像
figure; subplot(1,3,1), imshow(I); title('原始图像');
BW = edge(I, 'sobel');
% 计算
theta_step = 1;
theta = 0:theta_step:360;
[R, xp] = radon(BW, theta);
subplot(1,3,2), imagesc(theta, xp, R);
colormap(hot);
colorbar; title('Radon 变换');
max_R = max(max(R));
threshold = 75;
[II, JJ] = find(R >= (max_R * threshold));
[line_n, d] = size(II);
subplot(1,3,3), imshow(BW); title('检验直线');
for k = 1:line_n
    j = JJ(k);
    i = II(k);
    R_i = (j - 1) * theta_step;
    xp_i = xp(i);
    [n, m] = size(BW);
    x_o = m/2 + (xp_i) * cos(R_i * pi/180);
    y_o = n/2 - (xp_i) * sin(R_i * pi/180) + 1;
    x1 = 1;
    xe = m;
    y1 = (y_o - (x1 - x_o) * tan((R_i) - 90) * pi/180);
    ye = (y_o - (xe - x_o) * tan((R_i) - 90) * pi/180);
    xv = [x1, xe];
    yv = [y1, ye];
    hold on;
    line(xv, yv);
    plot(x_o, y_o, ':r');
end
```

运行结果如图 7-11 所示。

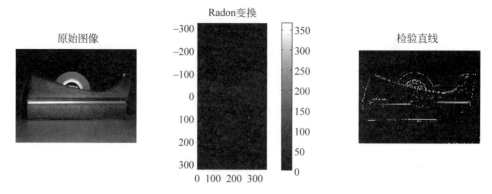

图 7-11　使用 radon 函数对图像进行直线检测效果

【例 7-13】 利用 Radon 逆变换的结果重构原始图像。

```
P = zeros(200,200);                    %建立简单图像
P(25:75, 25:75) = 1;
figure(1);
subplot(2,2,1);imshow(P);
title('原始图像')
theta1 = 0:10:170;                     %计算 3 个不同部分的 Radon 变换
[R1,xp] = radon(P,theta1);
num_angles_R1 = size(R1,2)             %显示角 R1 度数
theta2 = 0:5:175;
[R2,xp] = radon(P,theta2);
num_angles_R2 = size(R2,2)             %显示角 R2 度数
theta3 = 0:2:178;
[R3,xp] = radon(P,theta3);
num_angles_R3 = size(R3,2)             %显示角 R3 度数
figure(2), imagesc(theta3,xp,R3)
colormap(hot)
colorbar
xlabel ('平行旋转角度 - \theta (degrees)');
ylabel('并行传感器的位置 - x\prime (pixels)');
```

现在可以观察图像 90 个角度的 Radon 变换,运行结果如图 7-12 所示。

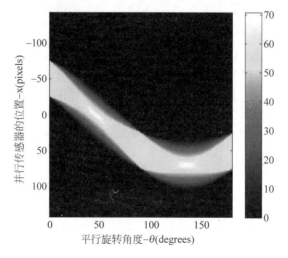

图 7-12　图像 90 个角度的 Radon 变换

```
output_size = max(size(P));              %用不同部分的 Radon 逆变换重构图像
dtheta1 = theta1(2) - theta1(1);
I1 = iradon(R1,dtheta1,output_size);
figure(1);subplot(2,2,2);imshow(I1)
title('用 R1 重构图像')
dtheta2 = theta2(2) - theta2(1);
I2 = iradon(R2,dtheta2,output_size);
figure(1);subplot(2,2,3);imshow(I2)
title('用 R2 重构图像')
dtheta3 = theta3(2) - theta3(1);
I3 = iradon(R3,dtheta3,output_size);
figure(1);subplot(2,2,4);imshow(I1)
title('用 R3 重构图像')
```

用不同部分的 Radon 逆变换重构图像,如图 7-13 所示。

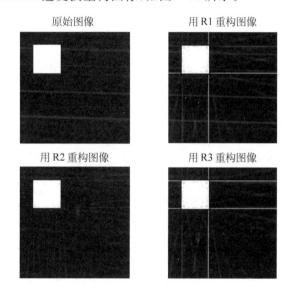

图 7-13　重构图像

【例 7-14】　对创建的图像进行扇形 Radon 变换。

```
clear all;
P = zeros(200,200);              %建立简单图像
P(25:75, 25:75) = 1;
iptsetpref('ImshowAxesVisible','on')
ph = zeros(200,200);
ph (25:75, 25:75) = 1;
subplot(121);imshow(ph)
title('原始图像')
[F,Fpos,Fangles] = fanbeam(ph,250);
subplot(122);imshow(F,[],'XData',Fangles,'YData',Fpos,...
            'InitialMagnification','fit')
axis normal
xlabel('旋转角度')
ylabel('传感器位置')
title('扇形 Radon 变换')
colormap(hot), colorbar
```

运行结果如图 7-14 所示。

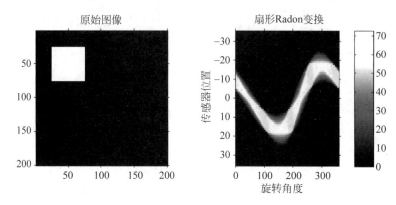

图 7-14　扇形 Radon 变换效果

【**例 7-15**】　对创建的图像实现扇形 Fanbeam 变换并进行重构。

```
P = zeros(200,200);                %建立简单图像
P(25:75, 25:75) = 1;
figure(1)
subplot(2,2,1);imshow(P)
title('原始图像')
D = 250;
%指定光源与图像中心像素点的距离
dsensor1 = 2;
F1 = fanbeam(P,D,'FanSensorSpacing',dsensor1);
dsensor2 = 1;
F2 = fanbeam(P,D,'FanSensorSpacing',dsensor2);
dsensor3 = 0.25;
[F3, sensor_pos3, fan_rot_angles3] = fanbeam(P,D, …
                                   'FanSensorSpacing',dsensor3);
figure(2), imagesc(fan_rot_angles3, sensor_pos3, F3)
colormap(hot)
colorbar
xlabel('扇形旋转角度')
ylabel('扇形传感器位置')
```

现在可以观察扇形 Fanbeam 重构效果,运行结果如图 7-15 所示。

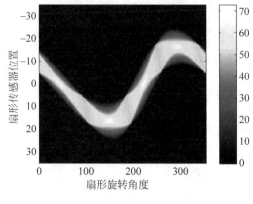

图 7-15　重构图像

```
% 指定 OutputSize 大小
output_size = max(size(P))
% 重构图像
Ifan1 = ifanbeam(F1,D,'FanSensorSpacing',dsensor1,'OutputSize',output_size);
figure(1)
subplot(2,2,2); imshow(Ifan1)
title('用 F1 重构图像')
Ifan2 = ifanbeam(F2,D,'FanSensorSpacing',dsensor2,'OutputSize',output_size);
subplot(2,2,3); imshow(Ifan2)
title('用 F2 重构图像')
Ifan3 = ifanbeam(F3,D,'FanSensorSpacing',dsensor3,'OutputSize',output_size);
subplot(2,2,4); imshow(Ifan3)
title('用 F3 重构图像')
```

用不同部分的 ifanbeam 逆变换重构图像,运行结果如图 7-16 所示。

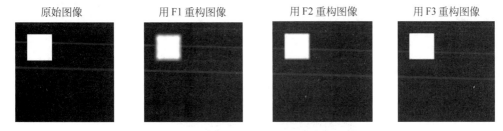

图 7-16   不同间距重构图像

【例 7-16】   创建几种不同的几何投影,然后使用这些几何投影去重构原始图像,其目的是为了对比平行光束的几何投影和扇形光束的几何投影。

基本步骤如下:

(1) 创建并显示图像。

```
P = imread('mri.tif');        % 生成图像
imshow(P)                     % 显示图像
```

在这一步骤中创建了一个测试图像 mri.tif',如图 7-17 所示。

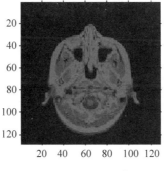

图 7-17   测试图像

（2）计算投影。

```
theta1 = 0:10:170;                      % 投影的角度,步长为 10
[R1,xp] = radon(P,theta1);              % radon 变换
num_angles_R1 = size(R1,2);             % 角度的个数
thcta2 = 0:5.175;                       % 投影角度,步长为 5
[R2,xp] = radon(P,theta2);              % radon 变换
num_angles_R2 = size(R2,2);             % 角度的个数
theta3 = 0:2:178;                       % 投影角度,步长为 2
[R3,xp] = radon(P,theta3);              % radon 变换
num_angles_R3 = size(R3,2);             % 角度的个数
N_R1 = size(R1,1);                      % 角度步长为 10 时对角线的长度
N_R2 = size(R2,1);                      % 角度步长为 5 时对角线的长度
N_R3 = size(R3,1);                      % 角度步长为 2 时对角线的长度
figure,
imagesc(theta3,xp,R3);                  % 显示角度步长为 2 时的 Radon 变换
colormap(hot); colorbar
xlabel('旋转角度'); ylabel('感知器位置');
```

运行结果如图 7-18 所示。

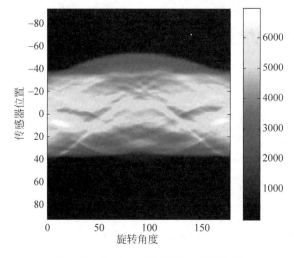

图 7-18　Radon 变换得到的投影数据

在这一步骤中,使用平行光束计算各个方向的投影,radon 函数输出的矩阵中的每一列对应的一个角度的 Radon 变换。对应于每个角度,投影沿着对角方向计算 N 个点,N 依赖于图像中对角线的距离,是一个常数。

（3）使用平行投影重构图像。

```
output_size = max(size(P));             % 确定变换后图像的大小
dtheta1 = theta1(2) - theta1(1);        % 步长
I1 = iradon(R1,dtheta1,output_size);    % radon 逆变换
figure,
subplot(1,3,1), imshow(I1)              % 显示逆变换的图像
```

```
dtheta2 = theta2(2) - theta2(1);              %步长
I2 = iradon(R2,dtheta2,output_size);          %radon 逆变换
subplot(1,3,2), imshow(I2)                    %显示逆变换的图像
dtheta3 = theta3(2) - theta3(1);              %步长
I3 = iradon(R3,dtheta3,output_size);          %radon 逆变换
subplot(1,3,3), imshow(I3)                    %显示逆变换的图像
```

运行结果如图 7-19 所示。

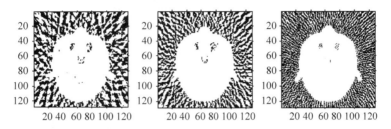

图 7-19　使用角度对图像进行重构

（4）使用扇形光束重构图像。

```
D = 250; dsensor1 = 2;
F1 = fanbeam(P,D,'FanSensorSpacing',dsensor1);          % fanbeam 变换
dsensor2 = 1;
F2 = fanbeam(P,D,'FanSensorSpacing',dsensor2);          % fanbeam 变换
dsensor3 = 0.25;
[F3, sensor_pos3, fan_rot_angles3] = fanbeam(P,D,…
                      'FanSensorSpacing',dsensor3);       % fanbeam 变换
figure,
imagesc(fan_rot_angles3, sensor_pos3, F3)              %显示 fanbeam 变换的图像
colormap(hot);  colorbar
xlabel('旋转角度');  ylabel('传感器位置')
Ifan1 = ifanbeam(F1,D,'FanSensorSpacing',…
              dsensor1,'OutputSize',output_size);        %fambeam 逆变换
figure,
subplot(1,3,1), imshow(Ifan1)                          %显示重构图像
Ifan2 = ifanbeam(F2,D,'FanSensorSpacing',…
          dsensor2,'OutputSize',output_size);           %fanbeam 逆变换
subplot(1,3,2), imshow(Ifan2)                          %显示重构图像
Ifan3 = ifanbeam(F3,D,'FanSensorSpacing',…
          dsensor3,'OutputSize',output_size);           %fanbeam 逆变换
subplot(1,3,3), imshow(Ifan3)                          %显示重构图像
```

运行结果如图 7-20 所示，利用扇形的光束性质来计算投影，并用这些投影重构图像。

当对源图像一无所知，只知道几何位置时，需要利用接收到的数据来重构图像，如图 7-21 所示。

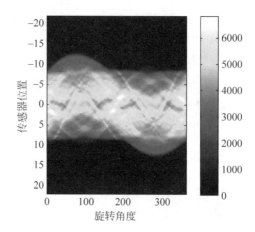

图 7-20　Fanbeam 变换得到的投影数据

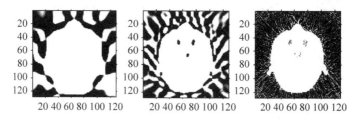

图 7-21　在不同传感器步长下重构图像

7.5　沃尔什-哈达玛变换

沃尔什-哈达玛变换是实现图像变换的重要方法之一。它是一种对应二维离散的数字变换,能大大提高运算速度;还是一种便于运算的变换,变换核是值+1或−1的有序序列。这种变换只需要做加法或减法运算,不需要像傅里叶变换那样做复数乘法运算,所以能提高计算机的运算速度,减少存储容量。这种变换已有快速算法,能进一步提高运算速度。

离散傅里叶变换和离散余弦变换在快速算法中要用到复数乘法、三角函数乘法,这些运算占用时间仍然较多,在某些应用领域,需要更有效和更便利的变换方法,沃尔什(Walsh)变换就是其中一种。

拉德梅克函数定义

$$R(n,t) = \operatorname{sgn}(\sin 2^n \pi t)$$

$$\operatorname{sgn}(x) = \begin{cases} 1 & x > 0 \\ -1 & x < 0 \end{cases}$$

由此可知,$R(n,t)$ 为周期函数。

按哈达玛(Hadamard)排列的沃尔什(Walsh)函数的表达式为

$$\operatorname{Walsh}(i,t) = \prod_{k=0}^{p-1} \left[R(k+1,t) \right]^{\langle i_k \rangle}$$

其中,$R(k+1,t)$ 是任意拉德梅克函数;$\langle i_k \rangle$ 是倒序的二进制码的第 k 位数,$\langle i_k \rangle \in \{0,1\}$;

p 为正整数。

2^n 阶哈达玛矩阵有如下形式

$$\boldsymbol{H}_1 = \begin{bmatrix} 1 \end{bmatrix}$$

$$\boldsymbol{H}_2 = \begin{bmatrix} 1 & 1 \\ 1 & -1 \end{bmatrix}$$

$$\boldsymbol{H}_4 = \begin{bmatrix} \boldsymbol{H}_2 & \boldsymbol{H}_2 \\ \boldsymbol{H}_2 & -\boldsymbol{H}_2 \end{bmatrix} = \begin{bmatrix} 1 & 1 & 1 & 1 \\ 1 & -1 & 1 & -1 \\ 1 & 1 & -1 & -1 \\ 1 & -1 & -1 & 1 \end{bmatrix}$$

$$\boldsymbol{H}_N = \boldsymbol{H}_{2^n} = \boldsymbol{H}_2 \otimes \boldsymbol{H}_{2^{n-1}} = \begin{bmatrix} \boldsymbol{H}_{2^{n-1}} & \boldsymbol{H}_{2^{n-1}} \\ \boldsymbol{H}_{2^{n-1}} & -\boldsymbol{H}_{2^{n-1}} \end{bmatrix} = \begin{bmatrix} \boldsymbol{H}_{\frac{N}{2}} & \boldsymbol{H}_{\frac{N}{2}} \\ \boldsymbol{H}_{\frac{N}{2}} & -\boldsymbol{H}_{\frac{N}{2}} \end{bmatrix}$$

由此可知,哈达玛矩阵的最大优点在于它具有简单的递推关系,即高阶矩阵可用两个低阶矩阵的克罗内克积(Kronecker Product)求得。因此常采用哈达玛排列定义的沃尔什变换。

一维离散沃尔什变换定义为

$$W(u) = \frac{1}{N} \sum_{x=0}^{N-1} f(x) \mathrm{Walsh}(u, x)$$

其逆变换定义为

$$f(x) = \sum_{u=0}^{N-1} W(u) \mathrm{Walsh}(u, x)$$

若将 $\mathrm{Walsh}(u, x)$ 用哈达玛矩阵表示,并将变换表达式写成矩阵形式,则上两式分别为:

$$\begin{bmatrix} W(0) \\ W(1) \\ \vdots \\ W(N-1) \end{bmatrix} = \frac{1}{N} \begin{bmatrix} \boldsymbol{H}_N \end{bmatrix} \begin{bmatrix} f(0) \\ f(1) \\ \vdots \\ f(N-1) \end{bmatrix}$$

$$\begin{bmatrix} f(0) \\ f(1) \\ \vdots \\ f(N-1) \end{bmatrix} = \begin{bmatrix} \boldsymbol{H}_N \end{bmatrix} \begin{bmatrix} W(0) \\ W(1) \\ \vdots \\ W(N-1) \end{bmatrix}$$

式中,$\begin{bmatrix} \boldsymbol{H}_N \end{bmatrix}$ 为 N 阶哈达玛矩阵。

由哈达玛矩阵的特点可知,沃尔什-哈达玛变换(WHT)的本质是将离散序列 $f(x)$ 的各项值的符号按一定规律改变后进行加减运算,因此,它比采用复数运算的 DFT 和采用余弦运算的 DCT 要简单得多。

很容易将一维 WHT 的定义推广到二维 WHT。二维 WHT 的正变换核和逆变换核分别为

$$W(u, v) = \frac{1}{MN} \sum_{x=0}^{M-1} \sum_{y=0}^{N-1} f(x, y) \mathrm{Walsh}(u, x) \mathrm{Walsh}(v, y)$$

$$f(x, y) = \sum_{u=0}^{M-1} \sum_{v=0}^{N-1} W(u, v) \mathrm{Walsh}(u, x) \mathrm{Walsh}(v, y)$$

【例 7-17】 利用离散沃尔什变换对图像进行处理。

```
I1 = imread('cameraman.tif');          %读入原图像
subplot(131)
imshow(I1);
title('原始图像');                      %显示原图像
I = double(I1);
[m,n] = size(I);
mx = max(m,n);
wal = hadamard(mx);                     %生成哈达玛函数
[f,e] = log2(n);
I2 = dec2bin(0:pow2(0.5,e) - 1);
R = bin2dec(I2(:,e - 1: - 1:1)) + 1;    %将列序进行二进制的倒序排列
for i = 1:m
    for j = 1:n
        wal1(i,j) = wal(i,R(j));
    end
end
J = wal1/256 * I * wal1'/256;           %对图像进行二维沃尔什变换
subplot(132)
imshow(J);
title('沃尔什变换');
K = J(1:m/2,1:n/2);                     %截取图像的1/4
K(m,n) = 0;                             %将图像补零至原图像大小
R = wal1' * K * wal1;                   %对图像进行二维沃尔什反变换
subplot(133)
imshow(R,[]);
title('复原图像');
cha = I - R;
% R1 = uint8(R);
% cha1 = I1 - R1;
mse = mean(mean(cha.^2));               % mse = 134.41
% mse2 = mse(abs(cha1))
mse1 = mse(cha.^2)
```

运行结果如图 7-22 所示。

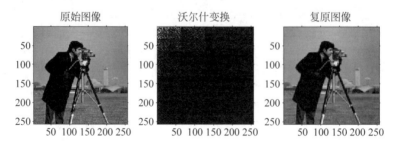

图 7-22 离散沃尔什变换

【例 7-18】 利用二维离散哈达玛变换对图像进行处理,并与离散余弦变换进行对比。

```
I = imread('rice.png');
subplot(131),
imshow(I);
title('原始图像');
H = hadamard(256);
% hadamad 矩阵
I = double(I)/255;                           % 数据类型转换
hI = H * I * H;                              % 哈达玛变换
hI = hI/256;
subplot(132)
imshow(hI);
title('二维离散哈达玛变换');
subplot(133)
cI = dct2(I);                               % 离散余弦变换
imshow(cI);
title('二维离散余弦变换');
```

运行结果如图 7-23 所示。

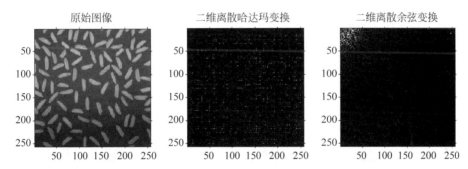

图 7-23   二维离散哈达玛变换, 并与离散余弦变换进行对比效果

【例 7-19】   对图像进行沃尔什-哈达玛变换。

```
clear all
A = imread('rice.png');                      % 读取图像
subplot(121),
imshow(A)
title('原始图像');
A = double(A);
[m,n] = size(A);
for k = 1:n                                  % 对图像进行沃尔什－哈达玛变换
    wht(:,k) = hadamard(m) * A(:,k)/m;
end
for j = 1:m
    wh(:,j) = hadamard(n) * wht(j,:)'/n;
end
wh = wh';
subplot(122),
imshow(wh)
title('沃尔什－哈达玛变换');
```

运行结果如图 7-24 所示。

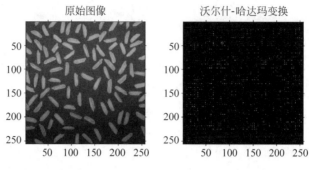

图 7-24　沃尔什-哈达玛变换效果

7.6　小波变换

小波变换是对傅里叶变换的一个重大突破,小波分析具有优异的时域-频域局部特性,能够对图像这类局部平稳信号进行有效的分析。同时,它又具有良好的能量集中特性,能够在变换域内进行编码,得到较高的压缩效率。

利用小波变换对图像进行分解,分解后的图像具有多分辨率分解特性和倍频程频带分解特性,符合人眼在图像理解中的多尺度特性,又便于结合人眼的视觉特性。

7.6.1　连续小波变换

设 $\psi(t) \in L^2(R)$,其傅里叶变换为 $\hat{\psi}(\bar{\omega})$,当 $\hat{\psi}(\omega)$ 满足完全重构条件或恒等分辨条件

$$C_\psi = \int_R \frac{|\hat{\psi}(\omega)|^2}{|\omega|} \mathrm{d}\omega < \infty$$

时,函数 $\psi(t)$ 经伸缩和平移后得

$$\psi_{a,b}(t) = \frac{1}{\sqrt{|a|}} \psi\left(\frac{t-b}{a}\right) \quad a,b \in R; a \neq 0$$

称其为一个小波序列。其中 a 为伸缩因子;b 为平移因子。

对于任意的函数 $f(t) \in L^2(R)$ 的连续小波变换为

$$W_f(a,b) = \langle f, \psi_{a,b} \rangle = |a|^{-1/2} \int_R f(t) \overline{\psi\left(\frac{t-b}{a}\right)} \mathrm{d}t$$

其逆变换为

$$f(t) = \frac{1}{C_\psi} \int_{-\infty}^{\infty} \int_{-\infty}^{\infty} \frac{1}{a^2} W_f(a,b) \psi\left(\frac{t-b}{a}\right) \mathrm{d}a \mathrm{d}b$$

由于基小波 $\psi(t)$ 生成的小波 $\psi_{a,b}(t)$ 在小波变换中对被分析的信号起着观测窗的作用,所以 $\psi(t)$ 还应该满足一般函数的约束条件

$$\int_{-\infty}^{\infty} |\psi(t)| \mathrm{d}t < \infty$$

故 $\hat{\psi}(\omega)$ 是一个连续函数。这意味着,为了满足完全重构条件式,$\hat{\psi}(\omega)$ 在原点必须等于

0,即

$$\hat{\psi}(0) = \int_{-\infty}^{\infty} \psi(t)\mathrm{d}t = 0$$

在二维小波的连续变换时,可定义

$$\psi^{a,b,\theta}(t) = a^{-1}\psi\left(R_\theta^{-1}\left(\frac{t-b}{a}\right)\right)$$

其中,$a>0$,$b\in R^2$,$R_\theta = \begin{pmatrix} \cos\theta & -\sin\theta \\ \sin\theta & \cos\theta \end{pmatrix}$,相容条件变为

$$C_\psi = (2\pi)^2 \int_0^\infty \frac{\mathrm{d}r}{r} \int_0^{2\pi} \mid \hat{\psi}(r\cos\theta, r\sin\theta) \mid^2 \mathrm{d}\theta < \infty$$

其重构公式为

$$f = C_\psi^{-1} \int_0^\infty \frac{\mathrm{d}a}{a^3} \int_{R^2} \mathrm{d}b \int_0^{2\pi} W_f(a,b,\theta)\psi^{a,b,\theta}\mathrm{d}\theta$$

7.6.2　离散小波变换

离散小波变换系数可表示为

$$C_{j,k} = \int_{-\infty}^{\infty} f(t)\psi_{j,k}^*(t)\mathrm{d}t = \langle f, \psi_{j,k} \rangle$$

其重构公式为

$$f(t) = C \sum_{-\infty}^{\infty} \sum_{-\infty}^{\infty} C_{j,k}\psi_{j,k}(t)$$

其中,C 是一个常数。

在 MATLAB 中,二维离散小波变化对于图像的处理是通过函数的形式来进行的,主要的处理函数如表 7-4 所示。

表 7-4　常用的离散小波变换(DWT)函数

函　数　名	函　数　功　能
dwt2	二维离散小波变换
wavedec2	二维信号的多层小波分解
idwt2	二维离散小波反变换
upcoef2	由多层小波分解重构近似分量或细节分量
wcodemat	对矩阵进行量化编码

这些函数的调用方法如下。

[cA,cH,cV,cD]=dwt2(X,'wname'):表示使用指定的小波基函数;wname 对二维信号 X 进行二维离散小波变换;cA、cH、cV、cD 分别为近似分量、水平细节分量、垂直细节分量和对角细节分量。

[C,S]=wavedec2(X,N,'wname'):表示使用小波基函数 wname 对二维信号 X 进行 N 层分解。

X=idwt2(cA,cH,cV,cD,'wname'):表示由信号小波分解的近似信号 cA 和细节

信号 cH、cV、cD 经小波反变换重构原信号 X。

X= upcoef2(O,X,'wname',N,S)：表示 O 对应分解信号的类型，即：'a''h''v''d'；X 为原图像的矩阵信号；wname 为小波基函数；N 为一整数，一般取 1。

X=wcodemat(x,nb)：表示对矩阵 X 的量化编码；函数中 nb 作为 X 矩阵中绝对值最大的值，一般取 192。

【例 7-20】 利用离散小波变换对图像进行处理。

```
load spine;
subplot(121);
image(X);
colormap(map)
title('原始图像');
axis square
whos('X')
[c,s] = wavedec2(X,2,'bior3.7');      % 对图像用 bior3.7 小波进行 2 层小波分解
ca1 = appcoef2(c,s,'bior3.7',1);      % 提取小波分解结构中第一层低频系数和高频系数
ch1 = detcoef2('h',c,s,1);
cv1 = detcoef2('v',c,s,1);
cd1 = detcoef2('d',c,s,1);            % 分别对各频率成分进行重构
a1 = wrcoef2('a',c,s,'bior3.7',1);
h1 = wrcoef2('h',c,s,'bior3.7',1);
v1 = wrcoef2('v',c,s,'bior3.7',1);
d1 = wrcoef2('d',c,s,'bior3.7',1);
c1 = [a1,h1;v1,d1];                   % 显示分解后各频率成分的信息
subplot(122);
image(c1);
axis square
title('分解后低频和高频信息');
```

运行结果如图 7-25 所示。

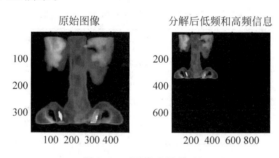

图 7-25　图像小波处理

【例 7-21】 利用小波变换将两幅图像融合在一起。

```
load woman;                                   % 调入第一幅模糊图像
X1 = X;                                        % 复制
load wbarb;                                    % 调入第二幅模糊图像
X2 = X;                                        % 复制
XFUS = wfusimg(X1,X2,'sym4',5,'max','max');   % 基于小波分解的图像融合
```

```
subplot(131);
image(X1);
colormap(map);                        % 设置色彩索引图
axis square;                          % 设置显示比例
title('woman');                       % 设置图像标题
subplot(132);
image(X2);
colormap(map);                        % 设置色彩索引图
axis square;                          % 设置显示比例
title('wbarb');                       % 设置图像标题
subplot(133);
image(XFUS);
colormap(map);
axis square;                          % 设置显示比例
title('融合图像');
```

运行结果如图 7-26 所示。

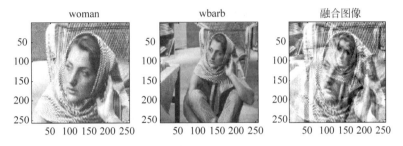

图 7-26　小波变换应用于图像的融合

7.7　本章小结

本章是数字图像处理的重要内容,主要介绍了图像处理中的傅里叶变换及其性质、离散余弦变换、Radon 变换、小波变换,并分别对这些变换的定义、函数的用法做了说明,最后简单地介绍了这些变换的应用实例,其中 Radon 变换在图像特征提取和检测中具有重要的作用。希望读者通过学习对图像的变换有所理解。

第8章 图像压缩编码

图像数据之所以可以进行压缩,主要是因为一般原始图像数据是高度相关的,都含有大量的冗余信息。图像压缩编码的目的就是消除各种冗余信息,并在给定的畸变下用尽量少的比特数来表征和重建图像,使它符合预定应用场合要求的数据量。

学习目标:

(1) 了解图像压缩编码技术的基本知识与评价标准。

(2) 熟悉图像压缩编码技术的几种编码技术基本原理及实现步骤。

(3) 了解小波变换在图像压缩编码中的应用。

8.1 图像压缩编码技术概述

在生活中,无论是普通人还是一些工作在科研领域的科技工作者,都会接触数据信息的传输与存储。随着数字时代的到来,影像的制作、处理和存储都脱离了传统的介质(纸、胶片等)。相比传统方式,数字图像有着传统方式无法比拟的优越性。

但是每种技术出现的同时,都有制约其发展的一面。无论利用哪种传输媒介进行传输信息,都会遇到对大量图像数据进行传输与存储的问题。面对大量图像数据进行传输不仅要保证其传输的质量、速度等,而且要考虑其存储容量等因素。

8.1.1 图像压缩的基本原理

对数字图像进行压缩通常利用数字图像的相关性:在图像的同一行相邻像素之间,活动图像的相邻帧的对应像素之间往往存在很强的相关性,去除或减少这些相关性,也即去除或减少图像信息中的冗余度就能实现对数字图像的压缩。

图像数据之间的冗余使得数据的压缩成为可能。信息论的创始人香农提出把数据看作是信息和冗余度的组合。所谓冗余度,是由于一幅图像的各像素之间存在着很大的相关性,可利用一些编码的方法删去它们,从而达到减少冗余、压缩数据的目的。为了去掉数据中的冗余,常常要考虑信号源的统计特性,或建立信号源的统计模型。

图像的冗余包括以下几种。

(1) 编码冗余。对图像编码时须建立数据与编码的对应关系。图像的每个灰度值对应一个码字。下面介绍的赫夫曼算法和行程编码算法都是利用了编码冗余。

(2) 像素间冗余。指的是像素灰度级间具有的相关性。

(3) 空间冗余。在一幅图像内,物体和背景的表面物理特性各自具有很强的相关性。

(4) 时间冗余。序列图像间存在明显的相关性。

(5) 结构冗余。有的图像构成非常规则,如纹理结构在人造图像中经常出现,如果能找到纹理基元,就可以通过仿射变换生成图像的其他部分。

(6) 知识冗余。人类拥有的知识也可以用于图像编码系统的设计,如人脸具有固定结构,只是不同的人在局部的表现不同而已。

(7) 心理视觉冗余。视觉系统具有非线性、非均匀性特点,对图像上呈现的信息具有不同的分辨率。也就是说很多图像间的微小变化人眼察觉不到,这部分可以认为是心理视觉冗余,删除此类信息不会明显降低图像的视觉质量。

8.1.2　图像的有损编码和无损编码

图像编码是指按照一定的格式存储图像数据的过程,而编码技术则是研究如何在满足一定的图像保真条件下,压缩表示原始图像的编码方法。目前有很多流行的图像格式标准,如 BMP、PCX、TIFF、GIF、JPEG 等。常用的编码方法,一般可以分为有损编码和无损编码两类。

无损编码指对图像数据进行了无损压缩,解压后重新构造的图像与原始图像之间完全相同。行程编码就是无损编码的一个实例,其编码原理是在给定的数据中寻找连续重复的数值,然后用两个数值(重复数值的个数,重复数值本身)取代这些连续的数值,以达到数据压缩的目的。运用此方法处理拥有大面积色调一致的图像时,可达到很好的数据压缩效果。常见的无损压缩编码有以下几种。

(1) 赫夫曼编码。

(2) 算术编码。

(3) 行程编码。

(4) Lempel zev 编码。

有损编码是指对图像进行有损压缩,致使解码后重新构造的图像与原图像之间存在着一定的误差。有损压缩利用了图像信息本身包含的许多冗余。针对人类的视觉对颜色不敏感的生理特性,对丢失一些颜色信息所引起的细微误差不易被发现的特点来删除视觉冗余。

由于图像信息之间存在着很大的相关性,存储图像数据时,并不是以像素为基本单位,而是存储图像中的一些数据块,以删除空间冗余。由于有损压缩一般情况下可获得较好的压缩比,因此在对图像的质量要求不苛刻的情况下是一种理想的编码选择,常见的有损编码有以下几种。

（1）预测编码，如 DPCM、运动补偿编码。

（2）频率域方法，如正方变换编码、子带编码。

（3）空间域方法，如统计分块编码。

（4）模型方法编码，如分形编码、模型基编码。

（5）基于重要性编码，如滤波、子采样、比特分配。

8.2 图像压缩编码的评价标准

一个理想的图像压缩器应具备重构图像失真率低、压缩比高以及设计编码器和解码器的计算复杂度低等。但现实中这些要求是互相冲突的，一个好的编码器设计是在这些要求中求得一个折中的方法。对图像进行压缩编码，不可避免地要引入失真。

在图像信号的最终用户觉察不出或能够忍受这些失真的前提下，进一步提高压缩比，以换取更高的编码效率，这就需要引入一些失真的测度来评估重建图像的质量。

8.2.1 压缩率与冗余度

压缩率（C_r）是评价图像压缩效果的一个重要指标，它指的是表示原始图像每像素的比特数同压缩后平均每像素的比特数的比值，也常用每像素比特值来表示压缩效果。压缩率定义为

$$C_r = n_1/n_2$$

【例 8-1】 计算图像的压缩率。

```
f = imread('coins.png');
imwrite(f,'coins.png');
k = imfinfo('coins.png');
ib = k.Width * k.Height * k.BitDepth/8;
cb = k.FileSize;
cr = ib/cb
```

运行结果如下：

```
cr =
    1.95
```

说明图像的压缩率为 1.95。

如果编码效率 $\eta \neq 100\%$，就说明还有冗余度，冗余度 r 定义为

$$r = 1 - \eta$$

r 越小，说明可压缩的余地越小。总之，一个编码系统要研究的问题是设法减小编码平均长度 R，使编码效率尽量趋于 1，而冗余度尽量趋于 0。

8.2.2 客观标准

假设原始图像表示 $A = f(i,j)$，经压缩解压后的图像为 $A' = f'(i,j)$。其中，$i = 1$，

$2, \cdots, M$；$j = 1, 2, \cdots, N$，可以用下列指标来评价。

(1) 均方误差 MSN

$$\text{MSN} = \frac{1}{MN} \sum_{i=1}^{M} \sum_{n=1}^{N} \left[f(i,j) - f'(i,j) \right]^2$$

(2) 规范化均方误差 NMSN

$$\text{NMSN} = \frac{\text{MSN}}{\delta_f^2}$$

其中

$$\delta_f^2 = MN \sum_{i=1}^{M} \sum_{j=1}^{N} \left[f(i,j) \right]^2$$

(3) 对数信噪比 SNR

$$\text{SNR} = 10 \lg \frac{\delta_f^2}{\text{MSN}} = -10 \lg \text{NMSN}$$

(4) 峰值信噪比 PSNR

$$\text{PSNR} = 10 \lg \frac{255^2}{\text{MSN}}$$

8.2.3 主观标准

以人作为图像的观察者，对图像的优劣做出主观评价，称为图像的主观标准。主观标准采用平均判分(Mean Opinion Score, MOS)或多维计分等方法进行测试，即组织一群足够多的实验人员(一般 10 人以上)，通过观察来评定图像的质量，观察者给判定的图像打上一定的质量等级，通过比较图像的损伤程度给予图像不同的质量等级并评分，最后用平均的办法得到图像的分数，这样的评分虽然很花时间，但比较符合实际。

表 8-1 列出了 5 级主观评价的评分尺度。

表 8-1　图像质量的主观评价尺度

图像质量	评　分	评 价 尺 度
优秀	5 颗星	丝毫看不出图像质量变坏
良好	4 颗星	能看出质量变坏，但不妨碍观看
中等	3 颗星	清楚看出图像质量变坏，稍妨碍观看
较差	2 颗星	对观看较有影响
非常差	1 颗星	非常严重的质量变坏，基本不能观看

主观评价和客观评价之间有一定联系，但不能完全等同。由于客观评价比较方便，很有说服力，故在一般的图像压缩研究中被采用。主观评价很直观，符合人眼的视效果，比较实际，但是打分尺度很难把握，不可避免有人为误差因素。

8.3　常见的图像压缩编码

要解决大量图像数据的传输与存储，在当前传输媒介中，存在传输带宽的限制，故在一些限制条件下传输尽可能多的活动图像就是要考虑的问题。如何对图像数据进行最大限度的压缩,并且保证压缩后的重建图像能够被用户所接受等问题,就成为研究图像压缩技术的问题之源。

8.3.1 赫夫曼与算数编码

赫夫曼编码是一种利用信息符号概率分布特性的变字长的编码方法。对于出现概率大的信息符号编以短字长的码,出现概率小的信息符号编以长字长的码。赫夫曼编码是一种变长编码,也是一种无失真编码。赫夫曼(Huffman)编码步骤可概括为:从大到小排列、相加(到只有一个信源符号为止)、赋码字、得赫夫曼编码,以上均是对于信源符号概率而言的。

算术编码是图像压缩的主要算法之一,是一种无损数据压缩方法,也是一种熵编码的方法。和其他熵编码方法不同的地方在于:其他的熵编码方法通常是把输入的消息分割为符号,然后对每个符号进行编码,而算术编码是直接把整个输入的消息编码为一个数,一个满足 $0.0 \leqslant n < 1.0$ 的小数 n。消息越长,编码表示它的间隔就越小,由于以小数表示间隔,因而表示的间隔越小,所需的二进制位数就越多,码字就越长;反之,间隔越大,所需的二进制位数就越小,码字就越短。信源中连续符号根据某一模式所生成概率的大小来缩小间隔,可能出现的符号要比不太可能出现的符号缩小范围小,只增加了较少的比特。算术编码的特点如下。

(1) 算术编码是信息保持型编码,它不像赫夫曼编码,无须为一个符号设定一个码字。

(2) 算术编码的自适应模式,无须先定义概率模型,适合于无法进行概率统计的信源。

(3) 在信源符号概率接近时,算术编码比赫夫曼编码效率高。

(4) 实现算术编码的硬件比赫夫曼编码复杂。

(5) 算术编码在 JPEG 的扩展系统中被推荐代替赫夫曼编码。

【例 8-2】 对读入图像进行赫夫曼编码。

```
I = imread('peppers.png');
imshow(I);
title('赫夫曼编码的图像');
pix(256) = struct('huidu',0.0, …          %灰度值
    'number',0.0,                          %对应像素的个数
    'bianma','');                          %对应灰度的编码
[m n l] = size(I);
fid = fopen('huffman.txt','w');            %huffman.txt是灰度级及相应的编码表
fid1 = fopen('huff_compara.txt','w');      %huff_compara.txt是编码表
huf_bac = cell(1,l);
for t = 1:l
%初始化结构数组
    for i = 1:256
        pix(i).number = 1;
        pix(i).huidu = i - 1;              %灰度级是0～255,因此是i-1
```

```
            pix(i).bianma = '';
        end
    for i = 1:m                              % 统计每种灰度像素的个数, 记录在 pix 数组中
        for j = 1:n
            k = I(i,j,t) + 1;                % 当前的灰度级
            pix(k).number = 1 + pix(k).number;
        end
    end
        for i = 1:255                        % 按灰度像素个数从大到小排序
        for j = i + 1:256
            if   pix(i).number < pix(j).number
                temp = pix(j);
                pix(j) = pix(i);
                pix(i) = temp;
            end
        end
    end
    for i = 256: - 1:1
        if pix(i).number ~ = 0
            break;
        end
    end
    num = i;
count(t) = i;                                % 记录每层灰度级
    clear huffman                            % 定义用于求解的矩阵
    huffman(num,num) = struct('huidu',0.0,...
        'number',0.0, ...
        'bianma','');
    huffman(num,:) = pix(1:num);
    for i = num - 1: - 1:1                    % 矩阵赋值
        p = 1;
        sum = huffman(i + 1,i + 1).number + huffman(i + 1,i).number;
        for j = 1:i
            if huffman(i + 1,p).number > sum
                huffman(i,j) = huffman(i + 1,p);
                p = p + 1;
            else
                huffman(i,j).huidu = -1;
                huffman(i,j).number = sum;
                sum = 0;
                huffman(i,j + 1:i) = huffman(i + 1,j:i - 1);
                break;
            end
        end
    end
end
```

```matlab
    for i = 1:num - 1                                    % 开始给每个灰度值编码
        obj = 0;
        for j = 1:i
            if huffman(i,j).huidu == -1
                obj = j;
                break;
            else
                huffman(i + 1,j).bianma = huffman(i,j).bianma;
            end
        end
        if huffman(i + 1,i + 1).number > huffman(i + 1,i).number
            huffman(i + 1,i + 1).bianma = [huffman(i,obj).bianma '0'];
            huffman(i + 1,i).bianma = [huffman(i,obj).bianma '1'];
        else
            huffman(i + 1,i + 1).bianma = [huffman(i,obj).bianma '1'];
            huffman(i + 1,i).bianma = [huffman(i,obj).bianma '0'];
        end
        for j = obj + 1:i
            huffman(i + 1,j - 1).bianma = huffman(i,j).bianma;
        end
    end
    for k = 1:count(t)
    huf_bac(t,k) = {huffman(num,k)};                     % 保存
    end
end
for t = 1:l                                              % 写出灰度编码表
    for b = 1:count(t)
    fprintf(fid,'% d',huf_bac{t,b}.huidu);
    fwrite(fid,' ');
    fprintf(fid,'% s',huf_bac{t,b}.bianma);
    fwrite(fid,' ');
    end
     fwrite(fid,'% ');
end
for t = 1:l
    for i = 1:m
        for j = 1:n
            for b = 1:count(t)
                if I(i,j,t) == huf_bac{t,b}.huidu
                    M(i,j,t) = huf_bac{t,b}.huidu;       % 将灰度级存入解码的矩阵
                    fprintf(fid1,'% s',huf_bac{t,b}.bianma);
                    fwrite(fid1,' ');                    % 用空格将每个灰度编码隔开
                    break;
                end
            end
        end
    end
```

```
        fwrite(fid1,',');                    %用空格将每行隔开
    end
        fwrite(fid1,'%');                     %将每层灰度级代码隔开
end
fclose(fid);
fclose(fid1);
M = uint8(M);
save('M')                                     %存储解码矩阵
```

运行结果如图 8-1 所示。

图 8-1 赫夫曼编码图像

通过上述程序,对原图像进行了赫夫曼编码,并把编码写入了 txt 文档中。其中,huffman.txt 是赫夫曼灰度及相应的编码表,如图 8-2 所示;huff_compara.txt 是原图像的赫夫曼代码,如图 8-3 所示。这两个 txt 文档只是便于更直观地看压缩编码,而在实际生活中,这些二元的赫夫曼编码是要进行存储传输的,需要做一些处理。

```
254 110 66 011010 65 011101 68 100000 67 100001 69 100100 63 100101 64 101001 70 0000001 71
0001000 73 0001011 62 0001110 72 0011011 74 0100111 61 0101001 75 0101111 101 0111111 150
1000100 60 1000111 98 1001100 102 1001110 103 1001111 159 1010001 106 1010101 149 1010110
59 1011000 148 1011001 100 1011010 99 1011100 160 1011101 104 1011110 147 1011111 108
1110001 139 1110011 76 1110100 109 1110110 146 1110111 126 1111000 77 1111001 96 1111010
118 1111011 144 1111100 152 1111101 162 1111110 142 1111111 161 00000001 105 00000101 97
00000110 122 00000111 165 00001001 151 00001010 107 00001011 120 00001100 153 00001101 155
00001111 158 00010010 154 00010101 163 00011001 138 00011010 95 00011011 143 00011110 166
00011111 111 00100000 116 00100100 135 00100011 117 00100101 145 00100110 124 00100111 157
00101000 110 00101001 140 00101010 58 00101011 136 00101100 119 00101101 127 00101110 129
00110000 93 00110001 164 00110010 113 00110011 115 00110100 156 00110101 131 00111000 78
00111010 91 00111100 123 00111111 134 01000000 133 01000001 114 01000010 121
01000011 94 01000100 57 01000110 80 01000111 130 01001000 84 01001010 79 01001011 137
01001100 125 01001101 141 01010001 128 01010100 82 01011001 89 01011011 86 01011100 132
01100010 168 01100011 169 01100100 85 01100101 90 01101110 83 01101111 81 01110000 88
01110011 55 01110110 92 01111010 87 01111011 167 01111101 56 10001011 174 10000110 171
10001101 170 10100000 172 10101010 179 10110111 175 11000000 180 11100101 173 11101010 177
11101011 54 000000000 181 000001000 176 000001001 207 000010000 178 000010001 192 000011100
193 000011101 214 000100111 208 000101000 215 000101001 217 000110000 186 000110001 213
001000010 194 000010100 187 001001001 184 001011110 52 001011100 190 001011101 191
001110011 183 001110110 212 001110111 218 001111100 52 001111101 182 010001010 210
010010010 222 010010011 197 010100000 219 010100001 209 010101011 201 010101100 221
010101101 53 010101110 223 010101111 185 010110100 190 010110100 234 010110101 204
010111010 216 011000000 189 011000001 237 011000010 203 011000011 228 011001100 199
011001101 224 001001110 225 011001111 231 011010100 195 011011010 226 011011100 200
```

图 8-2 赫夫曼灰度编码表

```
100101 100001 011101 100000 011010 101001 100101 011010 100000 100000 101001
0101001 0101001 011101 0101111 01110000 01000111 01000111 00111010 0011011 011010
0101001 01111000 10001011 01000110 01111000 1011000 011010 011010 0001000 100100
100001 011010 011101 100101 101001 011010 0001110 101001 011010 100100 0101111
01001011 1110100 0011011 100101 100001 100001 100000 011101 100101 011010 100100
100000 100101 100000 0000001 100000 100001 100001 011010 100000 100100 011101
100101 101001 100001 100001 101001 100001 100100 000001 0000001 100001 100100
100100 0001000 0001000 0001000 100000 100001 100100 100100 100000 100100 0000001
0001000 100000 100001 101001 101001 100101 011010 0001000 0011011 100100 100001
100001 100001 100000 0001000 0101111 100001 011101 100000 0101111 0011011 0011011
0001011 1110100 00111010 00111010 01000111 01101111 01011100 01001010 1111001
0001011 100100 0001000 100100 100000 100000 0001000 100100 100000 0100111 0100111
0011011 0001000 0011011 0100111 0101111 00111010 0101111 100000 0001011 0100111
0011011 0001000 0001000 0011011 0000001 0001011 0101111 1110100 0001011 0001000
0000001 0001011 0100111 100000 100001 100001 100001 100000 0000001 0001000
0000001 0101111 0101111 0001000 100100 0001000 0101111 0100111 0001011 1110100
0101111 0001011 0000001 0100111 1110100 1110100 0101111 0100111 0101111 1110100
1110100 0000001 0001000 0011011 0000001 100000 0000001 0001000 0000001 0100111
0101111 1111001 0100011 01000111 00111010 0101111 0001011 00111010 1111001 0001000
,0101001 0101001 101001 011010 100001 100001 100000 011010 011010 100101 1000111
1000111 0001110 0001110 100001 0001011 1111001 0100011 1111001 0001011 0000001
011010 00101011 000000001 10001011 001111101 00101011 100000 100100 100001 100001
100100 0001000 100001 011010 011101 100001 100101 0001110 0001110 101001 100100
0001011 00111010 00111010 0100111 100100 100001 011101 011010 011101 0101010 011010
011010 100001 100001 0000001 0011011 0100111 100001 100000 100100 100000 011010
```

图 8-3　赫夫曼代码表

【例 8-3】 对自定义的函数进行算数编码。

```matlab
about = { ...
'本实例说明:'
'字符串不能过长;'
'本实例只限定少数字符串;'
'实例只是说明一下算术编码过程.'};
disp(about);str = input('请输入字符串');
l = 0;r = 1;d = 1;
p = [0.2 0.3 0.1 0.15 0.25 0.35];              %初始间隔
n = length(str);                               %字符的概率分布,sum(p) = 1
disp('_ a e r s t')
disp(num2str(p))
for i = 1:n
  switch str(i)
    case '_'
      m = 1;
    case 'a'
      m = 2;
    case 'e'
      m = 3;
    case 'r'
      m = 4;
    case 's'
      m = 5;
  case 't'
      m = 6;
    otherwise
      error('请不要输入其他字符!');
```

```
          end
       pl = 0;pr = 0;                              % 判断字符
         for j = 1:m − 1
             pl = pl + p(j);
         end
         for j = 1:m
             pr = pr + p(j);
         end
          l = l + d * pl;                          % 概率统计
          r = l + d * (pr − pl);
          strl = strcat('输入第',int2str(i),'符号的间隔左右边界: ');
          disp(strl);
          format long
          disp(l);disp(r);
          d = r − l;
      end
  l = l + d * pl;
  r = l + d * (pr − pl);
  str1 = strcat('输入第',int2str(i),'符号的间隔左右边界: ');
  disp(strl);
  format long
  disp(l);disp(r);
  d = r − l;
  end
```

运行结果如下：

```
    '本实例说明: '
    '字符串不能过长; '
    '本实例只限定少数字符串; '
    '实例只是说明一下算术编码过程. '

请输入字符串'state_autumn'
_ a e r s t
0.2        0.3        0.1        0.15       0.25       0.35
输入第 1 符号的间隔左右边界:
   0.750000000000000
       1

输入第 2 符号的间隔左右边界:
       1
   1.087500000000000

输入第 3 符号的间隔左右边界:
   1.017500000000000
   1.043750000000000

输入第 4 符号的间隔左右边界:
   1.043750000000000
```

```
    1.052937500000000

输入第 5 符号的间隔左右边界:
    1.048343750000000
    1.049262500000000

输入第 6 符号的间隔左右边界:
    1.048343750000000
    1.048527500000000

输入第 7 符号的间隔左右边界:
    1.048380500000000
    1.048435625000000
```

8.3.2　香农编码与行程编码

香农(Shannon)编码也是一种常见的可变字长编码,与赫夫曼编码相似,当信源符号出现的概率正好为 2 的负幂次方时,采用香农-范诺编码同样能够达到 100％ 的编码效率。

香农编码的理论基础是符号的码字长度 N_i 完全由该符号出现的概率来决定,即

$$-\log_D P_i \leqslant N_i \leqslant -\log_D P_i + 1$$

式中,D 为编码所用的数制。

香农编码的步骤如下。

(1) 将信源符号按其出现概率从大到小排序。

(2) 计算出各概率对应的码字长度。

(3) 计算累加概率。

(4) 把各个累加概率由十进制转化为二进制,取该二进制数的前 N_i 位作为对应信源符号的码字。

二分法香农-范诺编码方法的步骤如下。

(1) 将信源符号按照其出现概率从大到小排序。

(2) 从这个概率集合中的某个位置将其分为两个子集合,并尽量使两个子集合的概率和近似相等,给前面一个子集合赋值为 0,后面一个子集合赋值为 1。

(3) 重复步骤(2),直到各个子集合中只有一个元素为止。

(4) 将每个元素所属的子集合的值依次串起来,即可得到各个元素的香农编码。

仅存储一个像素值以及具有相同颜色的像素数目的图像数据编码方式称为行程编码,或称游程编码,常用 RLE(Run-Length Encoding)表示。其基本思想为:将一行中颜色值相同的相邻像素用一个计数值和该颜色值来代替。

如果一幅图像是由很多块颜色相同的大面积区域组成,那么采用行程编码的压缩效率是惊人的。然而,该算法也导致了一个致命弱点,如果图像中每两个相邻点的颜色都不同,用这种算法不但不能压缩,反而数据量增加一倍。因此对有大面积色块的图像用

行程编码效果比较好。该压缩编码技术相当直观和经济,运算也相当简单,因此解压缩速度很快。RLE 压缩编码尤其适用于计算机生成的图形图像,对减少存储容量很有效果。

【例 8-4】 香农编码的应用。

```
clear;
X = [0.46,0.36,0.16,0.18,0.16,0.15];
X = fliplr(sort(X));                          % 降序排列
[m,n] = size(X);
for i = 1:n
    Y(i,1) = X(i);                            % 生成 Y 的第 1 列
end
a = sum(Y(:,1))/2;                            % 生成 Y 第 2 列的元素
for k = 1:n - 1
    if abs(sum(Y(1:k,1)) - a) <= abs(sum(Y(1:k + 1,1)) - a)
        break;
    end
end
for i = 1:n                                   % 生成 Y 第 2 列的元素
    if i <= k
        Y(i,2) = 0;
    else
        Y(i,2) = 1;
    end
end
END = Y(:,2)';                                % 生成第一次编码的结果
END = sym(END);
j = 3;                                        % 生成第 3 列及以后几列的各元素
while (j~ = 0)
    p = 1;
    while(p <= n)
        x = Y(p,j - 1);
        for q = p:n
            if x == -1
                break;
            else
                if Y(q,j - 1) == x
                    y = 1;
                    continue;
                else
                    y = 0;
                    break;
                end
            end
        end
        if y == 1
            q = q + 1;
```

```
            end
        if q == p | q - p == 1
            Y(p, j) = - 1;
        else
            if q - p == 2
                Y(p, j) = 0;
                END(p) = [char(END(p)), '0'];
                Y(q - 1, j) = 1;
                END(q - 1) = [char(END(q - 1)), '1'];
            else
                a = sum(Y(p:q - 1, 1))/2;
                for k = p:q - 2
                    if abs(sum(Y(p:k, 1)) - a) <= abs(sum(Y(p:k + 1, 1)) - a);
                        break;
                    end
                end
                for i = p:q - 1
                    if i <= k
                        Y(i, j) = 0;
                        END(i) = [char(END(i)), '0'];
                    else
                        Y(i, j) = 1;
                        END(i) = [char(END(i)), '1'];
                    end
                end
            end
        end
        p = q;
    end
    C = Y(:, j);
    D = find(C == - 1);
    [e, f] = size(D);
    if e == n
        j = 0;
    else
        j = j + 1;
    end
end
Y
X
END
for i = 1:n
    [u, v] = size(char(END(i)));
    L(i) = v;
end
avlen = sum(L. * X)
```

运行结果如下：

```
Y =
     0.4600        0        0  - 1.0000  - 1.0000
     0.3600        0   1.0000  - 1.0000  - 1.0000
     0.1800   1.0000        0        0  - 1.0000
     0.1600   1.0000        0   1.0000  - 1.0000
     0.1500   1.0000   1.0000        0  - 1.0000
     0.1400   1.0000   1.0000   1.0000  - 1.0000
X =
     0.4600   0.3600   0.1800   0.1600   0.1400   0.1300
END =
 [ 0, 1, 100, 101, 110, 111]
avlen =
     2.7700
```

【例 8-5】 对给定的图像进行行程编码。

```
I = imread('tape.png');
imshow(I);
title('行程编码的图像');
[m n l] = size(I);
fid = fopen('yc.txt','w');               %yc.txt 是行程编码的灰度级及其相应的编码表
sum = 0;                                 %行程编码算法
for k = 1:l
    for i = 1:m
        num = 0;
        J = [];
        value = I(i,1,k);
        for j = 2:n
            if I(i,j,k) == value
                num = num + 1;           %统计相邻像素灰度级相等的个数
                if j == n
                    J = [J,num,value];
                end
            else J = [J,num,value];      %J 的形式是先是灰度的个数及该灰度的值
                value = I(i,j,k);
                num = 1;
            end
        end
        col(i,k) = size(J,2);            %记录 Y 中每行行程编码数
        sum = sum + col(i,k);
        Y(i,1:col(i,k),k) = J;           %将 I 中每一行的行程编码 J 存入 Y 的相应行中
    end
end

[m1,n1,l1] = size(Y);
```

```
disp('原图像大小:')
whos('I');
disp('压缩图像大小:')
whos('Y');
disp('图像的压缩率:');
disp(m * n * l/sum);

% 将编码写入 yc.txt 中
for k = 1:l1
    for i = 1:m1
        for j = 1:col(i,k)
    fprintf(fid,'%d',Y(i,j,k));
    fwrite(fid,' ');
        end
    end
    fwrite(fid,' ');
end
save('Y')
save('col')
fclose(fid);
```

运行结果如下:

```
原图像大小:
  Name          Size                    Bytes  Class     Attributes
  I           384x512x3                589824  uint8
压缩图像大小:
  Name          Size                    Bytes  Class     Attributes
  Y           384x982x3               1131264  uint8
图像的压缩率:
    0.6385
```

运行结果如图 8-4 和图 8-5 所示。

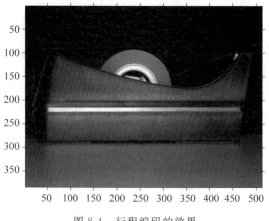

图 8-4　行程编码的效果

```
0 63 1 67 1 65 1 68 1 66 1 64 1 63 1 66 2 68 1 64 2 61 1 65 1 75 1 81 2 80 1 78 1
72 1 66 1 61 1 55 1 56 1 57 1 55 1 59 2 66 1 71 1 69 1 67 1 66 1 65 1 63 1 64 1 66
1 62 1 64 1 66 1 69 1 75 1 79 1 76 1 72 1 69 2 64 1 68 1 65 1 63 1 65 1 67 1 68 1
63 1 68 1 70 1 68 1 70 1 67 1 66 1 68 1 69 1 65 1 63 1 64 2 67 1 64 1 67 1 69 2 70
1 67 2 69 3 71 1 68 1 67 2 69 1 68 1 69 1 70 1 71 1 68 1 67 2 64 1 63 1 66 1 71 1
72 1 69 3 67 1 70 1 71 1 75 1 70 1 65 1 71 1 75 1 72 1 73 1 76 2 78 1 80 1 83 1 86
1 84 1 77 1 73 1 69 1 71 1 69 2 68 1 71 2 69 2 74 1 72 1 71 1 72 1 74 1 75 1 78 1
75 1 68 1 73 1 74 1 72 1 71 1 70 1 72 1 70 1 73 1 75 1 76 1 73 1 71 1 70 1 73 1 74
1 73 1 68 3 67 1 68 1 70 1 70 2 75 1 71 1 69 1 71 1 74 1 73 1 76 1 71 1 70 1 75 1
73 1 70 1 74 2 76 1 75 1 74 1 75 2 76 1 70 1 71 1 72 1 70 1 68 1 70 1 71 1 70 2 74
1 77 1 79 1 80 1 78 1 75 1 73 1 78 1 77 1 61 1 64 1 66 2 67 2 66 1 64 1 63 2 60 2
62 1 67 1 73 1 77 1 79 1 77 1 73 1 70 1 66 1 58 1 54 1 56 1 52 1 58 1 68 1 69 2 67
1 69 1 71 1 67 1 66 1 66 1 67 1 63 2 62 1 64 1 69 1 73 2 78 1 74 1 69 1 67 1 65 1
66 1 65 3 66 2 67 1 70 1 72 1 66 1 67 1 68 1 69 1 68 1 66 2 64 1 65 1 68 1 69 1 67
1 69 1 67 1 64 1 67 1 69 1 66 1 68 1 71 1 67 1 64 1 66 1 69 1 68 3 67 1 68 1 66 3
65 1 64 1 66 1 70 1 68 1 67 1 65 1 63 1 65 1 70 1 67 1 72 1 68 1 67 1 69 1 73 1 74
1 72 1 75 1 75 1 83 1 85 1 82 1 77 1 72 1 69 2 67 1 69 2 67 1 71 1 76 1 75 1 74 1
75 1 74 2 77 2 72 1 73 1 74 1 73 2 69 1 75 1 76 1 74 1 73 1 75 1 73 1 74 1 75 1 73
2 72 1 70 1 71 1 72 1 71 1 69 1 72 1 70 1 69 1 66 1 71 1 76 2 72 1 70 1 69 1 72 1
75 1 76 1 72 1 74 1 76 1 72 1 69 1 71 1 74 2 77 1 78 2 75 1 77 1 78 1 73 1 72 1 74
2 73 1 72 1 70 1 71 2 70 1 73 1 78 1 82 1 83 1 81 1 79 1 78 1 79 1 61 1 64 1 65 1
66 2 65 1 67 1 65 1 62 1 60 1 59 1 58 1 56 1 59 1 70 2 75 1 74 1 70 1 73 1 72 1 63
2 50 1 51 1 55 1 64 1 67 1 66 1 64 1 69 1 70 1 68 1 66 1 63 1 65 1 61 1 59 1 55 1
52 1 54 1 59 1 68 1 75 1 73 1 69 1 65 2 63 1 66 1 65 1 63 1 68 1 71 3 68 1 65 2 67
2 66 1 67 1 66 1 65 1 63 1 69 1 70 1 70 1 66 1 65 1 67 1 66 1 64 1 66 1 68 2
```

图 8-5 行程编码表

8.3.3 预测编码

预测编码(predictive coding)是统计冗余数据压缩理论的三个重要分支之一,它的理论基础是现代统计学和控制论。由于数字技术的飞速发展,数字信号处理技术不时渗透到这些领域,在这些理论与技术的基础上形成了一个专门用作压缩冗余数据的预测编码技术。

预测编码主要是减少了数据在时间和空间上的相关性,因而对于时间序列数据有着广泛的应用价值。预测编码是根据某一模型,利用以往的样本值对于新样本值进行预测,然后将样本的实际值与其预测值相减得到一个误差值,再对这一误差值进行编码。

如果模型足够好且样本序列在时间上相关性较强,那么误差信号的幅度将远远小于原始信号,从而可以对其差值量化得到较大的数据压缩结果。

【例 8-6】 调用自定义预测编码函数以及预测解码函数。

```
function Y = yucebianma(x, f)
error(nargchk(1, 2, nargin))
if nargin < 2
    f = 1;
end
x = double(x);
[m, n] = size(x);
p = zeros(m, n);
xs = x;
zc = zeros(m, 1);
for j = 1:length(f)
    xs = [zc, xs(:, 1:end - 1)];
    p = p + f(j) * xs;
end
```

```
Y = x - round(p);

function x = yucejiema(Y, f)
error(nargchk(1, 2, nargin));
if nargin < 2
    f - 1;
end
f = f(end: - 1:1);
[m, n] = size(Y);
odr = length(f);
f = repmat(f, m, 1);
x = zeros(m, n + odr);
for j = 1:n
    jj = j + odr;
    x(:, jj) = Y(:, j) + round(sum(f(:, odr: - 1:1). * x(:, (jj - 1): - 1:(jj - odr)), 2));
end
x = x(:, odr + 1:end);
```

主程序如下：

```
clear all;
X = imread('coins.png');
subplot(2, 3, 1); imshow(X);
title('原始图像');
X = double(X);
Y = yucebianma(X);
XX = yucejiema(Y);
subplot(2, 3, 2); imshow(mat2gray(Y));
title('预测误差图像');
e = double(X) - double(XX);
[m, n] = size(e);
erms = sqrt(sum(e(:).^2)/(m * n))
[h, x] = hist(X(:));
subplot(2, 3, 3); bar(x, h, 'r');
title('原图像直方图');
[h, x] = hist(Y(:));
subplot(2, 3, 4); bar(x, h, 'm');
title('预测误差直方图');
XX = uint8(XX);
subplot(2, 3, 5); imshow(XX);
title('解码图像')
whos X XX Y
```

运行结果如图 8-6 所示。

预测编码建立在信号（语音、图像等）数据的相关性之上，根据某一模型利用以往的样本值对新样本进行预测，减少数据在时间和空间上的相关性，以达到压缩数据的目的。但实际利用预测器时，并不是利用数据源的某种确定型数学模型，而是基于估计理论、现代统计学理论设计预测器。

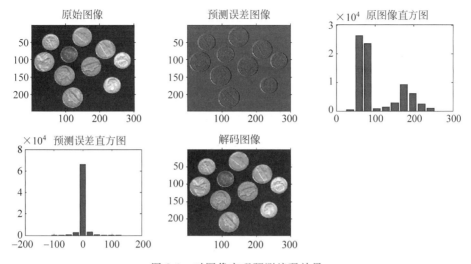

图 8-6　对图像实现预测编码效果

预测方法有多种，其中差分脉冲编码调制（Differential Pulse Code Modulation，DPCM）是一种具有代表性的编码方法。

预测编码的基本思想是通过仅提取每个像素中的新信息并对它们编码来消除像素间的冗余，这里一个像素的新信息定义为该像素的当前或现实值与预测值的差，即如果已知图像一个像素离散幅度的真实值，利用其相邻像素的相关性，预测它的下一个像素（水平方向的或垂直方向的）的可能数值，再求其两者差，或者说利用这种具有预测性质的差值，再量化、编码、传输，其效果更佳，这一方法就称为 DPCM 法。因此在预测法编码中，编码和传输的并不是像素取样值本身，而是这个取样值的预测值（也称估计值）与其实际值之间的差值。DPCM 系统原理框图如图 8-7 所示。

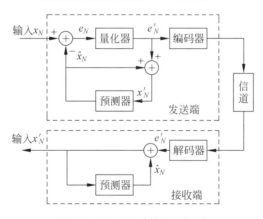

图 8-7　DPCM 系统原理框图

【例 8-7】　用 DPCM 法对图像进行编码。

```
clc
clear
close all;
```

```
I03 = imread('onion.png');
I02 = rgb2gray(I03);                          % 把 RGB 图像转化为灰度图像
I = double(I02);
fid1 = fopen('mydata1.dat','w');
fid2 = fopen('mydata2.dat','w');
fid3 = fopen('mydata3.dat','w');
fid4 = fopen('mydata4.dat','w');
[m,n] = size(I);
A1 = ones(m,n);                               % 对预测信号将边缘锁定
A1(1:m,1) = I(1:m,1);
A1(1,1:n) = I(1,1:n);
A1(1:m,n) = I(1:m,n);
A1(m,1:n) = I(m,1:n);

A2 = ones(m,n);
A2(1:m,1) = I(1:m,1);
A2(1,1:n) = I(1,1:n);
A2(1:m,n) = I(1:m,n);
A2(m,1:n) = I(m,1:n);

A3 = ones(m,n);
A3(1:m,1) = I(1:m,1);
A3(1,1:n) = I(1,1:n);
A3(1:m,n) = I(1:m,n);
A3(m,1:n) = I(m,1:n);

A4 = ones(m,n);
A4(1:m,1) = I(1:m,1);
A4(1,1:n) = I(1,1:n);
A4(1:m,n) = I(1:m,n);
A4(m,1:n) = I(m,1:n);

for k = 2:m-1                                 % 一阶 DPCM 编码
    for l = 2:n-1
        A1(k,l) = I(k,l) - I(k,l-1);
    end
end
A1 = round(A1);
cont1 = fwrite(fid1,A1,'int8');
cc1 = fclose(fid1);

for k = 2:m-1                                 % 二阶 DPCM 编码
    for l = 2:n-1
        A2(k,l) = I(k,l) - (I(k,l-1)/2 + I(k-1,l)/2);
    end
end
A2 = round(A2);
cont2 = fwrite(fid2,A2,'int8');
cc2 = fclose(fid2);
```

```
for k = 2:m - 1                          % 三阶 DPCM 编码
    for l = 2:n - 1
        A3(k,l) = I(k,l) - (I(k,l-1) * (4/7) + I(k-1,l) * (2/7) + I(k-1,l-1) * (1/7));
    end
end
A3 = round(A3);
cont3 = fwrite(fid3,A3,'int8');
cc3 = fclose(fid3);

for k = 2:m - 1                          % 四阶 DPCM 编码
    for l = 2:n - 1
        A4(k,l) = I(k,l) - (I(k,l-1)/2 + I(k-1,l)/4 + I(k-1,l-1)/8 + I(k-1,l+1)/8);
    end
end
A4 = round(A4);
cont4 = fwrite(fid4,A4,'int8');
cc4 = fclose(fid4);
figure(1)
subplot(2,3,1);
imshow(I03);
axis off                                 % 隐藏坐标轴和边框
box off
title('原始图像');

subplot(2,3,2);
imshow(I02);
axis off
box off
title('灰度图像');

subplot(2,3,3);
imshow(A1);
axis off
box off
title('一阶');

subplot(2,3,4);
imshow(A2);
axis off
box off
title('二阶');

subplot(2,3,5);
imshow(A3);
axis off
box off
title('三阶');

subplot(2,3,6);
imshow(A4);
```

```
axis off
box off
title('四阶');
```

运行结果如图 8-8 所示。

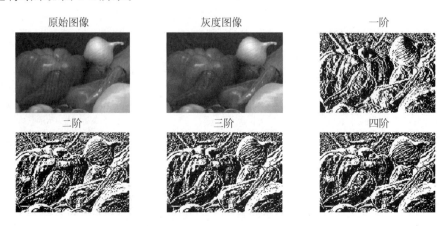

原始图像 灰度图像 一阶

二阶 三阶 四阶

图 8-8 利用 DPCM 法对图像进行编码效果

【例 8-8】 对例 8-7 的结果进行 DPCM 解码。

```
fid1 = fopen('mydata1.dat','r');
fid2 = fopen('mydata2.dat','r');
fid3 = fopen('mydata3.dat','r');
fid4 = fopen('mydata4.dat','r');
I11 = fread(fid1,cont1,'int8');
I12 = fread(fid2,cont2,'int8');
I13 = fread(fid3,cont3,'int8');
I14 = fread(fid4,cont4,'int8');

tt = 1;
for l = 1:n
    for k = 1:m
        I1(k,l) = I11(tt);
        tt = tt + 1;
    end
end

tt = 1;
for l = 1:n
    for k = 1:m
        I2(k,l) = I12(tt);
        tt = tt + 1;
    end
end

tt = 1;
for l = 1:n
```

```
        for k = 1:m
            I3(k,l) = I13(tt);
            tt = tt + 1;
        end
    end

    tt = 1;
    for l = 1:n
        for k = 1:m
            I4(k,l) = I14(tt);
            tt = tt + 1;
        end
    end

    I1 = double(I1);
    I2 = double(I2);
    I3 = double(I3);
    I4 = double(I4);

    A1 = ones(m,n);
    A1(1:m,1) = I1(1:m,1);
    A1(1,1:n) = I1(1,1:n);
    A1(1:m,n) = I1(1:m,n);
    A1(m,1:n) = I1(m,1:n);

    A2 = ones(m,n);
    A2(1:m,1) = I2(1:m,1);
    A2(1,1:n) = I2(1,1:n);
    A2(1:m,n) = I2(1:m,n);
    A2(m,1:n) = I2(m,1:n);

    A3 = ones(m,n);
    A3(1:m,1) = I3(1:m,1);
    A3(1,1:n) = I3(1,1:n);
    A3(1:m,n) = I3(1:m,n);
    A3(m,1:n) = I3(m,1:n);

    A4 = ones(m,n);
    A4(1:m,1) = I4(1:m,1);
    A4(1,1:n) = I4(1,1:n);
    A4(1:m,n) = I4(1:m,n);
    A4(m,1:n) = I4(m,1:n);

    for k = 2:m - 1                          %一阶解码
        for l = 2:n - 1
            A1(k,l) = I1(k,l) + A1(k,l - 1);
        end
    end
    cc1 = fclose(fid1);
```

241

```
A1 = uint8(A1);

for k = 2:m - 1                          %二阶解码
    for l = 2:n - 1
        A2(k,l) = I2(k,l) + (A2(k,l - 1)/2 + A2(k - 1,l)/2);
    end
end
cc2 = fclose(fid2);
A2 = uint8(A2);

for k = 2:m - 1                          %三阶解码
    for l = 2:n - 1
        A3(k,l) = I3(k,l) + (A3(k,l - 1) * (4/7) + A3(k - 1,l) * (2/7) + A3(k - 1,l - 1) * (1/
7));
    end
end
cc3 = fclose(fid3);
A3 = uint8(A3);

for k = 2:m - 1                          %四阶解码
    for l = 2:n - 1
        A4(k,l) = I4(k,l) + (A4(k,l - 1)/2 + A4(k - 1,l)/4 + A4(k - 1,l - 1)/8 + A4(k - 1,l +
1)/8);
    end
 end
cc4 = fclose(fid4);
A4 = uint8(A4);

figure(2)                                %分区画图
subplot(2,3,1);
imshow(I03);
axis off
box off
title('原始图像');

subplot(2,3,2);
imshow(I02);
axis off
box off
title('灰度图像');

subplot(2,3,3);
imshow(A1);
axis off
box off
title('一阶解码');

subplot(2,3,4);
imshow(A2);
```

```
axis off
box off
title('二阶解码');

subplot(2,3,5);
imshow(A3);
axis off
box off
title('三阶解码');

subplot(2,3,6);
imshow(A4);
axis off
box off
title('四阶解码');
```

运行结果如图 8-9 所示。

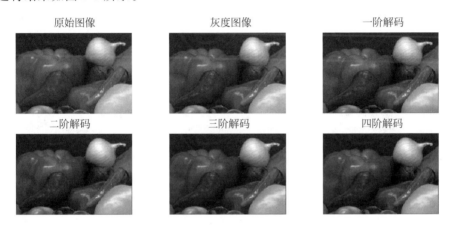

图 8-9　利用 DPCM 法对图像进行解码效果

8.3.4　变换编码

变换编码的基本概念就是将原来在空间域上描述的图像等信号,通过一种数学变换(常用二维正交变换如傅里叶变换、离散余弦变换、沃尔什-哈达玛变换、主成分变换等),变换到变换域中进行描述,达到改变能量分布的目的,即将图像能量在空间域的分散分布变为在变换域的能量相对集中分布,达到去除相关的目的,再经过适当的方式量化编码,进一步压缩图像。

信息论的研究表明,正交变换不改变信源的熵值,变换前后图像的信息量并无损失,完全可以通过反变换得到原来的图像值。但是,统计分析表明,图像经过正交变换后,使原来分散在原空间的图像数据在新的坐标空间中得到集中,对于大多数图像,大量的变换系数很小,只要删除接近于 0 的系数,并且对较小的系数进行粗量化,而保留包含图像主要信息的系数,以此进行压缩编码。

【例 8-9】 对图像进行 DCT 变换压缩。

```matlab
A = imread('gantrycrane.png');
I = rgb2gray(A);
I = im2double(I);                          %转换图像矩阵为双精度型
T = dctmtx(8);                             %产生二维 DCT 变换矩阵
al = [ 16    11    10    16    24    40    51    61
       12    12    14    19    26    58    60    55
       14    13    16    24    40    57    69    56
       14    17    22    29    51    87    80    62
       18    22    37    56    68   109   103    77
       24    35    55    64    81   104   113    92
       49    64    78    87   103   121   120   101
       72    92    95    98   112   100   103    99];
for i = 1:8:200
    for j = 1:8:200
        P = I(i:i + 7,j:j + 7);
        K = T * P * T';
        I2(i:i + 7,j:j + 7) = K;
        K = K./a1;                         %量化
        K(abs(K)< 0.03) = 0;
        I3(i:i + 7,j:j + 7) = K;
    end
end
subplot(2,2,2);
imshow(I2);
title('DCT 变换后的频域图像');              %显示 DCT 变换后的频域图像
for i = 1:8:200
    for j = 1:8:200
        P = I3(i:i + 7,j:j + 7). * a1;      %反量化
        K = T' * P * T;
        I4(i:i + 7,j:j + 7) = K;
    end
end
subplot(2,2,4);
imshow(I4);
title('复原图像');
B = blkproc(I,[8,8],'P1 * x * P2',T,T');    %二值掩模,压缩 DCT 系数,只留左上角的 10 个
mask = [1 1 1 1 0 0 0 0
        1 1 1 0 0 0 0 0
        1 1 0 0 0 0 0 0
        1 0 0 0 0 0 0 0
        0 0 0 0 0 0 0 0
        0 0 0 0 0 0 0 0
        0 0 0 0 0 0 0 0
        0 0 0 0 0 0 0 0 ]
B2 = blkproc(B,[8 8],'P1. * x',mask);       %只保留 DCT 变换的 10 个系数
I2 = blkproc(B2,[8 8],'P1 * x * P2',T',T) ; %重构图像
subplot(2,2,1);
imshow(I);
title('灰度图像');
subplot(2,2,3);
imshow(I2);
title('压缩图像');
```

运行结果如下：

```
mask =
     1     1     1     1     0     0     0     0
     1     1     1     0     0     0     0     0
     1     1     0     0     0     0     0     0
     1     0     0     0     0     0     0     0
     0     0     0     0     0     0     0     0
     0     0     0     0     0     0     0     0
     0     0     0     0     0     0     0     0
     0     0     0     0     0     0     0     0
```

DCT 变换后的效果如图 8-10 所示。

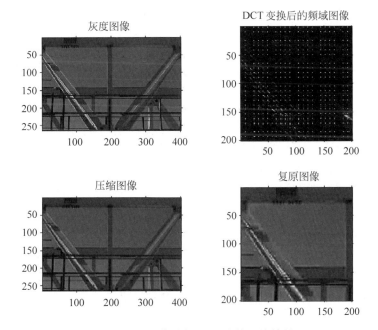

图 8-10　对图像进行 DCT 变换压缩效果

【例 8-10】　对图像进行主成分变换。

本例用到的子程序如下：

```
% 对多波段进行预处理
function X = row(varargin);
ori = varargin{1};
[m,n] = size(ori(:,:,1));
iii = size(varargin{1});
band = iii(3);
if band == 1
        error('Open file wrong!');
else
        X = zeros(band,m * n);
        for i = 1:band
```

```
                a = ori(:,:,i);
                a = a';
                a = a(:)';
                for j = 1:m * n
                    X(i,j) = a(1,j);
                end
            end
    end
    X;
    % 计算均值等
    function [Mx, Cx, L, A] = PCA(a)
    [m,n] = size(a);
    Mx = zeros(m,1);
    Nx = zeros(m,1);
    Cx = zeros(m,m);
    Cx = 0;
    for i = 1:m
        for j = 1:n
            Mx(i,1) = Mx(i,1) + a(i,j);
        end
    end
    Mx = Mx/n;
    for j = 1:n
        for i = 1:m
            Nx(i,1) = a(i,j);
        end
        Cx = Cx + (Nx - Mx) * ((Nx - Mx)');
    end
    Cx = Cx/n;
    [A, L] = eig(Cx);
    [A, L] = taxis(A, L);


    % 进行排序
    function [A, L] = taxis(A, L)
    [m,n] = size(L);
    for i = 1:m - 1
            for j = i + 1:m
                if L(i,i) < L(j,j)
                    temp = L(i,i);
                    L(i,i) = L(j,j);
                    L(j,j) = temp;
                    for j0 = 1:m
                        temp0 = A(j0,i);
                        A(j0,i) = A(j0,j);
                        A(j0,j) = temp0;
                    end
                end
            end
    end
    L = L;
    A = A;
```

主程序如下：

```
f = imread('football.jpg');
subplot(2,2,1),imshow(f);
title('原始图像')
X = row(f);
[Mx,Cx,L,A] = PCA(X);
dlmwrite('pcaL.txt',L,'precision','%.6f','newline','pc');
dlmwrite('pcaA.txt',A,'precision','%.6f','newline','pc');
B = inv(A);
r_m = double(f(:,:,1));
g_m = double(f(:,:,2));
b_m = double(f(:,:,3));
%%% 得到第一主成分、第二主成分、第三主成分
KLTT1 = A(1,1) * r_m + A(2,1) * g_m + A(3,1) * b_m;  % 得到第一主成分
KLTT1 = uint8(KLTT1);
KLTT2 = A(1,2) * r_m + A(2,2) * g_m + A(3,2) * b_m;  % 得到第二主成分
KLTT2 = uint8(KLTT2);
KLTT3 = A(1,3) * r_m + A(2,3) * g_m + A(3,3) * b_m;  % 得到第三主成分
KLTT3 = uint8(KLTT3);
subplot(2,2,2);imshow(KLTT1,[]);
title('第一主成分')
subplot(2,2,3);imshow(KLTT2,[]);
title('第二主成分')
subplot(2,2,4);imshow(KLTT3,[]);
title('第三主成分')
```

运行结果如图 8-11 所示。

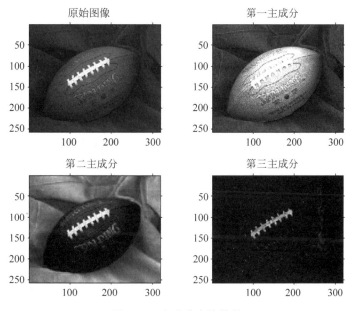

图 8-11　主成分变换效果

【**例 8-11**】 对图像进行沃尔什-哈达玛变换。

```
f = imread('rice.png');
subplot(1,2,1),
imshow(f)
title('原始图像')
Ha = [1 1 1 1
       1 -1 1 -1
       1 1 -1 -1
       1 -1 -1 1];
fd = double(f);
g = conv2(fd,Ha);
g = uint8(g);
subplot(1,2,2),
imshow(g)
title('沃尔什 - 哈达玛变换后的图像')
```

运行结果如图 8-12 所示。

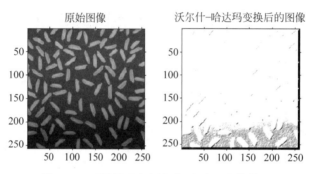

图 8-12　对图像进行沃尔什-哈达玛变换效果

8.4　小波图像压缩编码

小波变换的图像压缩技术采用多尺度分析,因此可根据各自的重要程度对不同层次的系数进行不同的处理,图像经小波变换后,并没有实现压缩,只是对整幅图像的能量进行了重新分配。

事实上,经小波变换后的图像具有更宽的范围,但是宽范围的大数据被集中在一个小区域内,而在很大的区域中数据的动态范围很小。小波变换编码就是在小波变换的基础上,利用小波变换的这些特性,采用适当的方法组织变换后的小波系数,实现图像的高效压缩。

【**例 8-12**】 利用小波变化的时-频局部化特性对图形进行压缩。

```
load tire
[ca1,ch1,cv1,cd1] = dwt2(X,'sym4');          %使用 sym4 小波对信号进行一层小波分解
codca1 = wcodemat(ca1,192);
codch1 = wcodemat(ch1,192);
codcv1 = wcodemat(cv1,192);
codcd1 = wcodemat(cd1,192);
```

```
codx = [codca1,codch1,codcv1,codcd1]        % 将四个系数图像组合为一个图像
rca1 = ca1;                                  % 复制原图像的小波系数
rch1 = ch1;
rcv1 = cv1;
rcd1 = cd1;
rch1(33:97,33:97) = zeros(65,65);            % 将三个细节系数的中部置零
rcv1(33:97,33:97) = zeros(65,65);
rcd1(33:97,33:97) = zeros(65,65);
codrca1 = wcodemat(rca1,192);
codrch1 = wcodemat(rch1,192);
codrcv1 = wcodemat(rcv1,192);
codrcd1 = wcodemat(rcd1,192);
codrx = [codrca1,codrch1,codrcv1,codrcd1]    % 将处理后的系数图像组合为一个图像
rx = idwt2(rca1,rch1,rcv1,rcd1,'sym4');      % 重建处理后的系数
subplot(221);
image(wcodemat(X,192)),
colormap(map);
title('原始图像');
subplot(222);
image(codx),
colormap(map);
title('一层分解后各层系数图像');
subplot(223);
image(wcodemat(rx,192)),
colormap(map);
title('压缩图像');
subplot(224);
image(codrx),
colormap(map);
title('处理后各层系数图像');
per = norm(rx)/norm(X)                        % 求压缩信号的能量成分
per = 1.0000
err = norm(rx - X)                            % 求压缩信号与原信号的标准差
```

运行结果如图 8-13 所示。

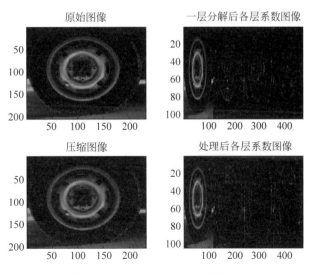

图 8-13　图像的小波局部压缩处理

【例 8-13】 对给定的图像进行小波图像压缩。

```
clear;
load bust;                                    % 读取图像
subplot(3,3,1);
image(X);
colormap(map);
title('原始图像');
disp('原始图像 X 的大小: ');
whos('X');
[c,s] = wavedec2(X,2,'bior3.7');              % 对图像用 bior3.7 小波进行二层小波分解
cal = appcoef2(c,s,'bior3.7',1);
ch1 = detcoef2('h',c,s,1);                    % 提取小波分解结构中第一层的低频和高频系数
cv1 = detcoef2('v',c,s,1);
cd1 = detcoef2('d',c,s,1);
a1 = wrcoef2('a',c,s,'bior3.7',1);
h1 = wrcoef2('h',c,s,'bior3.7',1);
v1 = wrcoef2('v',c,s,'bior3.7',1);
d1 = wrcoef2('d',c,s,'bior3.7',1);
c1 = [a1,h1;v1,d1];
ca1 = appcoef2(c,s,'bior3.7',1);
ca1 = wcodemat(cal,440,'mat',0);
ca1 = 0.8 * cal;
subplot(3,3,2);
image(ca1);
colormap(map);
axis square;
title('第 1 次压缩 0.8 倍');
disp('第 1 次压缩大小');
whos('ca1');
ca2 = appcoef2(c,s,'bior3.7',2);
ca2 = wcodemat(ca2,440,'mat',0);
ca2 = 0.7 * ca2;
subplot(3,3,3);
image(ca2);
colormap(map);
axis square;
title('第 2 次压缩 0.7 倍');
disp('第 2 次压缩大小');
whos('ca2');
ca3 = appcoef2(c,s,'bior3.7',2);
ca3 = wcodemat(ca3,440,'mat',0);
ca3 = 0.5 * ca3;
subplot(3,3,4);
image(ca3);
colormap(map);
axis square;
```

```
title('第 3 次压缩 0.5 倍');
disp('第 3 次压缩大小');
whos('ca3');ca3 = appcoef2(c,s,'bior3.7',2);
ca3 = wcodemat(ca3,440,'mat',0);
ca4 = appcoef2(c,s,'bior3.7',2);
ca4 = wcodemat(ca4,440,'mat',0);
ca4 = 0.3 * ca4;
subplot(3,3,5);
image(ca4);
colormap(map);
axis square;
title('第 4 次压缩 0.3 倍');
disp('第 4 次压缩大小');
whos('ca4');ca4 = appcoef2(c,s,'bior3.7',2);
ca4 = wcodemat(ca4,440,'mat',0);
ca5 = appcoef2(c,s,'bior3.7',2);
ca5 = wcodemat(ca5,440,'mat',0);
ca5 = 0.1 * ca5;
subplot(3,3,6);
image(ca5);
colormap(map);
axis square;
title('第 5 次压缩 0.1 倍');
disp('第 5 次压缩大小');
whos('ca5');
ca5 = appcoef2(c,s,'bior3.7',2);
ca5 = wcodemat(ca5,440,'mat',0);
ca6 = appcoef2(c,s,'bior3.7',2);
ca6 = wcodemat(ca6,440,'mat',0);
ca6 = 0.07 * ca6;
subplot(3,3,7);
image(ca6);
colormap(map);
axis square;
title('第 6 次压缩 0.07 倍');
disp('第 6 次压缩大小');
whos('ca6');ca6 = appcoef2(c,s,'bior3.7',2);
ca6 = wcodemat(ca6,440,'mat',0);
ca7 = appcoef2(c,s,'bior3.7',2);
ca7 = wcodemat(ca7,440,'mat',0);
ca7 = 0.03 * ca7;
subplot(3,3,8);
image(ca7);
colormap(map);
axis square;
title('第 7 次压缩 0.03 倍');
disp('第 7 次压缩大小');
```

```
whos('ca7');
ca2 = appcoef2(c,s,'bior3.7',2);
ca7 = wcodemat(ca2,440,'mat',0);
ca8 = appcoef2(c,s,'bior3.7',2);
ca8 = wcodemat(ca8,440,'mat',0);
ca8 = 0.01 * ca8;
subplot(3,3,9);
image(ca8);
colormap(map);
axis square;
title('第8次压缩0.01倍');
disp('第8次压缩大小');
whos('ca8');
ca8 = appcoef2(c,s,'bior3.7',2);
ca8 = wcodemat(ca8,440,'mat',0);
```

运行结果如下：

原始图像 X 的大小:

Name	Size	Bytes	Class	Attributes
X	256×256	524288	double	

第 1 次压缩大小

Name	Size	Bytes	Class	Attributes
ca1	135×135	145800	double	

第 2 次压缩大小

Name	Size	Bytes	Class	Attributes
ca2	75×75	45000	double	

第 3 次压缩大小

Name	Size	Bytes	Class	Attributes
ca3	75×75	45000	double	

第 4 次压缩大小

Name	Size	Bytes	Class	Attributes
ca4	75×75	45000	double	

第 5 次压缩大小

Name	Size	Bytes	Class	Attributes
ca5	75×75	45000	double	

第 6 次压缩大小

Name	Size	Bytes	Class	Attributes
ca6	75×75	45000	double	

第 7 次压缩大小

Name	Size	Bytes	Class	Attributes
ca7	75×75	45000	double	

第 8 次压缩大小

Name	Size	Bytes	Class	Attributes
ca8	75×75	45000	double	

小波压缩效果如图 8-14 所示。

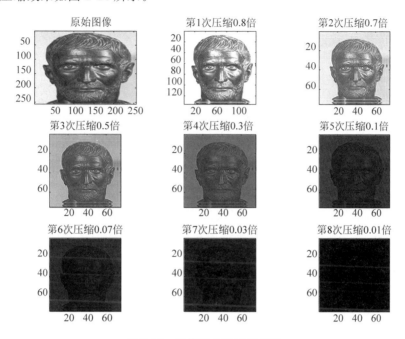

图 8-14　图像的小波压缩处理

8.5　图像压缩在数字水印方面的应用

数字水印技术是将一些标识信息直接嵌入数字载体(包括多媒体、文档、软件等)当中,但不影响原载体的使用价值,也不容易被人的知觉系统(如视觉或听觉系统)觉察或注意到。通过这些隐藏在载体中的信息,可以达到确认内容创建者、购买者、传送隐秘信息或者判断载体是否被篡改等目的。

数字水印是信息隐藏技术的一个重要研究方向。数字水印技术具有下面几个方面的特点。

(1)安全性。数字水印的信息应是安全的,难以篡改或伪造,当然数字水印同样对重复添加有很强的抵抗性。

(2)隐蔽性。数字水印应是不可显见的,而且应不影响被保护数据的正常使用,不会降质。

(3)鲁棒性。是指在经历多种无意或有意地信号处理过程后,数字水印仍能保持部分完整性并能被准确鉴别。

(4)水印容量。是指载体在不发生形变的前提下可嵌入的水印信息量。

目前,数字水印算法主要是基于空域和变换域的,其中基于变换域的技术可以嵌入大量比特的数据而不会被察觉,成为数字水印技术的主要研究方向,它通过改变频域的一些系数的值,采用类似扩频图像的技术来隐藏数字水印信息。小波变换因其优良的多分辨率分析特性,广泛应用于图像处理,小波域数字水印的研究非常有意义。

【例 8-14】 用水印技术对图像进行处理。

```matlab
clear all;
size = 256;                                    %定义常量
block = 8;
blockno = size/block;
length = size * size/64;
alpha1 = 0.02;
alpha2 = 0.1;
T1 = 3;
I = zeros(size,size);
D = zeros(size,size);
BW = zeros(size,size);
block_dct1 = zeros(block,block);
randn('seed',10);                              %产生高斯水印
mark = randn(1,length);
subplot(222);plot(mark);
title('加入噪声');
I = imread('rice.png');
subplot(221);imshow(I)
title('原始图像');
BW = edge(I,'sobel');
subplot(223);imshow(BW);
title('边缘检测');
%嵌入水印
k = 1;
%逐块处理
for m = 1:blockno
    for n = 1:blockno
        %得到当前块的数据
        x = (m-1) * block + 1;
        y = (n-1) * block + 1;
        block_dct1 = I(x:x + block - 1,y:y + block - 1);
            block_dct1 = dct2(block_dct1);  % DCT 变换
                BW2 = BW(x:x + block - 1,y:y + block - 1);
        if m <= 1 | n <= 1
            T = 0;
        else
            T = sum(BW2);
            T = sum(T);
        end
        %嵌入强度选择
        if T > T1
            alpha = alpha2;
        else
            alpha = alpha1;
        end
        %水印嵌入
        block_dct1(1,1) = block_dct1(1,1) * (1 + alpha * mark(k));
```

```
            block_dct1 = idct2(block_dct1);
            D(x:x + block - 1,y:y + block - 1) = block_dct1;
            k = k + 1;
        end
    end
end
subplot(224);imshow(D,[]);                      %显示图像
title('嵌入水印')
```

运行结果如图 8-15 所示。

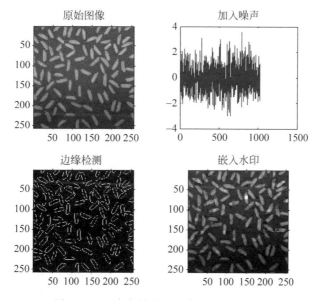

图 8-15   用水印技术对图像进行处理效果

【例 8-15】 小波域数字水印示例。

```
clear;                                  %清理工作空间
load cathe_1
I = X;
%小波函数
type = 'db1';
% 2 维离散 Daubechies 小波变换
[CA1, CH1, CV1, CD1] = dwt2(I,type);
C1 = [CH1 CV1 CD1];
%系数矩阵大小
[length1, width1] = size(CA1);
[M1, N1] = size(C1);
%定义阈值 T1
T1 = 50;
alpha = 0.2;
%在图像中加入水印
for counter2 = 1: 1: N1
    for counter1 = 1: 1: M1
        if( C1(counter1, counter2) > T1 )
```

```
        marked1(counter1,counter2) = randn(1,1);
        NEWC1(counter1, counter2) = double( C1(counter1, counter2) ) + …
alpha * abs( double( C1(counter1, counter2) ) ) * marked1(counter1,counter2);
      else
        marked1(counter1, counter2) = 0;
        NEWC1(counter1, counter2) = double( C1(counter1, counter2) );
      end;
    end;
end;
%重构图像
NEWCH1 = NEWC1(1:length1, 1:width1);
NEWCV1 = NEWC1(1:length1, width1 + 1:2 * width1);
NEWCD1 = NEWC1(1:length1, 2 * width1 + 1:3 * width1);
R1 = double( idwt2(CA1, NEWCH1, NEWCV1, NEWCD1, type) );
watermark1 = double(R1) - double(I);
subplot(2,2,1);                    %设置图像位置
image(I);                          %显示原始图像
axis('square');                    %设置轴属性
title('原始图像');                  %设置图像标题
subplot(2,2,2);                    %设置图像位置
imshow(R1/250);                    %显示变换后的图像
axis('square');                    %设置轴属性
title('小波变换后图像');            %设置图像标题
subplot(2,2,3);                    %设置图像位置
imshow(watermark1 * 10^16);        %显示水印图像
axis('square');                    %设置轴属性
title('水印图像');                  %设置图像标题
%水印检测
newmarked1 = reshape(marked1, M1 * N1, 1);
%检测阈值
T2 = 60;
 for counter2 = 1: 1: N1
      for counter1 = 1: 1: M1
          if( NEWC1(counter1, counter2) > T2 )
              NEWC1X(counter1, counter2) = NEWC1(counter1, counter2);
          else
              NEWC1X(counter1, counter2) = 0;
          end;
      end;
    end;
NEWC1X = reshape(NEWC1X, M1 * N1, 1);
correlation1 = zeros(1000,1);
for corrcounter = 1: 1: 1000
    if( corrcounter == 500)
      correlation1(corrcounter,1) = NEWC1X' * newmarked1 / (M1 * N1);
    else
      rnmark = randn(M1 * N1,1);
      correlation1(corrcounter,1) = NEWC1X' * rnmark / (M1 * N1);
    end;
```

```
end;
%计算阈值
originalthreshold = 0;
for counter2 = 1: 1: N1
    for counter1 = 1: 1: M1
            if( NEWC1(counter1, counter2) > T2 )
                originalthreshold = originalthreshold + abs( NEWC1(counter1, counter2) );
            end;
        end;
    end;
originalthreshold = originalthreshold * alpha / (2 * M1 * N1);
corrcounter = 1000;
originalthresholdvector = ones(corrcounter,1) * originalthreshold;
subplot(2,2,4);                         %设置图像位置
plot(correlation1, '-');                %绘图
hold on;                                %继续绘图
plot(originalthresholdvector, '--');    %绘图
title('原始的加水印图像');               %设置图像标题
xlabel('水印');                         %设置 x 轴标签
ylabel('检测响应');                     %设置 y 轴标签
```

运行结果如图 8-16 所示。

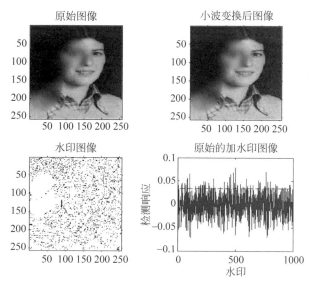

图 8-16　小波变换的水印效果

8.6　本章小结

本章介绍了图像压缩的概述、评价标准，以及几种经典编码的主要原理和实现技术，并给出了很多示例来阐述其在 MATLAB 中的实现方法。读者在研究 DCT 变换和小波变换等内容时，应和前面章节进行对比，这样可以更好地对其理解。通过本章的学习，相信读者对图像编码压缩技术会有一个较深的认识，并能够掌握基本图像压缩编码的方法。

第9章

图像的增强

图像增强处理技术是图像处理领域中一项很重要的技术。对图像恰当增强,能使图像在去噪的同时,图像特征得到较好保护,使图像更加清晰明显,从而提供准确的信息。

学习目标:

(1) 掌握灰度变换增强的基本原理及实现步骤。

(2) 掌握空间域滤波、频域增强的基本原理及实现步骤。

(3) 理解色彩增强的实现步骤。

(4) 理解小波变换在图像增强中的实现方法。

9.1 灰度变换增强

灰度变换增强是把图像的对比度从弱变强的过程,所以灰度变换增强也通常被称为对比度增强。由于各种因素的限制,导致图像的对比度比较差,图像的直方图分布不够均衡,主要的元素集中在几个像素值附近。通过对比度增强,使得图像中各个像素值尽可能均匀分布或者服从一定形式的分布,从而提高图像的质量。

灰度变换可使图像动态范围增大,对比度得到扩展,使图像清晰,特征明显,是图像增强的重要手段之一。它主要利用点运算来修正像素灰度,由输入像素点的灰度值确定相应输出点的灰度值,是一种基于图像变换的操作。

灰度变换不改变图像内的空间关系,除了灰度级的改变是根据某种特定的灰度变换函数之外,可以看作是"从像素到像素"的复制操作。

9.1.1 线性变换与非线性变换

设原图像为 $f(x,y)$,其灰度范围为 $[a,b]$;变换后的图像为 $g(x,y)$,其灰度范围线性的扩展至 $[c,d]$,则对于图像中的任一点的灰度值 $f(x,y)$,灰度变换后为 $g(x,y)$,其数学表达式为,

$$g(x,y) = \frac{d-c}{b-a} \times [f(x,y) - a] + c$$

若图像中大部分像素的灰度级分布在区间$[a,b]$内,$\max f$ 为原图的最大灰度级,只有很小一部分的灰度级超过了此区间,则为了改善增强效果,可以令

$$g(x,y) = \begin{cases} c & 0 \leqslant f(x,y) \leqslant a \\ \dfrac{d-c}{b-a} \times [f(x,y) - a] + c & a \leqslant f(x,y) \leqslant b \\ d & b \leqslant f(x,y) \leqslant \max f \end{cases}$$

采用线性变换对图像中每一个像素灰度做线性拉伸,将有效改善图像视觉效果。在曝光不足或过度的情况下,图像的灰度可能会局限在一个很小的范围内,这时得到的图像可能是一个模糊不清、似乎没有灰度层次的图像。

非线性变换就是利用非线性变换函数对图像进行灰度变换,主要有指数变换、对数变换等。指数变换是指输出图像的像素点灰度值与对应的输入图像的像素灰度值之间满足指数关系,其一般公式为

$$g(x,y) = b^{f(x,y)}$$

其中,b 为底数。为了增加变换的动态范围,在上述一般公式中可以加入一些调制参数,以改变变换曲线的初始位置和曲线的变化速率。这时的变换公式为

$$g(x,y) = b^{c[f(x,y)-a]} - 1$$

式中,a、b、c 都是可以选择的参数,当 $f(x,y) = a$ 时,$g(x,y) = 0$,此时指数曲线交于 X 轴,由此可见参数 a 决定了指数变换曲线的初始位置,参数 c 决定了变换曲线的陡度,即决定曲线的变化速率。指数变换用于扩展高灰度区,一般适于过亮的图像。

对数变换是指输出图像的像素点灰度值与对应的输入图像的像素灰度值之间为对数关系,其一般公式为

$$g(x,y) = \lg[f(x,y)]$$

其中,$\lg$ 表示以 10 为底的对数,也可以选用自然对数 $\ln$。为了增加变换的动态范围,在上述一般公式中可以加入一些调制参数,这时的变换公式为

$$g(x,y) = a + \frac{\ln[f(x,y) + 1]}{b \times \ln c}$$

式中,a、b、c 都是可以选择的参数,$f(x,y) + 1$ 是为了避免对 0 求对数,确保 $\ln[f(x,y) + 1] \geqslant 0$。当 $f(x,y) = 0$ 时,$\ln[f(x,y) + 1] = 0$,则 $y = a$,a 为 Y 轴上的截距,确定变换曲线的初始位置,b、c 两个参数确定变换曲线的变化速率。对数变换用于扩展低灰度区,一般适用于过暗的图像。

【例 9-1】 对图像进行非线性灰度变换,并显示函数的曲线图。

```
a = imread('tire.tif');            % 读取原始图像
subplot(1,3,1),
imshow(a);                         % 显示原始图像
title('原始图像');
% 显示函数的曲线图
x = 1:255;
y = x + x. * (255 - x)/255;
subplot(1,3,2),
plot(x,y);                         % 绘制的曲线图
```

```
title('函数的曲线图');
b1 = double(a) + 0.006 * double(a) . * (255 - double(a));
subplot(1,3,3),
imshow(uint8(b1));                  % 显示非线性处理图像
title('非线性处理效果');
```

运行结果如图 9-1 所示。

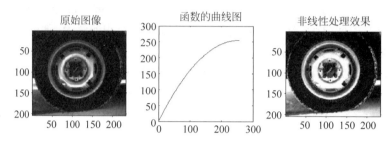

图 9-1　非线性变换处理效果

【例 9-2】　对图像进行对数非线性灰度变换。

```
I = imread('office_4.jpg');
I1 = rgb2gray(I);
subplot(1,2,1),imshow(I1);
title('灰度图像');
axis([50,250,50,200]);
grid on;                     % 显示网格线
axis on;                     % 显示坐标系
J = double(I1);
J = 40 * (log(J + 1));
H = uint8(J);
subplot(1,2,2),
imshow(H);
title('对数变换图像');
axis([50,250,50,200]);
grid on;
axis on;
```

运行结果如图 9-2 所示。

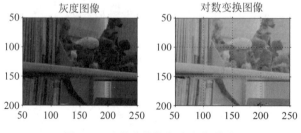

图 9-2　对数非线性灰度变换效果

9.1.2 MATLAB 的灰度变换函数

在 MATLAB 中，imadust 函数用于规定输出图像的像素范围，常用的调用方法如下：

```
J = imadust(I)
J = imadjust(I,[low_in;high_in],[low_out; high_out])
J = imadjust(I,[low_in;high_in],[low_out; high_out],gamma)
```

其中，I 是输入的图像，J 是返回调整后的图像，该函数把在[low_in;high_in]的像素值调整到[low_out；high_out]，而低 low_in 的像素值映射为 low_out，高于 low_in 的像素值映射为 high_out，gamma 描述了输入图像和输出图像之间映射曲线的形状。

gamma 校正也是数字图像处理中常用的图像增强技术。imadjust 函数中的 gamma 因子即是这里所说的 gamma 校正的参数。gamma 因子的取值决定了输入图像到输出图像的灰度映射方式，即决定了增强低灰度还是增强高灰度。当 gamma 等于 1 时，为线性变换。

【例 9-3】 用调整灰度来增加图像的对比度。

```
clear
I = imread('glass.png');              % 读取图像
subplot(2,2,1);
imshow(I);
title('原始图像');
subplot(2,2,2);
imhist(I);
title('原始图像直方图');
subplot(2,2,3);
J = imadjust(I,[],[0.4 0.6]);         % 调整图像的灰度到指定范围
imshow(J);
title('调整灰度后的图像');
subplot(2,2,4);
imhist(J);
title('调整灰度后的直方图');
```

运行结果如图 9-3 所示。

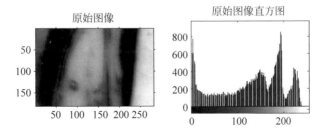

图 9-3 原始图像及其直方图和调整灰度后的图像及其直方图

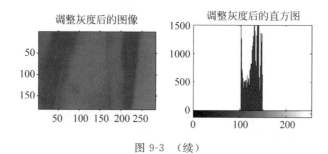

图 9-3 （续）

【例 9-4】 利用 gamma 校正来处理图像。

```
for i = 0:255;
    f = power((i + 0.5)/256,1/2.2);
    LUT(i + 1) = uint8(f * 256 - 0.5);
end
img = imread('onion.png');              % 读入图像
img0 = rgb2ycbcr(img);
R = img(:,:,1);
G = img(:,:,2);
B = img(:,:,3);
Y = img0(:,:,1);
Yu = img0(:,:,1);
[x y] = size(Y);
for row = 1:x
    for width = 1:y
        for i = 0:255
            if (Y(row,width) == i)
                Y(row,width) = LUT(i + 1);
                break;
            end
        end
    end
end
img0(:,:,1) = Y;
img1 = ycbcr2rgb(img0);
R1 = img1(:,:,1);
G1 = img1(:,:,2);
B1 = img1(:,:,3);
subplot(1,2,1);
imshow(img);                            % 显示图像
title('原始图像');
subplot(1,2,2);
imshow(img1);
title('gamma 矫正后的图像')
```

运行结果如图 9-4 所示。

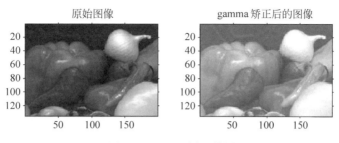

图 9-4　gamma 矫正效果

9.1.3　最大熵方法增强对比度

直方图的拉伸和均衡化都能突出图像中所隐藏的信息。为了使图像的对比度得到改善,用最大熵对图像进行处理,突出图像的特征。最大熵方法基本思想如下。

（1）求满足某些约束的信源事件概率分布时,应使得信源的熵最大。

（2）可以依据有限的数据达到尽可能客观的效果。

（3）克服可能引入的偏差。

利用最大熵原理主要有两个依据:主观依据和客观依据。

主观依据:又叫"不充分理由原理",也叫"中性原理"。如果对所求的概率分布无任何先验信息,没有任何依据证明某种事件可能比任何其他事件更优先,只能假定所有可能是等概率的。

客观依据:Jaynes 提出熵集中定理,满足给定约束的概率分布绝大多数集中在使熵最大的区域。较大熵的分布具有较高的多样性,所以实现的方法数也更多,这样越有可能被观察到。MaxPlank 指出大自然好像对较大熵的情况更偏爱,即在满足给定约束的条件下,事物总是力图达到最大熵。

在信息科学中,熵表示的是信息的不确定性的量度,其数学表达式为

$$H(X) = \sum_{i=1}^{k} p(x = x_i) \log \frac{1}{p(x = x_i)}$$

式中,X 的具体内容跟信息量无关,于是 $H(X)$ 可以写成

$$H(x) = - \sum p(x) \log \left(\frac{1}{p(x)} \right)$$

熵满足

$$0 \leqslant H(X) \leqslant \log |X|$$

第一个等号在 X 为确定值的时候成立(没有变化的可能);第二个等号在 X 均匀分布的时候成立。

当每一事件发生的概率相等时,熵取最大值,即不确定性越大,随机程度越大,其熵越大。最大信息熵原理就是在给定一定约束条件下求得一概率分布,使其信息熵取得最大值。

下面举例说明利用最大熵原理使图像的对比度增强。在本例中,myhisteq 函数的作

用是利用最大熵原理对图像进行增强,其调用格式如下:

```
[wnew1,h1] = myhisteq(w)
```

其中,w 为输入的灰度图像;wnew1 为输出的增强后的图像;h1 为变换后的直方图。增强对比度的步骤如下。

(1) 读取图像。

(2) 对灰度图像进行增强。

(3) 对彩色图像进行增强。

(4) 利用 myhisteq 函数对灰度图像和彩色图像进行增强。

最大熵原理使图像的对比度增强的程序代码如下:

```
function [wnew1, h1] = myhisteq(w);
[m,n] = size(w);                        % 图像的大小
s = m * n;
a = zeros(1,256);
    for j = 1:m                         % 计算像素值为 0,1,2,…,255 的个数
        for k = 1:n
            l = w(j,k) + 1;
            a(l) = a(l) + 1;
        end
    end
h = zeros(1,256);
h = a/s;                                % 计算像素值为 0,1,2,…,255 的比例
hcum = zeros(1,256);
for i = 1:m                             % 计算变换后像素值的累积比例
    for j = 1:n
        hc = 0;
        for k = 0:w(i,j)
            hc = hc + h(k + 1);
        end
        hcum(w(i,j) + 1) = hc;
        wnew(i,j) = 255 * hc;
    end
end
wnew1 = uint8(wnew);
count1 = zeros(1,256);
    for j = 1:m
        for k = 1:n
            l = wnew1(j,k) + 1;
            count1(l) = count1(l) + 1;
        end
    end
h1 = zeros(1,256);
h1 = count1/s;                          % 计算变换后图像的直方图
```

对比度增强的主程序代码如下：

```
% 读取图像并对其调整大小
cell = imread('cell.tif');              % 读取 cell 灰度图像
pout = imread('pout.tif');              % 读取 pout 灰度图像
[X map] = imread('trees.tif');          % 读取索引图像
trees = ind2rgb(X,map);                 % 转化为真彩色图像
width = 210;                            % 转化为统一宽度,以便对比
images = {cell, pout, trees};
for k = 1:3
  dim = size(images{k});
    images{k} = imresize(images{k},…
                    [width*dim(1)/dim(2) width],'bicubic');
end
cell = images{1};
pout = images{2};
trees = images{3};
```

运行结果如图 9-5 所示。

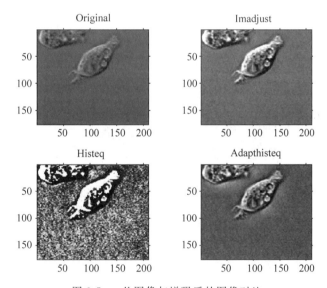

图 9-5　cell 图像与增强后的图像对比

```
% 使用不同的方法对图像进行增强
cell_imadjust = imadjust(cell);         % 使用 imadjust 函数对图像进行增强
cell_histeq = histeq(cell);             % 使用 histeq 函数对图像进行增强
cell_adapthisteq = adapthisteq(cell);   % 使用 adapthisteq 函数进行增强
figure; subplot(221);
imshow(cell);                           % 显示原始图像
title('Original'); subplot(222);
imshow(cell_imadjust);                  % 显示 imadjust 函数增强的图像
```

```
title('Imadjust'); subplot(223);
imshow(cell_histeq);                    %显示 histeq 函数增强的图像
title('Histeq'); subplot(224);
imshow(cell_adaphisteq);                %显示 adaphisteq 函数增强的图像
title('Adapthisteq');
pout_imadjust = imadjust(pout);         %使用 imadjust 函数对图像进行增强
pout_histeq = histeq(pout);             %使用 histeq 函数对图像进行增强
pout_adaphisteq = adapthisteq(pout);    %使用 adapthisteq 函数进行增强
figure, subplot(221)
imshow(pout);                           %显示原始图像
title('Original'); subplot(222);
imshow(pout_imadjust);                  %显示 imadjust 函数增强的图像
title('Imadjust'); subplot(223);
imshow(pout_histeq);                    %显示 histeq 函数增强的图像
title('Histeq'); subplot(224),
imshow(pout_adaphisteq);                %显示 adapthisteq 函数增强的图像
title('Adapthisteq');  figure; subplot(121);
```

运行结果如图 9-6 所示。

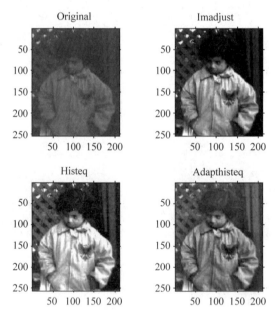

图 9-6　pout 图像与增强后的图像对比

```
%显示图像的直方图
imhist(cell),               %显示 cell 图像的直方图
title('cell.tif');subplot(122),
imhist(pout),               %显示 pout 图像的直方图
title('pout.tif');
```

运行结果如图 9-7 所示。

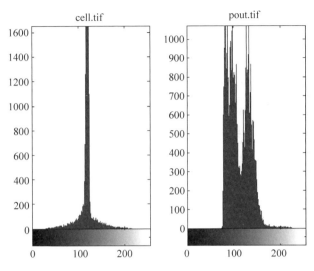

图 9-7 两幅图像的直方图

```
% 对彩色图像进行增强
srgb2lab = makecform('srgb2lab');              % rgb 彩色空间变为 L * a * b * 空间结构
lab2srgb = makecform('lab2srgb');              % L * a * b * 变为 rgb 空间结构
trees_lab = applycform(trees, srgb2lab);       % 图像变换到 L * a * b * 空间
max_luminosity = 100;                          % 规定最大的光照值
L = trees_lab(:,:,1)/max_luminosity;           % 归一化
trees_imadjust = trees_lab;
trees_imadjust(:,:,1) = imadjust(L) * …
        max_luminosity;                        % 使用 imadjust 函数进行增强
trees_imadjust = applycform(trees_imadjust, …
        lab2srgb);                             % 变换到 rgb 彩色空间
trees_histeq = trees_lab;
trees_histeq(:,:,1) = histeq(L) * …
        max_luminosity;                        % 使用 histeq 函数进行增强
trees_histeq = applycform(trees_histeq, …
        lab2srgb);                             % 变换到 rgb 彩色空间
trees_adapthisteq = trees_lab;
trees_adapthisteq(:,:,1) = adapthisteq(L) * …
        max_luminosity;                        % 使用 adapthisteq 函数进行增强
trees_adapthisteq = applycform(trees_adapthisteq, …
        lab2srgb);                             % 变换到 rgb 彩色空间
figure; subplot(221)
imshow(trees);                                 % 显示原始图像 trees
title('Original'); subplot(222),
imshow(trees_imadjust);                        % 显示 imadjust 函数增强的图像
title('Imadjust'); subplot(223),
imshow(trees_histeq);                          % 显示 histeq 函数增强的图像
title('Histeq'); subplot(224),
imshow(trees_adapthisteq);                     % 显示 adapthisteq 函数增强的图像
title('Adapthisteq');
```

运行结果如图 9-8 所示。

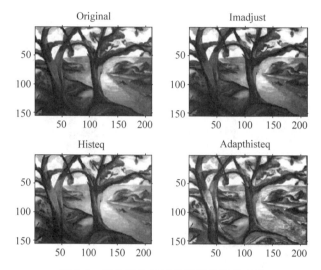

图 9-8　彩色图像与其增强后的图像对比

```
%使用 myhisteq 函数对图像进行增强
mycell = myhisteq(cell);              %使用 myhisteq 函数对 cell 图像进行增强
mypout = myhisteq(pout);             %使用 myhisteq 函数对 pout 图像进行增强
figure,
subplot(121)
imshow(mycell);                      %显示 myhisteq 函数对 cell 增强后的图像
subplot(122)
imshow(mypout);                      %显示 myhisteq 函数对 pout 增强后的图像
```

运行结果如图 9-9 所示。

图 9-9　使用 myhisteq 函数对图像进行增强

9.2　图像的空域滤波增强

　　使用空域模板进行的图像处理被称为图像的空域滤波增强，模板本身被称为空域滤波器。空域滤波增强的机理就是在待处理的图像中逐点移动模板，滤波器在该点的响应通过事先定义的滤波器系数与滤波模板扫过区域的相应像素值的关系来计算。

　　空域滤波器分为平滑滤波器、中值滤波器、自适应除噪滤波器和锐化滤波器，下面分别介绍。

9.2.1　噪声与 imnoise 函数

图像噪声按照其干扰源可以分为外部噪声和内部噪声。外部噪声,即指系统外部干扰以电磁波或经电源串进系统内部而引起的噪声。如电气设备、天体放电现象等引起的噪声。内部噪声一般又可分为以下 4 种。

（1）由光和电的基本性质所引起的噪声。

（2）电器的机械运动产生的噪声。

（3）器材材料本身引起的噪声。

（4）系统内部设备电路所引起的噪声。

按噪声与信号的关系分类,可以将噪声分为加性噪声模型和乘性噪声模型两大类。设 $f(x,y)$ 为信号,$n(x,y)$ 为噪声,影响信号后的输出为 $g(x,y)$。表示加性噪声的公式为

$$g(x,y) = f(x,y) + n(x,y)$$

加性噪声和图像信号强度是不相关的,如运算放大器,图像在传输过程中引进的"信道噪声",电视摄像机扫描图像的噪声,这类带有噪声的图像 $g(x,y)$ 可看成理想无噪声图像 $f(x,y)$ 与噪声 $n(x,y)$ 之和。形成的波形是噪声和信号的叠加,其特点是 $n(x,y)$ 和信号无关。如一般的电子线性放大器,不论输入信号的大小,其输出总是与噪声相叠加的。

表示乘性噪声的公式为

$$g(x,y) = f(x,y)[1 + n(x,y)] = f(x,y) + f(x,y)n(x,y)$$

乘性噪声和图像信号是相关的,往往随图像信号的变化而变化,如飞点扫描图像中的噪声、电视扫描光栅、胶片颗粒造成等,由于载送每一个像素信息载体的变化而产生的噪声受信息本身调制。在某些情况下,如信号变化很小,噪声也不大。为了分析处理方便,常常将乘性噪声近似认为是加性噪声,而且总是假定信号和噪声是互相统计独立。

按概率密度函数分类,噪声主要有以下几类。

（1）白噪声（White Noise）。具有常量的功率谱。

（2）椒盐噪声（Salt And Pepper Noise）。椒盐噪声是由图像传感器、传输信道、解码处理等产生的黑白相间的亮暗点噪声,往往由图像切割引起。椒盐噪声是指两种噪声:一种是盐噪声（Salt Noise）;另一种是胡椒噪声（Pepper Noise）。盐＝白色,椒＝黑色。前者是高灰度噪声,后者属于低灰度噪声。一般两种噪声同时出现,呈现在图像上就是黑白杂点。

（3）冲击噪声（Impulsive Noise）。指一幅图像被个别噪声像素破坏,而且这些噪声像素的亮度与其领域的亮度明显不同。冲击噪声呈突发状,常由外界因素引起;其噪声幅度可能相当大,无法靠提高信噪比来避免,是传输中的主要差错。

（4）量化噪声（Quatization Noise）。是指在量化级别不同时出现的噪声。

为了模拟不同方法的去噪音效果,MATLAB 图像处理工具箱中使用 imnoise 函数对一幅图像加入不同类型的噪声。它常用的调用方法如下:

```
J = imnoise(I, type)
J = imnoise(I, type, parameters)
```

其中,I 是指要加入噪声的图像;type 是指不同类型的噪声;parameters 是指不同类型噪声的参数;J 是返回的含有噪声的图像。函数 imnoise 中 type 参数的取值及意义如表 9-1 所示。

表 9-1　函数 imnoise 中 type 参数的取值及意义

参　数　值	描　　述	参　数　值	描　　述
gaussian	表示高斯噪声	speckle	表示乘法噪声
localva	表示零均值的高斯白噪声	poission	表示泊松噪声
salt & pepper	表示椒盐噪声		

【例 9-5】　对图像添加高斯噪声,然后进行线性组合。

```
a = imread('saturn.png');
a1 = imnoise(a,'gaussian',0,0.005);        % 对原始图像加高斯噪声,共得到 4 幅图像
a2 = imnoise(a,'gaussian',0,0.005);
a3 = imnoise(a,'gaussian',0,0.005);
a4 = imnoise(a,'gaussian',0,0.005);
k = imlincomb(0.25,a1,0.25,a2,0.25,a3,0.25,a4);    % 线性组合
subplot(131);
imshow(a);
title('原始图像')
subplot(132);
imshow(a1);
title('高斯噪声图像')
subplot(133);
imshow(k,[]);
title('线性组合')
```

运行结果如图 9-10 所示。

图 9-10　对图像添加高斯噪声并进行线性组合

【例 9-6】 对图像添加高斯噪声、椒盐噪声和乘法噪声。

```
I = imread('circuit.tif');
subplot(2,2,1),
imshow(I);
title('原始图像')
J1 = imnoise(I,'gaussian',0,0.02);          %叠加均值为 0,方差为 0.02 的高斯噪声
subplot(2,2,2),
imshow(J1);
title('高斯噪声图像')
J2 = imnoise(I,'salt & pepper',0.04);       %叠加密度为 0.04 的椒盐噪声
subplot(2,2,3),
imshow(J2);
title('椒盐噪声图像')
J3 = imnoise(I, 'speckle',0.04);            %叠加密度为 0.04 的乘法噪声
subplot(2,2,4),
imshow(J2);
title('乘法噪声图像')
```

运行结果如图 9-11 所示。

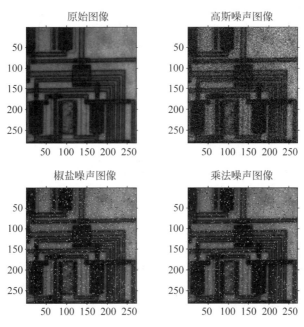

图 9-11　分别添加不同噪声后的图像的效果图

9.2.2　平滑滤波器

　　平滑滤波器的输出响应是包含在滤波模板邻域内像素的简单平均值,因此这些滤波器也称为均值滤波器。均值滤波用邻域的均值代替像素值,减小了图像灰度的尖锐变化。由于典型的随机噪声就是由这种尖锐变化组成,因此均值滤波的主要应用就是减噪,即除去图像中不相干的细节,其中"不相干"是指与滤波模板尺寸相比较小的像素区域。

但是图像边缘也是由图像灰度尖锐变化带来的特性,因而均值滤波总是存在不希望的边缘模糊的负面效应。均值滤波器可以衍生出另一种特殊的加权均值滤波器,即用不同的系数乘以像素,从权值上看,一些像素比另一些更重要。

在 MATLAB 中,fspecial 函数用于对图像进行平滑滤波,该函数的调用格式为

```
h = fspecial(type,para)
```

其中,参数 type 指定算子类型,type＝'average'表示指定的滤波器;para 为指定相应的参数,para 默认值为 3。

```
B = filter2(h,A)
```

其中,A 为输入图像;h 为滤波算子;B 为输出图像。

【例 9-7】 对图像添加不同的噪声,再用 3 * 3 的滤波模板对其进行平滑滤波。

```
I = imread('peppers.png');                          % 读入图像
subplot(2,3,1),imshow(I);                           % 显示原始图像
title('原始图像');
I = rgb2gray(I);
J = imnoise(I,'salt & pepper',0.03);                % 加均值为 0,方差为 0.03 的椒盐噪声
subplot(2,3,2),imshow(J);                           % 显示处理后的图像
title('椒盐噪声');                                    % 设置图像标题
K = filter2(fspecial('average',3),J)/255;
subplot(2,3,3),imshow(K,[]);
title('椒盐噪声被滤波后的图像');
J2 = imnoise(I,'gaussian',0.03);                    % 加均值为 0,方差为 0.03 的高斯噪声
subplot(2,3,4),imshow(J2);
title('高斯噪声');                                    % 设置图像标题
K2 = medfilt2(J2);                                  % 图像滤波处理
subplot(2,3,5),imshow(K2,[]);
title('高斯噪声被滤波后的图像');
```

运行结果如图 9-12 所示。

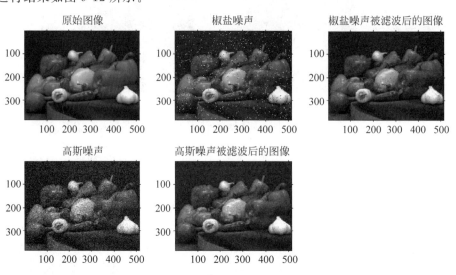

图 9-12 用 3 * 3 的滤波窗口进行平滑滤波效果

【**例 9-8**】 对图像添加不同的噪声,再用 $5*5$ 的滤波模板对其进行平滑滤波。

```
I = imread('peppers.png');                    % 读入图像
subplot(2,3,1),imshow(I);                      % 显示原始图像
title('原始图像');
I = rgb2gray(I);
J = imnoise(I,'salt & pepper',0.03);          % 加均值为 0,方差为 0.03 的椒盐噪声
subplot(2,3,2),imshow(J);                      % 显示处理后的图像
title('椒盐噪声');                              % 设置图像标题
K = filter2(fspecial('average',5),J)/255;
subplot(2,3,3),imshow(K,[]);
title('椒盐噪声被 5*5 的模板滤波后的图像');
J2 = imnoise(I,'gaussian',0.03);              % 加均值为 0,方差为 0.03 的高斯噪声
subplot(2,3,4),imshow(J2);
title('高斯噪声');                              % 设置图像标题
K2 = medfilt2(J2);                             % 图像滤波处理
subplot(2,3,5),imshow(K2,[]);
title('高斯噪声被 5*5 的模板滤波后的图像');
```

运行结果如图 9-13 所示。

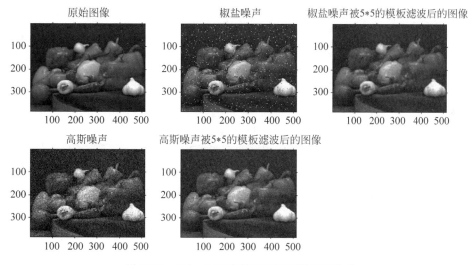

图 9-13 用 $5*5$ 滤波窗口进行平滑滤波效果

【**例 9-9**】 对图像实现平滑滤波处理。

```
I = imread('peppers.png');
subplot(231)
imshow(I)
title('原始图像')
I = rgb2gray(I);
I1 = imnoise(I,'salt & pepper',0.02);
subplot(232)
imshow(I1)
title('添加椒盐噪声的图像')
```

```
k1 = filter2(fspecial('average',3),I1)/255;        %进行3*3模板平滑滤波
k2 = filter2(fspecial('average',5),I1)/255;        %进行5*5模板平滑滤波
k4 = filter2(fspecial('average',9),I1)/255;        %进行9*9模板平滑滤波
k3 = filter2(fspecial('average',7),I1)/255;        %进行7*7模板平滑滤波
subplot(233),
imshow(k1);
title('3*3模板平滑滤波');
subplot(234),
imshow(k2);
title('5*5模板平滑滤波');
subplot(235),
imshow(k3);
title('7*7模板平滑滤波');
subplot(236),
imshow(k4);
title('9*9模板平滑滤波');
```

运行结果如图 9-14 所示。

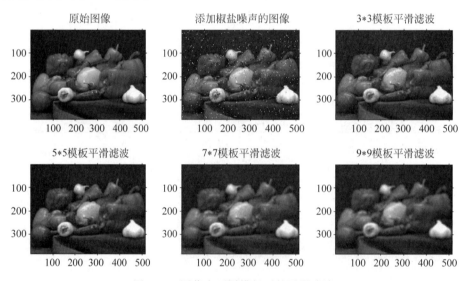

图 9-14   图像在不同模板下的平滑滤波

9.2.3   中值滤波器

中值滤波是基于排序统计理论的一种能有效抑制噪声的非线性信号处理技术，其基本原理是把数字图像或数字序列中一点的值用该点的一个邻域中各点值的中值代替，让周围的像素值接近真实值，从而消除孤立的噪声点。

中值滤波的方法是用某种结构的二维滑动模板，将板内像素按照像素值的大小进行排序，生成单调上升（或下降）的为二维数据序列。在 MATLAB 中，medfilt2 函数用于实现中值滤波，该函数的调用方法如下：

```
B = medfilt2(A)
B = medfilt2(A,[m,n])
```

其中,m 和 n 的默认值为 3 的情况下执行中值滤波,每个输出像素为 m×n 邻域的中值。

【**例 9-10**】 对图像添加不同的噪声,再用 3 * 3 的滤波模板对其进行中值滤波。

```
I = imread('eight.tif');                %读入图像
subplot(2,3,1),imshow(I);               %显示原始图像
title('原始图像');
J = imnoise(I,'salt & pepper',0.03);    %加均值为 0,方差为 0.03 的椒盐噪声
subplot(2,3,2),imshow(J);               %显示处理后的图像
title('椒盐噪声');                        %设置图像标题
K = medfilt2(J);
subplot(2,3,3),imshow(K,[]);
title('椒盐噪声被滤波后的图像');
J2 = imnoise(I,'gaussian',0.03);        %加均值为 0,方差为 0.03 的高斯噪声
subplot(2,3,4),imshow(J2);
title('高斯噪声');                        %设置图像标题
K2 = medfilt2(J2);                       %图像滤波处理
subplot(2,3,5),imshow(K2,[]);
title('高斯噪声被滤波后的图像');
```

运行结果如图 9-15 所示。

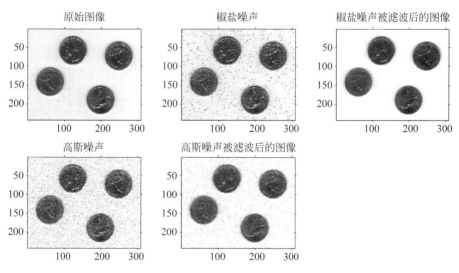

图 9-15 用 3 * 3 的滤波窗口进行中值滤波效果

【**例 9-11**】 对图像添加不同的噪声,再用 5 * 5 的滤波模板对其进行中值滤波。

```
I = imread('eight.tif');                %读入图像
subplot(2,3,1),imshow(I);               %显示原始图像
title('原始图像');
J = imnoise(I,'salt & pepper',0.03);    %加均值为 0,方差为 0.03 的椒盐噪声
subplot(2,3,2),imshow(J);               %显示处理后的图像
```

```
title('椒盐噪声');                        % 设置图像标题
K = medfilt2(J,[5,5]);
subplot(2,3,3),imshow(K,[]);
title('椒盐噪声被 5 * 5 的模板滤波后的图像');
J2 = imnoise(I,'gaussian',0.03);         % 加均值为 0,方差为 0.03 的高斯噪声
subplot(2,3,4),imshow(J2);
title('高斯噪声');                        % 设置图像标题
K2 = medfilt2(J2,[5,5]);                 % 图像滤波处理
subplot(2,3,5),imshow(K2,[]);
title('高斯噪声被 5 * 5 的模板滤波后的图像');
```

运行结果如图 9-16 所示。

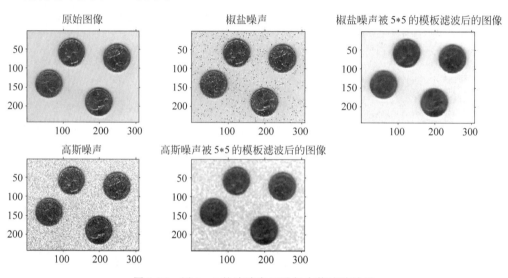

图 9-16　用 5 * 5 的滤波窗口进行中值滤波效果

【例 9-12】　中值滤波器对椒盐噪声的滤除效果。

```
I = imread('eight.tif');
J = imnoise(I,'salt & pepper',0.03);
subplot(231),
imshow(I);
title('原始图像');
subplot(232),
imshow(J);
title('添加椒盐噪声图像');
k1 = medfilt2(J);                        % 进行 3 * 3 模板中值滤波
k2 = medfilt2(J,[5,5]);                  % 进行 5 * 5 模板中值滤波
k3 = medfilt2(J,[7,7]);                  % 进行 7 * 7 模板中值滤波
k4 = medfilt2(J,[9,9]);                  % 进行 9 * 9 模板中值滤波
subplot(233),
imshow(k1);
title('3 * 3 模板中值滤波');
subplot(234),
imshow(k2);
```

```
title('5 * 5 模板中值滤波');
subplot(235),
imshow(k3);
title('7 * 7 模板中值滤波');
subplot(236),
imshow(k4);
title('9 * 9 模板中值滤波');
```

运行结果如图 9-17 所示。

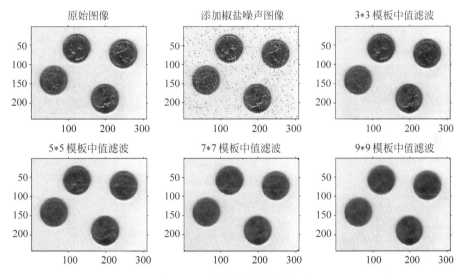

图 9-17　不同模板的中值滤波

9.2.4　自适应滤波器

自适应滤波器指根据环境的改变,使用自适应算法来改变滤波器的参数和结构。在 MATLAB 中,wiener2 函数用于对图像进行自适应除噪滤波,其可以估计每个像素的局部均值与方差,该函数调用方法如下:

```
J = wiener2(I,[M N],noise)
```

表示使用 M×N 大小邻域局部图像均值与偏差,采用像素式自适应滤波器对图像 I 进行滤波。

【例 9-13】　对图像添加不同的噪声,再用 3 * 3 的模板对其进行自适应滤波。

```
I = imread('tape.png');                  %读入图像
subplot(2,3,1),imshow(I);                %显示原始图像
title('原始图像');
I = rgb2gray(I);
J = imnoise(I,'salt & pepper',0.03);     %加均值为 0,方差为 0.03 的椒盐噪声
subplot(2,3,2),imshow(J);                %显示处理后的图像
title('椒盐噪声');                        %设置图像标题
```

```
K = wiener2 (J);
subplot(2,3,3),imshow(K,[]);
title('椒盐噪声被滤波后的图像');
J2 = imnoise(I,'gaussian',0.03);          %加均值为 0,方差为 0.03 的高斯噪声
subplot(2,3,4),imshow(J2);
LiLle('高斯噪声');                          %设置图像标题
K2 = wiener2 (J2);                         %图像滤波处理
subplot(2,3,5),imshow(K2,[]);
title('高斯噪声被滤波后的图像');
```

运行结果如图 9-18 所示。

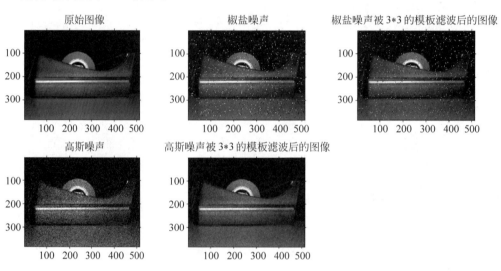

原始图像　　　　　椒盐噪声　　　　椒盐噪声被3*3的模板滤波后的图像

高斯噪声　　　高斯噪声被3*3的模板滤波后的图像

图 9-18　用 3 * 3 的滤波窗口进行自适应滤波效果

【例 9-14】　对图像添加不同的噪声,再用 5 * 5 的模板对其进行自适应滤波。

```
I = imread('tape.png');                   %读入图像
subplot(2,3,1),imshow(I);                 %显示原始图像
title('原始图像');
I = rgb2gray(I);
J = imnoise(I,'salt & pepper',0.03);      %加均值为 0,方差为 0.03 的椒盐噪声
subplot(2,3,2),imshow(J);                 %显示处理后的图像
title('椒盐噪声');                         %设置图像标题
K = wiener2 (J,[5,5]);
subplot(2,3,3),imshow(K,[]);
title('椒盐噪声被 5 * 5 的模板滤波后的图像');
J2 = imnoise(I,'gaussian',0.03);          %加均值为 0,方差为 0.03 的高斯噪声
subplot(2,3,4),imshow(J2);
title('高斯噪声');                         %设置图像标题
K2 = wiener2 (J2, [5,5]);                 %图像滤波处理
subplot(2,3,5),imshow(K2,[]);
title('高斯噪声被 5 * 5 的模板滤波后的图像');
```

运行结果如图 9-19 所示。

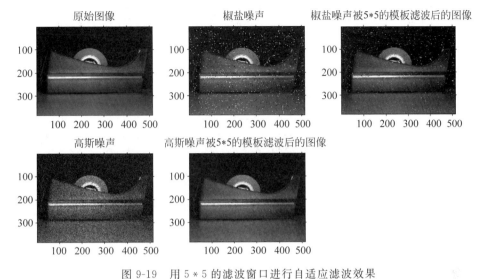

图 9-19　用 5 * 5 的滤波窗口进行自适应滤波效果

【例 9-15】　中值滤波器对椒盐噪声的滤除效果。

```
I = imread('tape.png');
subplot(231),
imshow(I);
title('原始图像');
I = rgb2gray(I);
J = imnoise(I,'salt & pepper',0.04);
subplot(232),imshow(J);title('添加椒盐噪声图像');
k1 = wiener2 (J);                    %进行3*3模板中值滤波
k2 = wiener2 (J,[5,5]);              %进行5*5模板中值滤波
k3 = wiener2 (J,[7,7]);              %进行7*7模板中值滤波
k4 = wiener2 (J,[9,9]);              %进行9*9模板中值滤波
subplot(233),
imshow(k1);
title('3*3模板中值滤波');
subplot(234),
imshow(k2);
title('5*5模板中值滤波 ');
subplot(235),
imshow(k3);
title('7*7模板中值滤波');
subplot(236),
imshow(k4);
title('9*9模板中值滤波');
```

运行结果如图 9-20 所示。

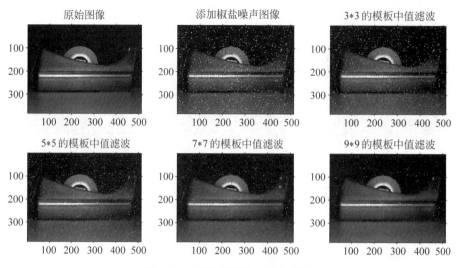

图 9-20　不同模板的自适应滤波

9.2.5　锐化滤波器

数字图像处理中图像锐化的目的有两个：一是增强图像的边缘，使模糊的图像变得清晰，这种模糊不是由于错误操作，而是特殊图像获取方法的固有影响；二是提取目标物体的边界，对图像进行分割，便于目标区域的识别等。

通过图像的锐化，使得图像的质量有所改变，产生更适合人观察和识别的图像。数字图像的锐化可分为线性锐化滤波和非线性锐化滤波。如果输出像素是输入像素邻域像素的线性组合则称为线性滤波，否则称为非线性滤波。

线性高通滤波器是最常用的线性锐化滤波器，这种滤波器必须满足滤波器的中心系数为正数，其他系数为负数。

非线性锐化滤波就是使用微分对图像进行处理，以此来锐化由于邻域平均导致的模糊图像。图像处理中最常用的微分是利用图像沿某个方向上的灰度变化率，即原图像函数的梯度。梯度定义为

$$\Delta x = f(x,y) - f(x+1,y)$$
$$\Delta x = f(x,y) - f(x,y+1)$$

梯度模的表达式为

$$\mid \nabla f \mid \; = \; \mid \nabla x \mid + \mid \nabla y \mid$$

在数字图像处理中，数据是离散的，幅值是有限的，其发生的最短距离在两相邻像素之间。因此在数字图像处理中通常采用一阶差分来定义微分算子。

其差分形式为

$$\Delta xf = f(x+1,y) - f(x,y)$$
$$\Delta yf = f(x,y+1) - f(x,y)$$

比较有名的微分滤波器算子包括 Sobel 梯度算子、Prewitt 梯度算子和 LOG 算子等。

【例 9-16】 利用线性锐化滤波器对图像进行锐化处理。

```
clear all;                            %利用拉普拉斯算子对模糊图像进行增强
I = imread('rice.png');
subplot(1,2,1);imshow(I);
title('原始图像');
I = double(I);                        %转换数据类型为 double 双精度型
H = [0 1 0,1 - 4 1,0 1 0];            %拉普拉斯算子
J = conv2(I,H,'same');                %用拉普拉斯算子对图像进行二维卷积运算
K = I - J;
subplot(1,2,2),imshow(K,[])
title('锐化滤波处理')
```

运行结果如图 9-21 所示。

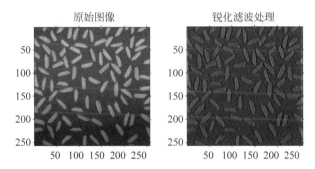

图 9-21　利用拉普拉斯算子对模糊图像进行锐化处理

【例 9-17】 对图像进行梯度法锐化。

```
clear all;
[I,map] = imread('trees.tif');
subplot(2,2,1);imshow(I);
title('原始图像');
I = double(I);                        %数据类型转换
[IX,IY] = gradient(I);                %梯度
gm = sqrt(IX. * IX + IY. * IY);
out1 = gm;
subplot(2,2,2);imshow(out1,map);
title('梯度值');
out2 = I;
J = find(gm > = 15);                  %阈值处理
out2(J) = gm(J);
subplot(2,2,3);imshow(out2,map);
title('对梯度值加阈值');
out3 = I;
J = find(gm > = 20);                  %阈值黑白化
out3(J) = 255;                        %设置为白色
K = find(gm < 20);                    %阈值黑白化
out3(K) = 0;                          %设置为黑色
subplot(2,2,4);imshow(out3,map);
title('二值化处理')
```

运行结果如图 9-22 所示。

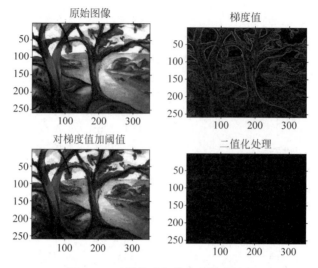

图 9-22　对图像进行梯度法锐化效果

【例 9-18】　利用 Sobel 梯度算子、Prewitt 梯度算子和 LOG 算子对图像进行锐化处理。

```
I = imread('coins.png');              %读入图像
subplot(2,2,1),
imshow(I);
title('原始图像');                     %显示原图像
H = fspecial('Sobel');                 %应用 Sobel 算子锐化图像
I2 = filter2(H,I);                     %Sobel 算子滤波锐化
subplot(2,2,2);
imshow(I2);                            %显示 Sobel 算子锐化图像
title('Sobel 算子锐化图像');
H1 = fspecial('Prewitt');              %应用 Prewitt 算子锐化图像
I3 = filter2(H1,I);                    %Prewitt 算子滤波锐化
subplot(2,2,3);imshow(I3);             %显示 Prewitt 算子锐化图像
title('Prewitt 算子锐化图像');
H2 = fspecial('LOG');                  %应用 LOG 算子锐化图像
I4 = filter2(H2,I);                    %LOG 算子滤波锐化
subplot(2,2,4);
imshow(I4);                            %显示 LOG 算子锐化图像
title('LOG 算子锐化图像');
```

运行结果如图 9-23 所示。

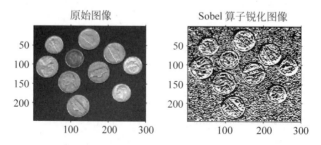

图 9-23　利用 Sobel 梯度算子、Prewitt 梯度算子和 LOG 算子对图像进行锐化处理

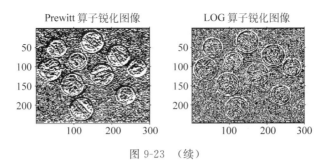

Prewitt 算子锐化图像　　　　LOG 算子锐化图像

图 9-23 （续）

9.3　图像的频域滤波增强

　　图像的频域增强是利用图像变换方法将原来的图像空间中的图像以某种形式转换到其他空间中,然后利用该空间的特有性质再进行图像处理,最后转换回原来的图像空间中,从而得到处理后的图像。

　　频域增强的主要步骤如下。

　　(1) 选择变换方法,将输入图像变换到频域空间。

　　(2) 在频域空间中,根据处理目的设计一个转移函数并进行处理。

　　(3) 将所得结果用反变换得到图像增强。

9.3.1　低通滤波器

　　图像在传递过程中,由于噪声主要集中在高频部分,为去除噪声改善图像质量,滤波器采用低通滤波器 $H(u,v)$ 来抑制高频成分,通过低频成分,然后再进行傅里叶逆变换获得滤波图像,就可达到平滑图像的目的。由卷积定理可知低通滤波器数学表达式为

$$G(u,v) = F(u,v)H(u,v)$$

其中,$F(u,v)$ 为含有噪声的原图像的傅里叶变换域;$H(u,v)$ 为传递函数;$G(u,v)$ 为经低通滤波后输出图像的傅里叶变换。假定噪声和信号成分在频率上可分离,且噪声表现为高频成分。低通滤波滤去除了高频成分,而低频信息基本无损失地通过。常用的低通滤波器有如下几种。

　　1. 理想低通滤波器

　　设傅里叶平面上理想低通滤波器离开原点的截止频率为 D_0,则理想低通滤波器的传递函数为

$$H(u,v) = \begin{cases} 1 & D(u,v) \leqslant D_0 \\ 0 & D(u,v) > D_0 \end{cases}$$

式中,$D(u,v) = (u^2 + v^2)^{1/2}$ 表示点 (u,v) 到原点的距离,D_0 表示截止频率点到原点的距离。

　　2. 巴特沃斯低通滤波器

　　n 阶巴特沃斯滤波器的传递函数为

$$H(u,v) = \frac{1}{1 + \left[\dfrac{D(u,v)}{D_0}\right]^{2n}}$$

其特性是连续性衰减，而不像理想滤波器那样陡峭变化。

3. 梯形低通滤波器

梯形低通滤波器的转移函数为

$$H(u,v) = \begin{cases} 1 & D(u,v) \leqslant D' \\ \dfrac{D(u,v) - D_0}{D' - D_0} & D' < D(u,v) < D_0 \\ 0 & D(u,v) > D_0 \end{cases}$$

4. 指数低通滤波器

指数低通滤波器转移函数的表达式为

$$H(u,v) = \exp\{-[D(u,v)/D_0]^n\}$$

【例 9-19】 对图像实现理想低通滤波。

```matlab
I = imread('tire.tif');
[f1,f2] = freqspace(size(I),'meshgrid');      %生成频率序列矩阵
Hd = ones(size(I));
r = sqrt(f1.^2 + f2.^2);
Hd(r>0.1) = 0;                                 %构造滤波器
Y = fft2(double(I));
Y = fftshift(Y);
Ya = Y.*Hd;                                    %滤波
Ya = ifftshift(Ya);
Ia01 = ifft2(Ya);
Hd(r>0.2) = 0;                                 %构造滤波器
Y = fft2(double(I));
Y = fftshift(Y);
Ya = Y.*Hd;
Ya = ifftshift(Ya);
Ia02 = ifft2(Ya);
Hd(r>0.5) = 0;                                 %构造滤波器
Y = fft2(double(I));
Y = fftshift(Y);
Ya = Y.*Hd;
Ya = ifftshift(Ya);
Ia05 = ifft2(Ya);
subplot(2,2,1),
imshow(I),
title('原始图像')
subplot(2,2,2),
imshow(uint8(Ia01)),
title('r 为 0.1 时')
subplot(2,2,3),
imshow(uint8(Ia02)),
title('r 为 0.2 时')
```

```
subplot(2,2,4),
imshow(uint8(Ia05)),
title('r 为 0.5 时')
```

运行结果如图 9-24 所示。

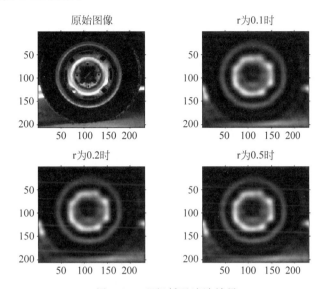

图 9-24 理想低通滤波效果

【例 9-20】 对图像进行巴特沃斯低通滤波。

```
I = imread('cell.tif');
[f1,f2] = freqspace(size(I),'meshgrid');
D = 0.4;                              % 截止频率
n = 1;
Hd = ones(size(I));
r = sqrt(f1.^2 + f2.^2);
for i = 1:size(I,1)
    for j = 1:size(I,2)
        t = r(i,j)/(D * D);
        Hd(i,j) = 1/(t^n + 1);       % 构造滤波函数
    end
end
B = fft2(double(I));
B = fftshift(B);
Ba = B. * Hd;
Ba = ifftshift(Ba);
Ia1 = ifft2(Ba);
n = 2;
Hd = ones(size(I));
r = sqrt(f1.^2 + f2.^2);
for i = 1:size(I,1)
    for j = 1:size(I,2)
        t = r(i,j)/(D * D);
        Hd(i,j) = 1/(t^n + 1);       % 构造滤波函数
```

```
        end
end
B = fft2(double(I));
B = fftshift(B);
Ba = B. * Hd;
Ba = ifftshift(Ba);
Ia2 = ifft2(Ba);
n = 6;
Hd  = ones(size(I));
r = sqrt(f1.^2 + f2.^2);
for i = 1:size(I,1)
    for j = 1:size(I,2)
        t = r(i,j)/(D * D);
        Hd(i,j) = 1/(t^n + 1);              % 构造滤波函数
    end
end
B = fft2(double(I));
B = fftshift(B);
Ba = B. * Hd;
Ba = ifftshift(Ba);
Ia6 = ifft2(Ba);
subplot(2,2,1),
imshow(I),
title('原始图像');
subplot(2,2,2),
imshow(uint8(Ia1)),
title('n 为 10 的滤波效果');
subplot(2,2,3),
imshow(uint8(Ia2)),
title('n 为 13 的滤波效果');
subplot(2,2,4),
imshow(uint8(Ia6)),
title('n 为 18 的滤波效果');
```

运行结果如图 9-25 所示。

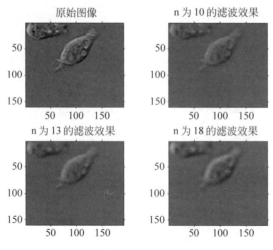

图 9-25　巴特沃斯低通滤波

【例 9-21】 对图像进行指数低通滤波。

```
I = imread('gantrycrane.png');
[f1,f2] = freqspace(size(I),'meshgrid');
D = 10/size(I,1);                              % D 为 10
Hd = ones(size(I));
r = f1.^2 + f2.^2;
for i = 1:size(I,1)
    for j = 1:size(I,2)
        t = r(i,j)/(D * D);
        Hd(i,j) = exp( - t);
    end
end
E = fft2(double(I));
E = fftshift(E);
Ea = E. * Hd;
Ea = ifftshift(Ea);
Ia10 = ifft2(Ea);
D = 40/size(I,1);                              % D 为 40
Hd = ones(size(I));
r = f1.^2 + f2.^2;
for i = 1:size(I,1)
    for j = 1:size(I,2)
        t = r(i,j)/(D * D);
        Hd(i,j) = exp( - t);
    end
end
E = fft2(double(I));
E = fftshift(E);
Ea = E. * Hd;
Ea = ifftshift(Ea);
Ia40 = ifft2(Ea);
D = 100/size(I,1);                             % D 为 100
Hd = ones(size(I));
r = f1.^2 + f2.^2;
for i = 1:size(I,1)
    for j = 1:size(I,2)
        t = r(i,j)/(D * D);
        Hd(i,j) = exp( - t);
    end
end
E = fft2(double(I));
E = fftshift(E);
Ea = E. * Hd;
Ea = ifftshift(Ea);
Ia100 = ifft2(Ea);
subplot(2,2,1),
imshow(I),
title('原始图像')                              % 图像显示
subplot(2,2,2),
```

```
imshow(uint8(Ia10)),
title('D 为 10');
subplot(2,2,3),
imshow(uint8(Ia40)),
title('D 为 40');
subplot(2,2,4),
imshow(uint8(Ia100)),
title('D 为 100');
```

运行结果如图 9-26 所示。

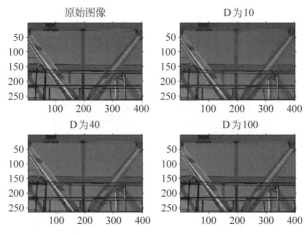

图 9-26　指数低通滤波效果

【例 9-22】 利用各种频域低通滤波器对图像进行滤波。

```
clear all;
[I,map] = imread('canoe.tif');          % 读取图像
noisy = imnoise(I,'gaussian',0.02);
[M,N] = size(I);
F = fft2(noisy);
fftshift(F);
Dcut = 100;
D0 = 150;
D1 = 250;
for u = 1:M
    for v = 1:N
        D(u,v) = sqrt(u^2 + v^2);
        BUTTERH(u,v) = 1/(1 + (sqrt(2) - 1) * (D(u,v)/Dcut)^2);
        EXPOTH(u,v) = exp(log(1/sqrt(2)) * (D(u,v)/Dcut)^2);
        if D(u,v)< D0
            THPFH(u,v) = 1;
        elseif D(u,v)<= D1
            THPEH(u,v) = (D(u,v) - D1)/(D0 - D1);
        else
            THPFH(u,v) = 0;
```

```
            end
        end
end
BUTTERG = BUTTERH. * F;
B = ifft2(BUTTERG);
EXPOTG = EXPOTH. * F;
E = ifft2(EXPOTG);
THPFG = THPFH. * F;
T = ifft2(THPFG);
figure, subplot(221);imshow(noisy);
title('加噪声图像')                          %显示图像
subplot(222);imshow(B,map);
 title('巴特沃斯低通滤波')
subplot(223);imshow(E,map) ;
 title('指数低通滤波')
subplot(224);imshow(T,map);
 title('梯形低通滤波')
```

运行结果如图 9-27 所示。

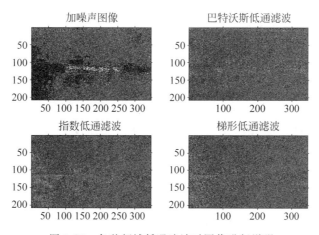

图 9-27　各种频域低通滤波对图像进行增强

9.3.2　高通滤波器

图像中的细节部分与其频率的高频分量相对应,所以高通滤波可以对图像进行锐化处理。高通滤波器与低通滤波器的作用相反,它使高频分量顺利通过,而削弱低频分量。

图像的边缘、细节主要位于高频部分,而图像的模糊是由于高频成分比较弱产生的。采用高通滤波器可以对图像进行锐化处理,消除了模糊,突出边缘。因此采用高通滤波器让高频成分通过,使低频成分削弱,再经逆傅里叶变换得到边缘锐化的图像。常用的高通滤波器有以下几种。

1. 理想高通滤波器

二维理想高通滤波器的传递函数为

$$H(u,v) = \begin{cases} 0 & D(u,v) \leqslant D_0 \\ 1 & D(u,v) > D_0 \end{cases}$$

2. 巴特沃斯高通滤波器

n 阶巴特沃斯高通滤波器的传递函数定义为

$$H(u,v) = \cfrac{1}{1 + \left[\cfrac{D_0}{D(u,v)}\right]^{2n}}$$

3. 梯形高通滤波器

梯形高通滤波器的转移函数为

$$H(u,v) = \begin{cases} 0 & D(u,v) \leqslant D_0 \\ \cfrac{D(u,v) - D_0}{D' - D_0} & D_0 < D(u,v) < D' \\ 1 & D(u,v) > D' \end{cases}$$

4. 指数高通滤波器

指数高通滤波器的转移函数表达式为

$$H(u,v) = 1 - \exp\{-[D(u,v)/D_0]^n\}$$

【例 9-23】 用理想高通滤波器在频率域实现高频增强。

```
I = imread('eight.tif');              %读取图像
figure,
subplot(221);
imshow(I);
title('原始图像');
s = fftshift(fft2(I));                %采用傅里叶变换并移位
subplot(222);
imshow(log(abs(s)),[]);
title('傅里叶变换取对数所得频谱');
[a,b] = size(s);
a0 = round(a/2);
b0 = round(b/2);
d = 10;
p = 0.2;q = 0.5;
for i = 1:a
    for j = 1:b
        distance = sqrt((i - a0)^2 + (j - b0)^2);
        if distance <= d h = 0;
        else h = 1;
        end;
        s(i,j) = (p + q * h) * s(i,j);
    end;
end;
```

```
s = uint8(real(ifft2(ifftshift(s))));
subplot(223);
imshow(s);
title('高通滤波所得图像');
subplot(224);
imshow(s + I);
title('高频增强图像');
```

运行结果如图 9-28 所示。

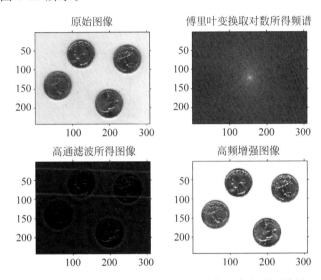

原始图像　　傅里叶变换取对数所得频谱

高通滤波所得图像　　高频增强图像

图 9-28　用理想高通滤波器在频率域实现高频增强效果

【例 9-24】　用巴特沃斯高通滤波对图像进行增强。

```
I = imread('onion.png');
[f1,f2] = freqspace(size(I),'meshgrid');
D = 0.4;                          % 截止频率
n = 1;
Hd = ones(size(I));
r = sqrt(f1.^2 + f2.^2);
for i = 1:size(I,1)
    for j = 1:size(I,2)
        t = r(i,j)/(D * D);
        Hd(i,j) = t^n/(t^n + 1);  % 构造滤波函数
    end
end
B = fft2(double(I));
B = fftshift(B);
Ba = B. * Hd;
Ba = ifftshift(Ba);
Ia1 = ifft2(Ba);
n = 5;
Hd = ones(size(I));
```

```
r = sqrt(f1.^2 + f2.^2);
for i = 1:size(I,1)
    for j = 1:size(I,2)
        t = r(i,j)/(D*D);
        Hd(i,j) = t^n/(t^n+1);          %构造滤波函数
    end
end
B = fft2(double(I));
B = fftshift(B);
Ba = B.*Hd;
Ba = ifftshift(Ba);
Ia2 = ifft2(Ba);
n = 15;
Hd = ones(size(I));
r = sqrt(f1.^2 + f2.^2);
for i = 1:size(I,1)
    for j = 1:size(I,2)
        t = r(i,j)/(D*D);
        Hd(i,j) = t^n/(t^n+1);          %构造滤波函数
    end
end
B = fft2(double(I));
B = fftshift(B);
Ba = B.*Hd;
Ba = ifftshift(Ba);
Ia6 = ifft2(Ba);
%显示图像
subplot(2,2,1),
imshow(I),
title('原始图像');
subplot(2,2,2),
imshow(uint8(Ia1)),
title('n为1');
subplot(2,2,3),
imshow(uint8(Ia2)),
title('n为5');
subplot(2,2,4),
imshow(uint8(Ia6)),
title('n为15');
```

运行结果如图 9-29 所示。

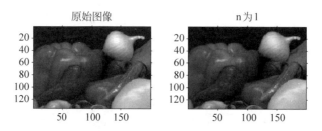

图 9-29 巴特沃斯高通滤波效果

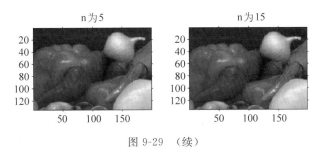

图 9-29 （续）

【例 9-25】 用指数和梯形高通滤波器对图像进行增强。

```
clear all;
I = imread('canoe.tif');
subplot(221),
imshow(I);
title('原始图像');
noisy = imnoise(I,'gaussian',0.01);          %原始图像中加入高斯噪声
[M N] = size(I);
F = fft2(noisy);
fftshift(F);
Dcut = 100;
D0 = 250;
D1 = 150;
for u = 1:M
    for v = 1:N
        D(u,v) = sqrt(u^2 + v^2);
EXPOTH(u,v) = exp(log(1/sqrt(2)) * (Dcut/D(u,v))^2);    %指数高通滤波器传递函数
        if D(u,v)< D1                                      %梯形高通滤波器传递函数
            THFH(u,v) = 0;
        elseif D(u,v)< = D0
            THPFH(u,v) = (D(u,v) - D1)/(D0 - D1);
        else
            THPFH(u,v) = 1;
        end
    end
end
EXPOTG = EXPOTH. * F;
EXPOTfiltered = ifft2(EXPOTG);
THPFG = THPFH. * F;
THPFfiltered = ifft2(THPFG);
subplot(2,2,2),
imshow(noisy)
title('加入高斯噪声的图像');
subplot(2,2,3),
imshow(EXPOTfiltered)
title('指数高通滤波器');
subplot(2,2,4),
imshow(THPFfiltered);
title('梯形高通滤波器');
```

运行结果如图 9-30 所示。

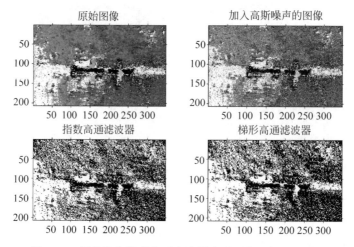

图 9-30　用指数和梯形高通滤波器来对图像进行增强效果

9.3.3　同态滤波器

一般来说,图像的边缘和噪声都对应于傅里叶变换的高频分量。而低频分量主要决定图像在平滑区域中总体灰度级的显示,故被低通滤波的图像比原图像少一些尖锐的细节部分。同样,被高通滤波的图像在图像的平滑区域中将减少一些灰度级的变化并突出细节部分。

为了增强图像细节的同时尽量保留图像的低频分量,使用同态滤波方法可以保留图像原貌的同时,对图像细节进行增强。在同态滤波消噪中,先利用非线性的对数变换将乘性的噪声转化为加性的噪声。用线性滤波器消除噪声后再进行非线性的指数反变换以获得原始的无噪声图像。增强后的图像是由分别对应照度分量与反射分量的两部分叠加而成。

图像的同态滤波是基于以入射光和反射光为基础的图像模型上的,如果把图像函数 $f(x,y)$ 表示为光照函数,即照射分量 $i(x,y)$ 与反射分量 $r(x,y)$ 两个分量的乘积,那么图像的模型可以表示为

$$f(x,y) = i(x,y) \cdot r(x,y)$$

其中,$0 < r(x,y) < \infty$,$0 < i(x,y) < \infty$,$r(x,y)$ 的性质取决于成像物体的表面特性。

通过对光照分量和反射分量的研究可知,光照分量一般反映灰度的恒定分量,相当于频域中的低频信息,减弱入射光就可以起到缩小图像灰度范围的作用;而反射光与物体的边界特性是密切相关的,相当于频域中的高频信息,增强反射光就可以起到提高图像对比度的作用。因此,同态滤波器的传递函数一般在低频部分小于 1,高频部分大于 1。

进行同态滤波,首先要对原图像 $f(x,y)$ 取对数,目的是使得图像模型中的乘法运算转化为简单的加法运算。

$$z(x,y) = \ln f(x,y) = \ln i(x,y) + \ln r(x,y)$$

再对对数函数做傅里叶变换,目的是将图像转换到频域。

$$F(z(x,y)) = F[\ln i(x,y)] + F[\ln r(x,y)]$$

即 $Z = I + R$。

同态滤波器的传递函数为 $H(u,v)$。

选择适当的传递函数,压缩照射分量 $i(x,y)$ 的变化范围,削弱 $I(u,v)$,增强反射分量 $r(x,y)$ 的对比度,提升 $R(u,v)$,增强高频分量,即确定一个合适的 $H(u,v)$。

假设用一个同态滤波器函数 $H(u,v)$ 来处理原图像 $f(x,y)$ 的对数的傅里叶变换 $Z(u,v)$,得

$$S(u,v) = H(u,v)Z(u,v) = H(u,v)I(u,v) + H(u,v)R(u,v)$$

逆变换到空域,得

$$s(x,y) = F^{-1}(S(u,v))$$

再对取指数即得到最终处理结果

$$f'(x,y) = \exp(s(x,y))$$

相当于高通滤波。

由于截止频率 D 与照度场和反射系数有关,所以可以通过大量实践来选择,也可以通过对照度场的频谱分析得到光照特性,从而选取滤波器参数。

【例 9-26】 用同态滤波对图像进行增强。

```
clear;
close all;
[image_0,map] = imread('canoe.tif');          % 读取图像
image_1 = log(double(image_0) + 1);
image_2 = fft2(image_1);
n = 3;
D0 = 0.05 * pi;                                % 通过变换参数可以对滤波效果进行调整
rh = 0.9;
rl = 0.3;
[row,col] = size(image_2);
for k = 1:1:row
    for l = 1:1:col
        D1(k,l) = sqrt((k^2 + l^2));
        H(k,l) = rl + (rh/(1 + (D0/D1(k,l)^(2 * n))));
        end
end
image_3 = (image_2. * H);
image_4 = ifft2(image_3);
image_5 = (exp(image_4) - 1);
subplot( 121),
imshow(image_0,map)
title('原始图像')
subplot( 122),
imshow(real(image_5),map)
title('同态滤波')
```

运行结果如图 9-31 所示。

 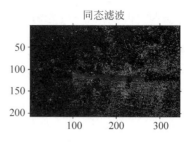

图 9-31　用同态滤波对图像进行增强效果

9.4　彩色增强

彩色增强一般是指用多波段的黑白遥感图像,通过各种方法和手段进行彩色合成或彩色显示,以突出不同物体之间的差别,提高解译效果的技术。彩色增强技术是利用人眼的视觉特性,将灰度图像变成彩色图像或改变彩色图像已有彩色的分布,改善图像的可分辨性。彩色增强方法分为真彩色增强、伪彩色增强以及假彩色增强 3 类。

9.4.1　真彩色增强

真彩色增强的对象是一幅自然的彩色图像。在彩色图像处理中,选择合适的彩色模型是很重要的。经常采用的颜色模型有 RGB、HIS 等。

【例 9-27】　对真彩色图像进行分解。

```
RGB = imread('peppers.png');              %读取图像
subplot(221),
imshow(RGB)
title('原始真彩色图像')
subplot(222),
imshow(RGB(:,:,1))                        %开始对真彩色图像进行分解
title('真彩色图像的红色分量')
subplot(223),
imshow(RGB(:,:,2))
title('真彩色图像的绿色分量')
subplot(224),
imshow(RGB(:,:,3))
title('真彩色图像的蓝色分量')
```

运行结果如图 9-32 所示。

图 9-32　对真彩色图像进行分解效果

真彩色图像的绿色分量

真彩色图像的蓝色分量

图 9-32 （续）

9.4.2 伪彩色增强

伪彩色增强是对原来灰度图像中的不同灰度值区域赋予不同的颜色,从而把灰度图像变成彩色图像,提高图像的可视分辨率。因为原图并没有颜色,所以人工赋予的颜色常称为伪彩色,这个赋色过程实际是一种重新着色的过程。

一般来说,伪彩色处理就是对图像中的黑白灰度级进行分层着色,而且分的层次越多,彩色种类就越多,人眼所能识别的信息也越多,从而达到图像增强的效果。

伪彩色变换可以是线性的也可以是非线性的,伪彩色图像处理可在空间域内实现,也可在频率域内实现。得到的伪彩色图像可以是离散的彩色图像,也可以是连续彩色图像。伪彩色增强主要有密度分割法和空间域灰度级-彩色变换法。

密度分割法是把灰度图像的灰度级从黑到白分成 N 个区间,给每个区间指定一种彩色,这样便可以把一幅灰度图像变成一幅伪彩色图像。该方法比较简单、直观,缺点是变换出的彩色数目有限。

与密度分割不同,空间域灰度级-彩色变换是一种更为常用、更为有效的伪彩色增强方法。其根据色学原理,将原图像 $f(x, y)$ 的灰度范围分段,经过红、绿、蓝 3 种不同变换,变成三基色分量 $R(x, y)$、$G(x, y)$、$B(x, y)$,然后用它们分别去控制彩色显示器的红、绿、蓝电子枪,便可以在彩色显示器的屏幕上合成一幅彩色图像。3 个变换是独立的,彩色的含量由变换函数的形式决定。

【例 9-28】 利用密度分割法来实现图像的伪彩色增强。

```
clear all;
I = imread('pout.tif');                % 读取图像
figure,
subplot(1,2,1);
imshow(I);
title('原始图像')
I = double(I);                         % 下面利用密度分割法来处理图像
c = zeros(size(I));
d = ones(size(I)) * 255;
pos = find((((I>=32)&(I<63))|((I>=96)&(I<127))|((I>=154)&(I<191))|((I>=234)&
(I<=255)));
c(pos) = d(pos);
f(:,:,3) = c;
```

```
c = zeros(size(I));
d = ones(size(I)) * 255;
pos = find(((I >= 64)&(I < 95)) | ((I >= 96)&(I < 127)) | ((I >= 192)&(I < 233)) | ((I >= 234)&
(I <= 255)));
c(pos) = d(pos);
f(:,:,2) = c;
c = zeros(size(I));
d = ones(size(I)) * 255;
pos = find(((I >= 128)&(I < 154)) | ((I >= 154)&(I < 191)) | ((I >= 192)&(I < 233)) | ((I >= 234)
&(I <= 255)));
c(pos) = d(pos);
f(:,:,1) = c;
f = uint8(f);
subplot(1,2,2);
imshow(f);
title('密度分割法彩色增强')
```

运行结果如图 9-33 所示。

图 9-33　用密度分割法来实现图像的伪彩色增强效果

【例 9-29】 利用空间域灰度级-彩色变换法对图像进行伪彩色增强。

```
clear all;
I = imread('coins.png');            % 读取图像
figure,
subplot(1,2,1);
imshow(I);
title('原始图像')
I = double(I);                      % 下面为利用空间域灰度级－彩色变换法对图像进行变换
[M,N] = size(I);
L = 256;
for i = 1:M
    for j = 1:N
        if I(i,j) <= L/4;
            R(i,j) = 0;
            G(i,j) = 4 * I(i,j);
            B(i,j) = L;
```

```
        else
            if I(i,j)< = L/2;
                R(i,j) = 0;
                G(i,j) = L;
                B(i,j) =- 4 * I(i,j) + 2 * L;
            else
                if I(i,j)< = 3 * L/4
                    R(i,j) = 4 * I(i,j) - 2 * L;
                    G(i,j) = L;
                    B(i,j) = 0;
                else
                    R(i,j) = L;
                    G(i,j) =- 4 * I(i,j) + 4 * L;
                    B(i,j) = 0;
                end
            end
        end
    end
end

for i = 1:M
    for j = 1:N
        C(i,j,1) = R(i,j);
        C(i,j,2) = G(i,j);
        C(i,j,3) = B(i,j);
    end
end
C = uint8(C);
subplot(1,2,2);
imshow(C);
title('空间域灰度级 - 彩色变换法的伪彩色增强')
```

运行结果如图 9-34 所示。

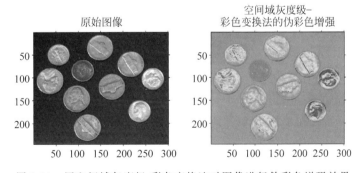

图 9-34   用空间域灰度级-彩色变换法对图像进行伪彩色增强效果

9.4.3　假彩色处理

图像的假彩色处理是指把真实的自然彩色图像或遥感多光谱图像处理成假彩色图

像的过程。图像的假彩色处理的主要用途如下。

（1）景物映射成奇异彩色,比本色更引人注目。

（2）适应人眼对颜色的灵敏度,提高鉴别能力。如人眼对绿色亮度响应最灵敏,可把细小物体映射成绿色。人眼对蓝光的强弱对比灵敏度最大,可把细节丰富的物体映射成深浅与亮度不一的蓝色。

（3）遥感多光谱图像处理成假彩色,以获得更多信息。

【例9-30】 对图像进行假彩色增强处理。

```
[RGB] = imread('pears.png');          %读取图像
imshow(RGB);

RGBnew(:,:,1) = RGB(:,:,3);           %下面进行假彩色增强
RGBnew(:,:,2) = RGB(:,:,1);
RGBnew(:,:,3) = RGB(:,:,2);
subplot(121);
imshow(RGB);
title('原始图像');
subplot(122);
imshow(RGBnew);
title('假彩色增强');
```

运行结果如图9-35所示。

图9-35 对图像进行假彩色增强效果

9.5 小波变换在图像增强方面的应用

图像增强问题主要通过时域和频域处理两种方法来解决。这两种方法各具明显优势和劣势,时域方法方便快速但会丢失很多点之间的相关信息,频域方法可以很详细地分离出点之间的相关信息,但是计算量大得多。小波变换是多尺度多分辨率的分解方式,可以将噪声和信号在不同尺度上分开。根据噪声分布的规律可以得到图像增强的目的。

9.5.1 小波图像去噪处理

二维信号用二维小波变换的去噪步骤有以下3步。

（1）二维信号的小波分解。

（2）对高频系数进行阈值量化。

（3）二维小波的重构。

以上3个步骤，重点是如何选取阈值并进行阈值的量化。

【例9-31】 对图像进行小波图像去噪处理。

```
load tire
init = 3718025452;                                    % 产生噪声
rand('seed', init);
Xnoise = X + 18 * (rand(size(X)));
colormap(map);                                        % 显示原始图像和含噪声的图像
subplot(1,3,1);
image(wcodemat(X,192));
title('原始图像')
axis square
subplot(1,3,2);
image(wcodemat(X,192));
title('含噪声的图像');
axis square
[c,s] = wavedec2(X,2,'sym5');                          % 用 sym5 小波对图像信号进行二层的小波分解
[thr,sorh,keepapp] = ddencmp('den','wv',Xnoise);      % 计算去噪的默认阈值和熵标准
[Xdenoise,cxc,lxc,perf0,perfl2] = wdencmp('gbl',c,s,'sym5',2,thr,sorh,keepapp);
subplot(1,3,3);                                        % 显示去噪后的图像
image(Xdenoise);
title('去噪后的图像');
axis square
```

运行结果如图9-36所示。

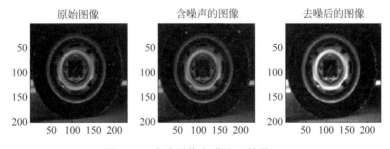

图 9-36　小波图像去噪处理效果（一）

【例9-32】 对图像进行小波图像去噪处理，其中图像所含的噪声主要是白噪声。

```
load woman;
subplot(221);
image(X);
colormap(map);
title('原始图像');
axis square
init = 2055615866; randn('seed', init)                 % 产生含噪图像
x = X + 38 * randn(size(X));
subplot(222);
```

```
image(x);
colormap(map);
title('含白噪声图像');
axis square;
[c,s] = wavedec2(x,2,'sym4');          % 用小波函数 sym4 对 x 进行 2 层小波分解
a1 = wrcoef2('a',c,s,'sym4');          % 提取小波分解中第一层的低频图像
subplot(223);image(a1);
title('第一次去噪');
axis square;
a2 = wrcoef2('a',c,s,'sym4',2);        % 提取小波分解中第二层的低频图像
subplot(224);
image(a2);
title('第二次去噪');
axis square;
```

运行结果如图 9-37 所示。

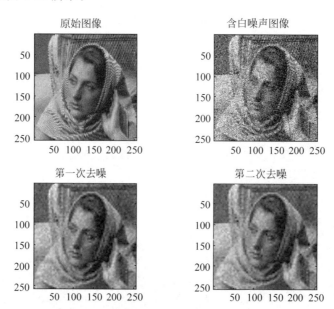

图 9-37　小波图像去噪处理效果(二)

可以看出,第一次去噪已经滤去了大部分的高频噪声,但图像中还是含有很多的高频噪声;第二次去噪是在第一次去噪的基础上,再次滤去其中的高频噪声。从去噪的结果可以看出,它具有较好的去噪效果。

【例 9-33】　利用小波分解系数阈值量化方法进行去噪处理。

```
load clown;
subplot(131);
image(X);
colormap(map);
title('原始图像');
axis square
```

```
init = 2055615866;                          %产生含噪声图像
randn('seed',init)
x = X + 10 * randn(size(X));
subplot(132);
image(X);
colormap(map);
title('含噪声图像');
axis square
[c,s] = wavedec2(x,2,'coif3');              %用小波函数coif3对x进行2层小波分解
n = [1,2];                                  %设置尺度向量n
p = [10.12,23.28];                          %设置阈值向量p
nc = wthcoef2('h',c,s,n,p,'s');
nc = wthcoef2('v',c,s,n,p,'s');
nc = wthcoef2('d',c,s,n,p,'s');
xx = waverec2(nc,s,'coif3');                %对新的小波分解结构[nc,s]进行重构
subplot(133);
image(X);
colormap(map);
title('去噪后的图像');
axis square
```

运行结果如图 9-38 所示。

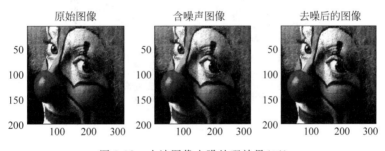

图 9-38　小波图像去噪处理效果(三)

9.5.2　图像钝化与锐化

图像钝化操作主要是提出图像中的低频成分,抑制尖锐的快速变化成分。图像锐化操作正好相反,将图像中尖锐的部分尽可能地提取出来,用于检测和识别等领域。图像钝化在时域中的处理相对简单,只需对图像做平滑滤波,使得图像中的每个点与其相邻点做平滑即可。

与图像钝化所做的工作相反,图像锐化操作的任务是突出高频信息,抑制低频信息,从快速变化的成分中分离出标识系统特性或区分子系统边界的成分。

【例 9-34】　利用小波变换对图像进行增强处理。

```
load spine
subplot(121);
image(X);
```

```
colormap(map);
title('原始图像');
axis square
[c,s] = wavedec2(X,2,'sym4');          % 用小波函数 sym4 对 X 进行 2 层小波分解
sizec = size(c);
for i = 1:sizec(2)                     % 处理分解系数,突出轮廓部分,弱化细节部分.
    if(c(i)>350)
        c(i) = 2*c(i);
    else
        c(i) = 0.5*c(i);
    end
end
xx = waverec2(c,s,'sym4');             % 重构处理后的系数
subplot(122);
image(xx);
colormap(map);
title('小波增强重构');
axis square
```

运行结果如图 9-39 所示。

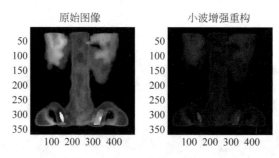

图 9-39　小波变换图像增强

【例 9-35】　通过小波变化和傅里叶两种方法对图像进行钝化处理。

```
load bust
blur1 = X;
blur2 = X;
ff1 = dct2(X);                         % 对原始图像做二维离散余弦变换
for i = 1:256                          % 对变换结果在频域做 BUTTERWORTH 滤波
for j = 1:256
ff1(i,j) = ff1(i,j)/(1+((i*j+j*j)/8192)^2);
end
end
blur1 = idct2(ff1);                    % 重建变换后的图像
 [c,l] = wavedec2(X,2,'db3');          % 对图像做两层的二维小波分解
csize = size(c);
for i = 1:csize(2);                    % 对低频系数进行放大处理,并抑制高频系数
if(c(i)>300)
c(i) = c(i)*2;
else
```

```
c(i) = c(i)/2;
end
end
blur2 = waverec2(c,l,'db3');          % 通过处理后的小波系数重建图像
subplot(131);                         % 显示 3 幅图像
image(wcodemat(X,192));
colormap(gray(256));
title('原始图像');
subplot(132);
image(wcodemat(blur1,192));
colormap(gray(256));
title(' DCT 钝化');
subplot(133);
image(wcodemat(blur2,192));
colormap(gray(256));
title('小波钝化');
```

运行结果如图 9-40 所示。

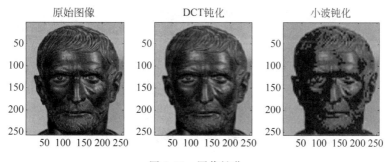

图 9-40　图像钝化

【例 9-36】 用小波变换和 DCT 变换两种方法对图像进行锐化处理。

```
load cathe_1;
blur1 = X;                            % 分别保存用 DCT 方法和小波方法的变换系数
blur2 = X;
ff1 = dct2(X);                        % 对原图像做二维离散余弦变换
for i = 1:256                         % 对变换结果在频域做 BUTTERWORTH 滤波
for j = 1:256
ff1(i,j) = ff1(i,j)/(1 + (32768/(i * i + j * j))^2);
end
end
blur1 = idct2(ff1);                   % 重建变换后的图像
 [c,l] = wavedec2(X,2,'db3');         % 对图像做两层的二维小波分解
csize = size(c);
for i = 1:csize(2);                   % 对低频系数进行放大处理,并抑制高频系数
if(abs(c(i))<300)
c(i) = c(i) * 2;
else
c(i) = c(i)/2;
```

```
end
end
blur2 = waverec2(c,l,'db3');        % 通过处理后的小波系数重建图像
subplot(131);                       % 显示 3 幅图像
image(wcodemat(X,192));
colormap(gray(256));
title('原始图像');
subplot(132);
image(wcodemat(blur1,192));
colormap(gray(256));
title('DCT 锐化图像');
subplot(133);
image(wcodemat(blur2,192));
colormap(gray(256));
title('小波锐化图像');
```

运行结果如图 9-41 所示。

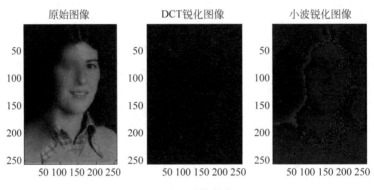

图 9-41　图像锐化

9.6　本章小结

本章介绍了图像的灰度变换增强、空域滤波增强、频域滤波增强、色彩增强以及小波在图像增强方面的应用等内容,并给出了大量的示例来阐述其在 MATLAB 中的实现方法。除了本章介绍的内容以外,还有很多图像增强的方法,希望读者通过学习,在实际应用中既可以采用单一的图像处理方法进行图像增强,也可以采用多种方法来达到预期的效果。

成像的过程中可能会出现模糊、失真或混入噪声,最终导致图像质量下降,这种现象称为图像退化。因此可以采取一些技术手段来尽量减少甚至消除图像质量的下降,还原图像的本来面目,这就是图像的复原。

学习目标:

(1) 了解图像复原的基本原理及实现方法。

(2) 掌握维纳(Wiener)滤波算法、约束最小二乘方滤波算法、Lucy-Richardson 算法和盲去卷积算法的基本原理及实现步骤。

10.1 图像退化模型与估计函数

要进行图像恢复,必须弄清楚退化现象的有关知识原理,这就要了解、分析图像退化的机理,建立起退化图像的数学模型。在一个图像系统中存在着许多退化源,其机理比较复杂,因此要提供一个完善的数学模型是比较复杂和困难的。但是在通常遇到的很多实例中,将退化原因作为线性系统退化的一个因素来对待,从而建立系统退化模型来近似描述图像的退化函数。

设原图像为 $f(x,y)$,一个系统为 H,加入外来加性噪声为 $n(x,y)$,退化成一幅图像为 $g(x,y)$,如图 10-1 所示。对于线性系统,图 10-1 模型可以表示为

$$g(x,y) = H[f(x,y)] + n(x,y)$$

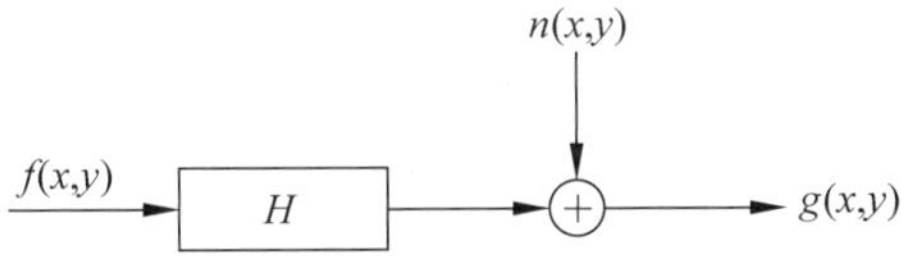

图 10-1　图像退化模型

不妨令 $n(x,y)=0$,有

$$g(x,y) = H[f(x,y)]$$

设 k、k_1、k_2 为常数,$g_1(x,y)=H\{f_1(x,y)\}$,$g_2(x,y)=H\{f_2(x,y)\}$,则退化系统 H 具有如下性质。

（1）齐次性。即系统对常数与任意图像乘积的响应等于常数与该图像的响应的乘积。齐次性的表达式为

$$H[kf(x,y)] = kH[f(x,y)] = kg(x,y)$$

（2）叠加性。即系统对两幅图像之和的响应等于它对两个输入图像的响应之和。叠加性的表达式为

$$H[f_1(x,y) + f_2(x,y)] = H[f_1(x,y)] + H[f_2(x,y)] = g_1(x,y) + g_2(x,y)$$

（3）线性。同时具有齐次性与叠加性的系统就称为线性系统。线性系统的表达式为

$$H[k_1 f_1(x,y) + k_2 f_2(x,y)] = k_1 H[f_1(x,y)] + k_2 H[f_2(x,y)]$$
$$= k_1 g_1(x,y) + k_2 g_2(x,y)$$

不满足齐次性或叠加性的系统是非线性系统。显然，线性系统为求解多个激励情况下的响应带来很大方便。

（4）位置不变性。即图像上任何一点通过该系统的响应只取决于在该点的灰度值，而与该点的坐标位置无关。位置不变性的表达式为

$$g(x-a, y-b) = H[f(x-a, y-b)]$$

10.1.1 连续退化模型

连续图像是指空间坐标位置和景物明暗程度均为连续变化的图像。事实上，一幅图像可以看成由无穷多极小的像素所组成，每一个像素都可以作为一个点源。在图像线性运算的分析中，常常用到点源的概念。在数学上，点源可以用狄拉克函数来表示，二维 σ 函数可定义为

$$\begin{cases} \iint_{-\infty}^{\infty} \int_{-\infty}^{\infty} \sigma(x,y) \mathrm{d}x \mathrm{d}y = 1 & x=0, y=0 \\ \sigma(x,y) = 0 & \text{其他} \end{cases} \tag{10-1}$$

如果二维单位冲激信号沿 x 轴和 y 轴分别有位移 x_0 和 y_0，则

$$\begin{cases} \iint_{-\infty}^{\infty} \int_{-\infty}^{\infty} \sigma(x-x_0, y-y_0) \mathrm{d}x \mathrm{d}y = 1 & x=x_0, y=y_0 \\ \sigma(x,y) = 0 & \text{其他} \end{cases} \tag{10-2}$$

$\sigma(x,y)$ 具有取样特性。由式（10-1）和式（10-2）很容易得

$$\int_{-\infty}^{\infty} \int_{-\infty}^{\infty} f(x,y) \sigma(x-x_0, y-y_0) \mathrm{d}x \mathrm{d}y = f(x_0, y_0)$$

此外，任意二维信号 $f(x,y)$ 与 $\sigma(x,y)$ 卷积的结果就是该二维信号本身，即

$$f(x,y) * \sigma(x,y) = f(x,y)$$

而任意二维信号 $f(x,y)$ 与 $\sigma(x-x_0, y-y_0)$ 卷积的结果就是该二维信号产生相应位移后的结果，即

$$f(x,y) * \sigma(x-x_0, y-y_0) = f(x-x_0, y-y_0)$$

由二维卷积定义，有

$$f(x,y) = f(x,y) * \sigma(x,y) = \int_{-\infty}^{\infty} \int_{-\infty}^{\infty} f(\alpha,\beta) \delta(x-\alpha, y-\beta) \mathrm{d}\alpha \mathrm{d}\beta$$

考虑退化模型中的 H 是线性空间不变系统，因此，根据线性系统理论，系统 H 的性

能就可以由其单位冲撤响应 $h(x,y)$ 来表征,即

$$h(x,y) = H[\sigma(x,y)]$$

而线性空间不变系统 H 对任意输入信号 $f(x,y)$ 的响应则为该信号与系统的单位冲激响应的卷积,即

$$H[f(x,y)] = f(x,y) * h(x,y) = \int_{-\infty}^{\infty} \int_{-\infty}^{\infty} f(\alpha,\beta) h(x-\alpha,y-\beta) \mathrm{d}\alpha \mathrm{d}\beta$$

在不考虑加性噪声的情况下,上述退化模型的响应为

$$g(x,y) = H[f(x,y)] = \int_{-\infty}^{\infty} \int_{-\infty}^{\infty} f(\alpha,\beta) h(x-\alpha,y-\beta) \mathrm{d}\alpha \mathrm{d}\beta$$

由于系统 H 是空间不变的,则它对移位信号 $f(x-x_0,y-y_0)$ 的响应为

$$f(x-x_0,y-y_0) * h(x,y) = g(x-x_0,y-y_0)$$

在有加性噪声的情况下,上述线性退化模型可以表示为

$$g(x,y) = H[f(x,y)] + n(x,y)$$
$$= \int_{-\infty}^{\infty} \int_{-\infty}^{\infty} f(\alpha,\beta) h(x-\alpha,y-\beta) \mathrm{d}\alpha \mathrm{d}\beta + n(x,y)$$

简记为

$$g(x,y) = f(x,y) * h(x,y) + n(x,y)$$

在上述情况中,假设噪声与图像中的位置无关。

由此可见,如果把降质过程看成为一个线性空间不变系统,在不考虑噪声影响时,系统输出的退化图像 $g(x,y)$ 应为输入原始图像 $f(x,y)$ 和引起系统退化图像的点扩散函数 $h(x,y)$ 的卷积。因此,系统输出(或影像)被其输入(景物)和点扩散函数唯一确定。显然,系统的点扩散函数是描述图像系统特性的重要函数。

10.1.2 离散退化模型

为了用数字计算机对图像进行处理,首先必须把连续图像函数 $f(x,y)$ 进行空间和幅值的离散化处理,空间连续坐标 (x,y) 的离散化称为图像的采样,幅值 $f(x,y)$ 的离散化称为灰度级的整量。将这两种离散化综合在一起,称为图像的数字化。

对于一幅连续图像 $f(x,y)$,若 x、y 方向的相等采样间隔分别为 ∇x、∇y(通常($\nabla x = \nabla y$),并均取 N 点,则数字图像 $f(i,j)$,$(i=0,1,\cdots,N-1,j=0,1,\cdots,N-1)$。可用如下矩阵表示为

$$[f(i,j)] = \begin{bmatrix} f(0,0) & f(0,1) & \cdots & f(0,N-1) \\ f(1,0) & f(1,1) & \cdots & f(1,N-1) \\ \vdots & \vdots & & \vdots \\ f(N-1,0) & f(N-1,1) & \cdots & f(N-1,N-1) \end{bmatrix}$$

假设对两个函数 $f(x)$ 和 $h(x)$ 进行均匀采样,其结果放到尺寸为 A 和 B 的两个数组中,对 $f(x)$,x 的取值范围是 $0,1,2,\cdots,A-1$;对 $h(x)$,x 的取值范围是 $0,1,2,\cdots,B-1$。

可以利用离散卷积来计算 $g(x)$。为了避免卷积的各个周期重叠(设每个采样函数的周期为 M),可取 $M \geqslant A+B-1$,并将函数用零扩展补齐。

用 $f_e(x)$ 和 $h_e(x)$ 来表示扩展后的函数，则有

$$f_e(x) = \begin{cases} f(x) & 0 \leqslant x \leqslant A-1 \\ 0 & A \leqslant x \leqslant M-1 \end{cases}$$

$$h_e(x) = \begin{cases} h(x) & 0 \leqslant x \leqslant B-1 \\ 0 & B \leqslant x \leqslant M-1 \end{cases}$$

则它们的卷积为

$$g_e(x) = \sum_{m=0}^{M-1} f_e(m)h_e(x-m) \tag{10-3}$$

因为 $f_e(x)$ 和 $h_e(x)$ 的周期为 M，$g_e(x)$ 的周期也为 M。引入矩阵表示法，则式(10-3)可写为

$$\boldsymbol{g} = \boldsymbol{H}\boldsymbol{f}$$

其中

$$\boldsymbol{g} = \begin{bmatrix} g_e(0) \\ g_e(1) \\ \vdots \\ g_e(M-1) \end{bmatrix}$$

$$\boldsymbol{f} = \begin{bmatrix} f_e(0) \\ f_e(1) \\ \vdots \\ f_e(M-1) \end{bmatrix}$$

$$\boldsymbol{H} = \begin{bmatrix} h_e(0) & h_e(-1) & \cdots & h_e(-M+1) \\ h_e(1) & h_e(0) & \cdots & h_e(-M+2) \\ \vdots & \vdots & & \vdots \\ h_e(M-1) & h_e(M-2) & \cdots & h_e(0) \end{bmatrix} \tag{10-4}$$

根据 $h_e(x)$ 的周期性可知，$h_e(x) = h_e(x+M)$，所以式(10-4)又可以写成

$$\boldsymbol{H} = \begin{bmatrix} h_e(0) & h_e(M-1) & \cdots & h_e(1) \\ h_e(1) & h_e(0) & \cdots & h_e(2) \\ \vdots & \vdots & & \vdots \\ h_e(M-1) & h_e(M-2) & \cdots & h_e(0) \end{bmatrix}$$

这里 $\boldsymbol{H}$ 是个循环矩阵，即每行最后一项等于下一行的最前一项，最后一行最后一项等于第一行最前一项。

将一维结果推广到二维，可首先做成大小 $M * N$ 的周期延拓图像，即

$$f_e(x,y) = \begin{cases} f(x,y) & 0 \leqslant x \leqslant A-1, 0 \leqslant y \leqslant B-1 \\ 0 & A \leqslant x \leqslant M-1, B \leqslant y \leqslant N-1 \end{cases}$$

$$h_e(x,y) = \begin{cases} h(x,y) & 0 \leqslant x \leqslant C-1, 0 \leqslant y \leqslant D-1 \\ 0 & C \leqslant x \leqslant M-1, D \leqslant y \leqslant N-1 \end{cases}$$

这样延拓后，$f_e(x,y)$ 和 $h_e(x,y)$ 分别成为二维周期函数。它们在 x 和 y 方向上的周期分别为 M 和 N。于是得到二维退化模型为一个二维卷积形式，即

$$g_e(x,y) = \sum_{m=0}^{M-1} \sum_{n=0}^{N-1} f_e(m,n)h_e(x-m,y-n) \tag{10-5}$$

如果考虑噪声,将 $M \cdot N$ 的噪声项加上,式(10-5)可写成为

$$g_{\mathrm{e}}(x,y) = \sum_{m=0}^{M-1} \sum_{n=0}^{N-1} f_{\mathrm{e}}(m,n) h_{\mathrm{e}}(x-m,y-n) + n_{\mathrm{e}}(x,y)$$

同样,可以用矩阵来表示

$$\boldsymbol{g} = \boldsymbol{Hf} + \boldsymbol{n} = \begin{bmatrix} H_0 & H_{M-1} & \cdots & H_1 \\ H_1 & H_0 & \cdots & H_2 \\ \vdots & \vdots & & \vdots \\ H_{M-1} & H_{M-2} & \cdots & H_0 \end{bmatrix} \begin{bmatrix} f_{\mathrm{e}}(0) \\ f_{\mathrm{e}}(1) \\ \vdots \\ f_{\mathrm{e}}(MN-1) \end{bmatrix} + \begin{bmatrix} n_{\mathrm{e}}(0) \\ n_{\mathrm{e}}(1) \\ \vdots \\ n_{\mathrm{e}}(MN-1) \end{bmatrix}$$

其中每个 H_i 是由扩展函数气 $h_{\mathrm{e}}(x,y)$ 的第 i 行而来,即

$$\boldsymbol{H}_i = \begin{bmatrix} h_{\mathrm{e}}(i,0) & h_{\mathrm{e}}(i,N-1) & \cdots & h_{\mathrm{e}}(i,1) \\ h_{\mathrm{e}}(i,1) & h_{\mathrm{e}}(i,0) & \cdots & h_{\mathrm{e}}(i,2) \\ \vdots & & \vdots & & \vdots \\ h_{\mathrm{e}}(i,N-1) & h_{\mathrm{e}}(i,N-2) & \cdots & h_{\mathrm{e}}(i,0) \end{bmatrix}$$

这里 f 是一个循环矩阵。因为 $\boldsymbol{H}$ 中的每块是循环标注的,所以 $\boldsymbol{H}$ 是块循环矩阵。

10.1.3 退化估计函数

图像复原的目的是使用以某种方式估计的退化函数复原一幅图像,由于真正的退化函数很少能完全知晓,因此必须在进行图像复原前对退化函数进行估计。主要方法有图像观察估计法、试验估计法和模型估计法。

1. 图像观测估计法

如果一幅退化图像没有退化函数 H 的信息,那么可以通过收集图像自身的信息来估计该函数。用 $g_{\mathrm{s}}(x,y)$ 定义观察的子图像。

$$H_{\mathrm{s}}(u,v) = \frac{G_{\mathrm{s}}(u,v)}{\hat{F}_{\mathrm{s}}(u,v)}$$

其中,$\hat{f}_{\mathrm{s}}(x,y)$ 为构建的子图像。

假设位置不变,从这一函数特性可以推出完全函数 $H(u,v)$。

2. 试验估计法

使用与获取退化图像的设备相似的装置,可以得到准确的退化估计。通过各种系统设置可以得到与退化图像类似的图像,退化这些图像使其尽可能接近希望复原的图像。

利用相同的系统设置,得到退化的冲激响应。线性的空间不变系统完全由它的冲激响应来描述。一个冲激可由明亮的亮点来模拟,并使它尽可能亮以减少噪声的干扰。冲激的傅里叶变换是一个常量,即

$$H(u,v) = \frac{G(u,v)}{A}$$

3. 模型估计法

用退化模型可以解决图像复原问题。在某些情况下,模型要把引起退化的环境因素考虑在内。运用先验知识(大气湍流、光学系统散焦、照相机与景物相对运动),根据导致模糊的物理过程(先验知识)来确定 $h(u,v)$ 或 $H(u,v)$。

(1)长期曝光下大气湍流造成的转移函数

$$H(u,v) = e^{-k(u^2+v^2)^{5/6}}$$

其中,k 是常数,它与湍流的性质有关。

通过对退化图像的退化函数精确取反,其所用的退化函数是

$$H(u,v) = e^{-k[(u-M/2)^2+(v-N/2)^2]^{5/6}}$$

(2)光学散焦

$$H(u,v) = J_1(\pi d\rho)/\pi d\rho$$

$$\rho = (u^2+v^2)^{1/2}$$

(3)照相机与景物相对运动

假设快门的开启和关闭时间间隔极短,那么光学成像过程不会受到图像运动的干扰。设 T 为曝光时间(快门时间),$x_0(t)$、$y_0(t)$ 是位移的 x 分量和 y 分量,其结果为

$$g(x,y) = \int_0^T f[x-x_0(t),y-y_0(t)]dt$$

其中,$g(x,y)$ 为模糊的图像。

$f[x-x_0(t),y-y_0(t)]$ 的傅里叶变换为

$$G(u,v) = \int_{-\infty}^{\infty}\int_{-\infty}^{\infty} g(x,y)e^{-j2\pi(ux+uy)}dxdy$$

$$= \int_{-\infty}^{\infty}\int_{-\infty}^{\infty}\left[\int_0^T f[x-x_0(t),y-y_0(t)]dt\right]e^{-j2\pi(ux+vy)}dxdy \qquad (10\text{-}6)$$

改变积分顺序,式(10-6)可表示为

$$G(u,v) = \int_0^T\left[\int_{-\infty}^{\infty}\int_{-\infty}^{\infty} f[x-x_0(t),y-y_0(t)]dt\right]e^{-j2\pi(ux+vy)}dxdy$$

外层括号内的积分项是置换函数 $f[x-x_0(t),y-y_0(t)]$ 的傅里叶变换为

$$G(u,v) = \int_0^T F(u,v)e^{-j2\pi[ux_0(t)+vy_0(t)]}dt = F(u,v)\int_0^T e^{-j2\pi[ux_0(t)+vy_0(t)]}dt \qquad (10\text{-}7)$$

令 $H(u,v) = \int_0^T e^{-j2\pi[ux_0(t)+vy_0(t)]}dt$,则式(10-7)变为

$$G(u,v) = H(u,v)F(u,v)$$

假设当前图像只在 x 方向以给定的速度 $x_0(t) = at/T$ 做均匀直线运动。当 $t=T$ 时,图像由总距离 a 取代。

令 $y_0(t) = 0$,则

$$H(u,v) = \int_0^T e^{-j2\pi ux_0(t)}dt = \int_0^T e^{-j2\pi uat/T}dt = \frac{T}{\pi ua}\sin(\pi ua)e^{-j\pi ua}$$

若允许 y 方向按 $y_0(t) = bt/T$ 运动,则退化函数为

$$H(u,v) = \frac{T}{\pi(ua+vb)}\sin[\pi(ua+vb)]e^{-j\pi(ua+vb)}$$

10.1.4 MATLAB 的图像退化函数

使用可以精确描述失真的点扩散函数(PSF)对模糊图像进行去卷积计算就是图像复原的基本原理。典型的图像复原方法往往是在假设系统的点扩散函数为已知,并且常需假设噪声分布也是已知的情况下进行推导求解的,采用各种反卷积处理方法,如逆滤波等,对图像进行复原。

然而随着研究的进一步深入,在对实际图像进行处理的过程中,许多先验知识(包括图像及成像系统的先验知识)往往并不具备,于是就需要在系统点扩散函数未知的情况下,从退化图像自身抽取退化信息,仅仅根据退化图像数据来还原真实图像,这就是盲去图像复原(Blind Image Restoration)所要解决的问题。

在 MATLAB 中,fspecial 函数用于产生一个退化系统点扩展函数,该函数的调用方法如下:

```
h = fspecial('type',parameters)
```

其中,参数 type 制定算子类型;parameters 指定相应的参数。

【例 10-1】 利用 fspecial 函数对图像进行退化处理。

```
I = imread('pout.tif');                      %读取图像
figure;
subplot(1,2,1);
imshow(I);
title('原始图像');
LEN = 31;
THETA = 11;
PSF = fspecial('motion',LEN,THETA);          %对图像进行退化处理
Blurred = imfilter(I,PSF,'circular','conv');
subplot(1,2,2);
imshow(Blurred);
title('模糊图像');
```

运行结果如图 10-2 所示。

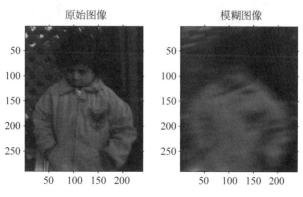

图 10-2 退化处理效果

【例 10-2】 利用多种方法对图形进行模糊处理。

```
I = imread('football.jpg');              %读入图像
subplot(221);
imshow(I);
title('原始图像');
H = fspecial('motion',30,45);            %运动模糊 PSF
MotionBlur = imfilter(I,H);              %卷积
subplot(222);
imshow(MotionBlur);
title('运动模糊图像');
H = fspecial('disk',10);                 %圆盘状模糊 PSF
bulrred = imfilter(I,H);
subplot(223);
imshow(bulrred);
title('圆盘状模糊图像');
H = fspecial('unsharp');                 %钝化模糊 PSF
Sharpened = imfilter(I,H);
subplot(224);
imshow(Sharpened);
title('钝化模糊图像');
```

运行结果如图 10-3 所示。

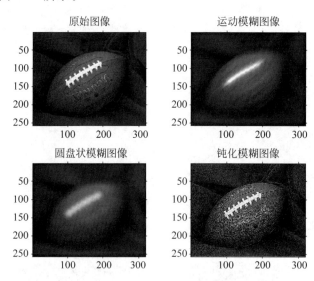

图 10-3 利用多种方法对图形进行模糊处理的效果

10.2 图像恢复的方法

因摄像机与物体相对运动,以及系统误差、畸变、噪声等因素的影响,使图像往往不是真实景物的完善映像。在图像恢复中,需建立造成图像质量下降的退化模型,然后运用相反过程来恢复原来图像,并运用一定准则来判定是否得到图像的最佳恢复。

图像恢复的方法主要有逆滤波复原、维纳滤波复原、约束的最小二乘方滤波复原、

Lucy-Richardson 滤波复原以及盲去卷积滤波复原。

10.2.1 逆滤波复原

如果退化图像为 $g(x,y)$，原始图像为 $f(x,y)$，在不考虑噪声的情况下，其退化模型可表示为

$$g(x,y) = \int_{-\infty}^{+\infty} \int_{-\infty}^{+\infty} f(\alpha,\beta)\delta(x-\alpha,y-\beta)\mathrm{d}\alpha\mathrm{d}\beta$$

由傅里叶变换的卷积定理可知

$$G(u,v) = H(u,v)F(u,v)$$

式中，$G(u,v)$、$H(u,v)$、$F(u,v)$ 分别是退化图像 $g(x,y)$、点扩散函数 $h(x,y)$、原始图像 $f(x,y)$ 的傅里叶变换。所以有

$$f(x,y) = F^{-1}[F(u,v)] = F^{-1}\left[\frac{G(u,v)}{H(u,v)}\right]$$

由此可见，如果已知退化图像的傅里叶变换和系统冲激响应函数（滤波传递函数），则可以求得原图像的傅里叶变换，经傅里叶反变换就可以求得原始图像 $f(x,y)$，其中 $G(u,v)$ 除以 $H(u,v)$ 起到了反向滤波的作用。这就是逆滤波复原的基本原理。

在有噪声的情况下，逆滤波原理可写成

$$F(u,v) = \frac{G(u,v)}{H(u,v)} - \frac{N(u,v)}{H(u,v)}$$

式中，$N(u,v)$ 是噪声 $n(x,y)$ 的傅里叶变换。

10.2.2 维纳滤波复原

维纳滤波就是最小二乘方滤波，它是使原始图像 $f(x,y)$ 与其恢复图像 $\hat{f}(x,y)$ 之间的均方误差最小的复原方法。对图像进行维纳滤波主要是为了消除图像中存在的噪声，对于线性空间不变系统，获得的信号为

$$g(x,y) = \int_{-\infty}^{+\infty} \int_{-\infty}^{+\infty} f(\alpha,\beta)h(x-\alpha,y-\beta)\mathrm{d}\alpha\mathrm{d}\beta + n(x,y)$$

为了去掉 $g(x,y)$ 中的噪声，设计一个滤波器 $m(x,y)$，其滤波器输出为 $\hat{f}(x,y)$，即

$$\hat{f}(x,y) = \int_{-\infty}^{+\infty} \int_{-\infty}^{+\infty} g(\alpha,\beta)m(x-\alpha,y-\beta)\mathrm{d}\alpha\mathrm{d}\beta$$

使得均方误差式

$$e^2 = \min\{E\{[f(x,y) - \hat{f}(x,y)]^2\}\}$$

成立，其中 $\hat{f}(x,y)$ 称为给定 $g(x,y)$ 时 $f(x,y)$ 的最小二乘方估计值。

设 $S_f(u,v)$ 为 $f(x,y)$ 的相关函数 $R_f(x,y)$ 的傅里叶变换，$S_n(u,v)$ 为 $n(x,y)$ 的相关函数 $R_n(x,y)$ 的傅里叶变换，$H(u,v)$ 为冲激响应函数 $h(x,y)$ 的傅里叶变换，有时也把 $S_f(u,v)$ 和 $S_n(u,v)$ 分别称为 $f(x,y)$ 和 $n(x,y)$ 的功率谱密度，则滤波器 $m(x,y)$ 的频域表达式为

$$M(u,v) = \frac{1}{H(u,v)} \cdot \frac{|H(u,v)|^2}{|H(u,v)|^2 + \frac{S_n(u,v)}{S_f(u,v)}}$$

于是,维纳滤波复原的原理可表示为

$$\hat{F}(u,v) = \left[\frac{1}{H(u,v)} \cdot \frac{|H(u,v)|^2}{|H(u,v)|^2 + \frac{S_n(u,v)}{S_f(u,v)}} \right] G(u,v) \tag{10-8}$$

对于维纳滤波,由式(10-8)可知,当 $H(u,v) = 0$ 时,由于存在 $\frac{S_n(u,v)}{S_f(u,v)}$ 项,所以 $H(u,v)$ 不会出现被 0 除的情形,同时分子中含有 $H(u,v)$ 项,在 $H(u,v) = 0$ 处,$H(u,v) \equiv 0$。当 $S_n(u,v) \ll S_f(u,v)$ 时,$H(u,v) \to \frac{1}{H(u,v)}$,此时维纳滤波就变成了逆滤波;当 $\frac{S_n(u,v)}{S_f(u,v)} \geqslant H(u,v)$ 时,$H(u,v) = 0$,这表明维纳滤波避免了逆滤波中出现的对噪声过多的放大作用;当 $S_n(u,v)$ 和 $S_f(u,v)$ 未知时,经常用 K 来代替 $\frac{S_n(u,v)}{S_f(u,v)}$,于是

$$\hat{F}(u,v) = \left[\frac{1}{H(u,v)} \cdot \frac{|H(u,v)|^2}{|H(u,v)|^2 + K} \right] G(u,v)$$

其中,K 称为噪声对信号的功率谱度比,近似为一个适当的常数,这是实际中应用的公式。

10.2.3 约束的最小二乘方滤波复原

还有一种容易实现的线性复原的方法称为约束最小二乘方滤波,约束复原除要求了解关于退化系统的传递函数之外,还需要知道某些噪声的统计特性或噪声与图像的某些相关情况。

在最小二乘方约束复原中,要设法寻找一个最优估计 $\hat{f}$,使得形式为 $\| Q\hat{f} \|^2$ 的函数最小化。在此准则下,可把图像的复原问题看作对 $\hat{f}$ 的目标泛函的最小值。

$$J(\hat{f}) = \| Q\hat{f} \|^2 + \lambda(\| g - H\hat{f} \|^2 - \| n \|^2) \tag{10-9}$$

其中,Q 为 $\hat{f}$ 的线性算子,表示对 $\hat{f}$ 做某些线性操作的矩阵,通常选择拉普拉斯算子,且 $Q(u,v) = P(u,v) = 4\pi^2(u^2 + v^2)$;$\lambda$ 为拉格朗日乘子(Langrange multiple)。对式(10-9)求导,并令其导数为 0,就可以得到最小二乘方解 $\hat{f}$

$$\hat{f} = (H^T H + \gamma Q^T Q)^{-1} H T g \quad (\gamma = 1/\lambda)$$

对应的频域表示为

$$\hat{F}(u,v) = \frac{H^*(u,v)}{|H(u,v)|^2 + \gamma |Q(u,v)|^2} \cdot G(u,v)$$

10.2.4 Lucy-Richardson 滤波复原

Lucy-Richardson(LR)算法是一种基于贝叶斯分析的迭代算法。假设图像服从

Poisson 分布，采用最大似然法估计，其最优估计以最大似然准则作为标准，即要使概率密度函数 $p(g/\hat{f})$ 最大，推导出的迭代式为

$$f^{(k+1)} = f^{(k)}\left[\left(\frac{g}{f^{(k)}\otimes h}\right)\oplus h\right]$$

其中，$\otimes$ 和 $\oplus$ 分别为卷积运算和相关运算；k 为迭代次数，可以令 $f^0 = g$ 进行迭代，可以证明：当噪声可以忽略且 k 不断增大时，f^{k+1} 会依概率收敛于 f，从而恢复原始图像。

当噪声不可忽略时可得到

$$f^{(k+1)} = f^{(k)}\left[\left(\frac{f\otimes h+\eta}{f^{(k)}\otimes h}\right)\oplus h\right] \tag{10-10}$$

从式（10-10）可看出，若噪声 η 不可忽略，则以上过程的收敛性将难以保证，即 LR 存在放大噪声的缺陷。因此，处理噪声项是 LR 算法应用于低信噪比图像复原的关键。

10.2.5　盲去卷积滤波复原

通常图像恢复方法均在成像系统的点扩展函数（PSF）已知下进行，实际上它通常是未知的。在 PSF 未知的情况下，盲去卷积是实现图像恢复的有效方法。因此，把那些不以 PSF 知识为基础的图像复原方法统称为盲去卷积算法。

在过去的 20 年里，一种盲去卷积的方法已经受到了人们的极大重视，它是以最大似然估计（MLE）为基础，即一种用被随机噪声所干扰的量进行估计的最优化策略。简要地说，关于 MLE 方法的一种解释就是将图像数据看成随机量，它们与另外一组可能的随机量之间有着某种似然性。

似然函数用 $g(x,y)$、$f(x,y)$ 和 $h(x,y)$ 来表达，然后问题就变成了寻求最大似然函数。在盲去卷积中，规定最优化问题的约束条件并假定收敛时通过迭代来求解，得到的最大 $f(x,y)$ 和 $h(x,y)$ 就是还原的图像和 PSF。

10.2.6　MATLAB 的图像恢复函数

在 MATLAB 中，deconvwnr 函数用于进行维纳滤波图像复原，该函数的调用方法如下：

```
J = deconvwnr(g,PSF)
J = deconvwnr(g,PSF,NSPR)
J = deconvwnr(g,PSF,NACORR,FFACORR)
```

其中，g 代表退化图像；J 代表复原图像，信噪比为零；NSPR 可以是一个交互的标量输入，噪声和未退化图像的自相关函数 NACORR 和 FAVORR 是已知的。

若复原图像呈现出由算法中使用的离散傅里叶变换所引入的振铃，在调用 deconvwnr 之前，先调用 edgetaper 函数。J = edgetaper(I. PSF)：表示该函数利用点扩散函数（PSF）模糊了输入图像 I 的边缘，可以减少振铃。

【例 10-3】 对图像进行逆滤波复原。

```
clc
I = imread('coins.png');                        %读取图像
subplot(2,2,1);
imshow(I);
title('原始图像');
[m,n] = size(I);
F = fftshift(fft2(I));
k = 0.0025;
H = [];
for u = 1:m
    for   v = 1:n
        q = ((u - m/2)^2 + (v - n/2)^2)^(5/6);
        H(u,v) = exp((-k) * q);
    end
end
G = F. * H;
I0 = abs(ifft2(fftshift(G)));
subplot(2,2,2);
imshow(uint8(I0));
title('退化的图像');
I1 = imnoise(uint8(I0),'gaussian',0,0.01)        %退化并且添加高斯噪声的图像
subplot(2,2,3);
imshow(uint8(I1));
title('退化并且添加高斯噪声的图像');
F0 = fftshift(fft2(I1));
F1 = F0./H;
I2 = ifft2(fftshift(F1));                         %逆滤波复原图
subplot(2,2,4);
imshow(uint8(I2));
title('逆滤波复原图');
```

运行结果如图 10-4 所示。

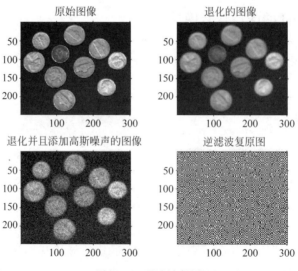

图 10-4　逆滤波复原

【例 10-4】 利用维纳滤波器对图像进行复原处理。

```
I = zeros(900,900);
I(351:648,476:525) = 1;
noise = 0.1 * randn(size(I));
PSF = fspecial('motion',21,11);          %点扩展函数
Blurred = imfilter(I,PSF,'circular');
BlurredNoisy = im2uint8(Blurred + noise);
NSR = sum(noise(:).^2)/sum(I(:).^2);     %信噪比倒数
NP = abs(fftn(noise)).^2;
NPOW = sum(NP(:))/prod(size(noise));
NCORR = fftshift(real(ifftn(NP)));       %噪声自相关函数
IP = abs(fftn(I)).^2;
IPOW = sum(IP(:))/prod(size(I));
ICORR = fftshift(real(ifftn(IP)));       %图像自相关函数
ICORR1 = ICORR(:,ceil(size(I,1)/2));
NSR = NPOW/IPOW;                         %信噪比倒数
 subplot(2,2,1);imshow(BlurredNoisy,[]);
title('A = Blurred and Noisy');
subplot(2,2,2);imshow(deconvwnr(BlurredNoisy,PSF,NSR),[]);
title('deconvwnr(A,PSF,NSR)');
subplot(2,2,3);imshow(deconvwnr(BlurredNoisy,PSF,NCORR,ICORR),[]);
title('deconvwnr(A,PSF,NCORR,ICORR)');
subplot(2,2,4);imshow(deconvwnr(BlurredNoisy,PSF,NPOW,ICORR1),[]);
title('deconvwnr(A,PSF,NPOW,ICORR_1_D)');
```

运行结果如图 10-5 所示。

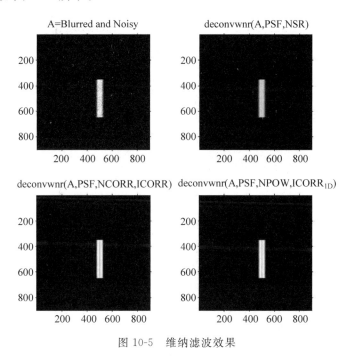

图 10-5　维纳滤波效果

deconvreg 函数用于图像的约束最小二乘方滤波恢复,该函数的调用方法如下:

```
deconvreg(I,PSF)
deconvreg(I,PSF,NP)
deconvreg(I,PSF,NP,LRANGE)
deconvreg(I,PSF,NP,LRANGE,REGOP)
```

其中,I 表示输入图像;PSF 表示点扩散函数;NP、LRANGE(输入)和 REGO 是可选参数,分别表示图像的噪声强度、拉氏算子的搜索范围和约束算子,同时,该函数也可以在指定的范围内搜索最优的拉氏算子。

【例 10-5】 对图像进行约束最小二乘方滤波恢复。

```
I = imread ('cell.tif');
PSF = fspecial('gaussian',10,4);
Blurred = imfilter(I,PSF,'conv');
V = .03;
BN = imnoise(Blurred,'gaussian',0,V);
NP = V * prod(size(I));
[reg LAGRA] = deconvreg(BN,PSF,NP);
Edged = edgetaper(BN,PSF);
reg2 = deconvreg(Edged,PSF,NP/1.2);                %振铃抑制
reg3 = deconvreg(Edged,PSF,[],LAGRA);              %拉格朗日算子
figure
subplot(2,3,1);
imshow (I);
title('原始图像');
subplot(2,3,2);
imshow (BN);
title('加入高斯噪声的图像');
subplot(2,3,3);
imshow (reg);
title('恢复后的图像');
subplot(2,3,4);
imshow(reg2);
title('振铃抑制图像');
subplot(2,3,5);
imshow(reg3);
title('拉格朗日算子恢复图像');
```

运行结果如图 10-6 所示。

deconvlucy 函数用于对图像进行 Lucy-Richardson 滤波复原,该函数的调用方法如下:

```
fr = deconvlucy(g,PSF)
fr = deconvlucy(g,PSF,NUMIT)
fr = deconvlucy(g,PSF,NUMIT,DAMPAR)
fr = deconvlucy(g,PSF,NUMIT,DAMPAR,WEIGHT)
```

其中,fr 代表复原的图像;g 代表退化的图像;PSF 是点扩散函数;NUMIT 为迭代次数

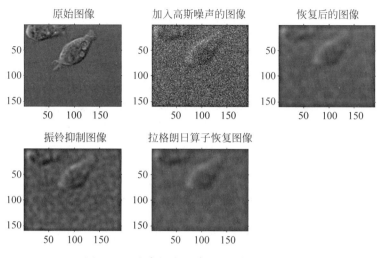

图 10-6　约束最小二乘方滤波恢复对比图

（默认为 10 次）；DAMPAR 是一个标量，它指定了结果图像与原图像 g 之间的偏离阈值，当像素偏离原值的范围在 DAMPAR 之内时，就不用再迭代，这既抑制了这些像素上的噪声，又保存了必要的图像细节，默认值为 0（无衰减）；WEIGHT 是一个与 g 同样大小的数组，它为每一个像素分配一个权重来反映其重量，当用一个指定的 PSF 来模拟模糊时，WEIGHT 可以从计算像素中剔除那些来自图像边界的像素点，因此，PSF 造成的模糊是不同的。若 PSF 的大小为 $n \times n$，则在 WEIGHT 中用到的零边界的宽度是 ceil $(n/2)$。默认值是同输入图像 g 同等大小的一个单位数组。若复原图像呈现出由算法中所用的离散傅里叶变换所引入的振铃，则在调用函数 deconvlucy 之前要调用函数 edgetaper。

【例 10-6】 对图像进行 Lucy-Richardson 滤波恢复。

```
I = imread ('football.jpg');          %读取图像
PSF = fspecial('gaussian',5,5) ;
Blurred = imfilter(I,PSF,'symmetric','conv');
V = .003;
BN = imnoise(Blurred,'gaussian',0,V);
luc = deconvlucy(BN,PSF,5);           %进行 Lucy-Richardson 滤波复原
figure
subplot(2,2,1);
imshow(I);
title('原始图像');
subplot(2,2,2);
imshow (Blurred);
title('模糊后的图像');
subplot(2,2,3);
imshow (BN);
title('加噪后的图像');
subplot(2,2,4);
imshow (luc);
title('恢复后的图像');
```

运行结果如图 10-7 所示。

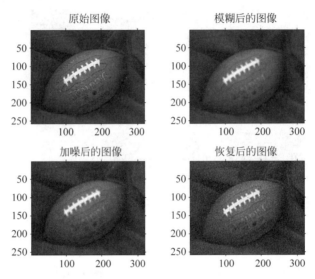

图 10-7　对图像进行 Lucy-Richardson 滤波恢复效果

deconvblind 函数用于对图像进行执行盲去卷积滤波复原,该函数的调用方法如下:

```
[fr,PSFe] = deconvblind(g,INITPSF)
```

其中,g 代表退化函数;INITPSF 是点扩散函数的出事估计;PSFe 是这个函数最终计算到的估计值;fr 是利用估计的 PSF 复原的图像。用来复原图像的算法是 L-R 迭代复原算法。PSF 估计受其初始推测尺寸的巨大影响,而很少受其值的影响。若复原图像呈现由算法中使用的离散傅里叶变换所引入的振铃,则在调用函数 deconvblind 值前,要先调用 edgetaper 函数。

【例 10-7】　对图像进行盲去卷积滤波复原。

```
I = imread('peppers.png');              %读入图像
PSF = fspecial('motion',10,30);
Blurred = imfilter(I,PSF,'circ','conv');
INITPSF = ones(size(PSF));
[J P] = deconvblind (Blurred,INITPSF,20);   %对图像进行盲去卷积滤波复原
figure
subplot(1,3,1);
imshow (I);
title('原始图像');
subplot(1,3,2);
imshow (Blurred);
title('模糊后的图像')
subplot(1,3,3);
imshow (J);
title('恢复后的图像');
```

运行结果如图 10-8 所示。

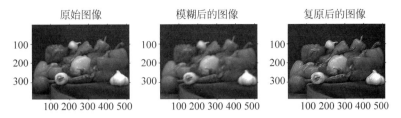

图 10-8　盲去卷积滤波复原效果图

【例 10-8】　对图像用 4 种方法复原。

```
I = imread('office_4.jpg');                              %读取图像
Len = 30;
Theta = 45;
PSF = fspecial('motion',Len,Theta);                      %图像的退化
BlurredA = imfilter(I,PSF,'circular','conv');
Wnrl = deconvwnr(BlurredA,PSF);
BlurredD = imfilter(I,PSF,'circ','conv');
INITPSF = ones(size(PSF));
[K DePSF] = deconvblind(BlurredD,INITPSF,30);            %盲去卷积修复图像
BlurredB = imfilter(I,PSF,'conv');
V = 0.02;
Blurred_I_Noisy = imnoise(BlurredB,'gaussian',0,V);
NP = V * prod(size(I));
J = deconvreg(Blurred_I_Noisy,PSF,NP);
BlurredC = imfilter(I,PSF,'symmetric','conv');
V = 0.002;
BlurredNoisy = imnoise(BlurredC,'gaussian',0,V);
Luc = deconvlucy(BlurredNoisy,PSF,5);
subplot(2,3,1);
imshow(I);
title('原始图像');
subplot(2,3,2);
imshow(PSF);
title('运动模糊后图像');
subplot(2,3,3);
imshow(Wnrl);
title('维纳滤波修复图像');
subplot(2,3,4);
imshow(J);
title('最小二乘方修复图像');
subplot(2,3,5);
imshow(Luc);
title('Lucy-Richardson 修复图像');
subplot(2,3,6);
imshow(K);
title('盲去卷积修复图像');
```

运行结果如图 10-9 所示。

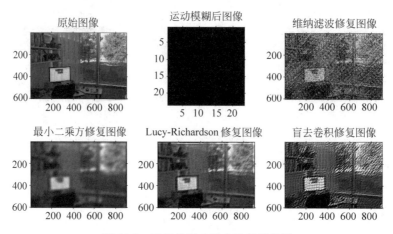

图 10-9　对图像用 4 种方法复原效果

10.3　本章小结

图像的复原在图像处理中占有十分重要的地位。本章介绍了图像退化模型与估计函数、维纳（Wiener）滤波、约束最小二乘方滤波算法、Lucy-Richardson 算法和盲去卷积算法的原理和实现方法，并列举了大量的示例来阐述其在 MATLAB 中的实现方法。这些方法分别适用不同的情况，希望读者通过学习，根据图像退化的原因选用不同的复原方法，从而得到更加逼真的图像。

第 三 部 分
MATLAB的高级图像处理技术

对于一幅图像,既有令人感兴趣的部分,也有令人不满意的部分,而图像分割就能够把令人感兴趣的那一部分分割出来,因为这一功效,图像分割在很多领域都有着非常广泛的应用。

学习目标:

(1)掌握几种经典边缘检测算子的基本原理及实现步骤。

(2)理解阈值分割、区域分割等基本原理及实现步骤。

(3)理解邻域操作、区域运算的基本原理及实现步骤。

11.1 图像分割的概述

图像分割算法的研究已有几十年的历史,一直以来都受到人们的高度重视。关于图像分割的原理和方法,国内外已有不少的论文发表,但一直没有一种分割方法适用于所有图像分割处理。传统的图像分割方法存在着不足,不能满足人们的要求,为进一步的图像分析和理解带来了困难。

随着计算机技术的迅猛发展,图像分割等技术能够在计算机上实现,即从图像中将某个特定区域与其他部分进行分离并提取出来。图像分割的方法有阈值分割法、边界分割法、区域提取法、结合特定理论工具的分割法等。

早在1965年,就有人提出检测边缘算子,边缘检测已有不少经典算法。越来越多的学者开始将数学形态学、模糊理论、遗传算法理论、分形理论和小波变换理论等研究成果运用到图像分割中,产生了结合特定数学方法和针对特殊图像分割的先进图像分割技术。

有关图像分割的解释和表述有很多,借助于集合概念对图像分割进行表述,可以给出比较正式的定义。

令集合 R 代表整幅图像的区域,对 R 的分割可看成将 R 分成满足以下5个条件的非空子集(子区域) $R_1,R_2,\cdots,R_n$。

(1) $\bigcup\limits_{i=1}^{N}R_i=R$。对一幅图像所得的全部子区域的综合(并集)应能包括图像中所有像素(就是原图像),或者说分割应将图像的每个像素都分到某个区域中。

（2）对所有的 i 和 j，有 $i \neq j$，$R_i \cap R_j = \varnothing$。在分割结果中各个子区域是互不重叠的，或者说在分割结果中一个像素不能同时属于两个区域。

（3）对 $i=1,2,\cdots,N$，有 $P(R_i)=\text{True}$。在分割结果中每个子区域都有独特的特性，或者说属于同一个区域中的像素应该具有某些相同的特性。

（4）对 $i \neq j$，$P(R_i \bigcup R_j)=\text{False}$。在分割结果中，不同的子区域具有不同的特性，没有公共元素，或者说属于不同区域的像素应该具有一些不同的特性。

（5）$i=1,2,\cdots,N$，R_i 是连通的区域。要求分割结果中同一个子区域内的像素应当是连通的，即同一个子区域的两个像素在该子区域内互相连通，或者说分割得到的区域是一个连通组元。

最后需要指出，在实际应用中，图像分割不仅要把一幅图像分成满足上述 5 个条件的各具特性的区域，而且需要把其中感兴趣的目标区域提取出来。只有这样才算真正完成了图像分割的任务。

图像分割是把图像分割成若干个特定的、具有独特性质的区域并提取出感兴趣目标的技术和过程，这些特性可以是像素的灰度、颜色、纹理等，提取的目标可以是对应的单个区域，也可以是对应的多个区域。

11.2　边缘检测

图像分析和理解的第一步常常是边缘检测。边缘检测是人们研究得比较多的一种方法，它通过检测图像中不同区域的边缘来达到分割图像的目的。边缘检测的实质是采用某种算法来提取图像中对象与背景间的交界线。

边缘是图像中灰度发生急剧变化的区域边界。图像灰度的变化情况可以用图像灰度分布的梯度来反映，因此可以用局部图像微分技术来获得边缘检测算子。

11.2.1　Roberts 边缘算子

Roberts 边缘算子是一种斜向偏差分的梯度计算方法，梯度的大小代表边缘的强度，梯度的方向与边缘走向垂直。Roberts 操作实际上是求旋转 $\pm 45°$ 两个方向上微分值的和。Roberts 边缘算子定位精度高，在水平和垂直方向效果较好，但对噪声敏感。两个卷积核分别为

$$\boldsymbol{G}_x = \begin{bmatrix} 1 & 0 \\ 0 & -1 \end{bmatrix}, \quad \boldsymbol{G}_y = \begin{bmatrix} 0 & 1 \\ -1 & 0 \end{bmatrix}$$

采用范数 1 衡量梯度的幅度：

$$|\boldsymbol{G}(x,y)| = |\boldsymbol{G}_x| + |\boldsymbol{G}_y|$$

11.2.2　Sobel 算子

Sobel 算子是一组方向算子，从不同的方向检测边缘。Sobel 算子不是简单的求平均再差分，而是加强了中心像素上下左右 4 个方向像素的权重。运算结果是一幅边缘图

像。Sobel 算子通常对灰度渐变和噪声较多的图像处理得较好。

两个卷积核分别为

$$\boldsymbol{G}_x = \begin{bmatrix} -1 & 0 & 1 \\ -2 & 0 & 2 \\ -1 & 0 & 1 \end{bmatrix}, \quad \boldsymbol{G}_y = \begin{bmatrix} 1 & 2 & 1 \\ 0 & 0 & 0 \\ -1 & -2 & -1 \end{bmatrix}$$

采用范数衡量梯度的幅度为

$$\mid \boldsymbol{G}(x,y) \mid \approx \max(\mid \boldsymbol{G}_x \mid, \mid \boldsymbol{G}_y \mid)$$

11.2.3 Prewitt 算子

Prewitt 算子是一种边缘样板算子,利用像素点上下左右邻点灰度差,在边缘处达到极值检测边缘,对噪声具有平滑作用。由于边缘点像素的灰度值与其邻域点像素的灰度值有显著不同,在实际应用中通常采用微分算子和模板匹配方法检测图像的边缘。

Prewitt 算子不仅能检测边缘点,而且能抑制噪声的影响,因此对灰度和噪声较多的图像处理得较好。

两个卷积核分别为

$$\boldsymbol{G}_x = \begin{bmatrix} -1 & 0 & 1 \\ -1 & 0 & 1 \\ -1 & 0 & 1 \end{bmatrix}, \quad \boldsymbol{G}_y = \begin{bmatrix} 1 & 1 & 1 \\ 0 & 0 & 0 \\ -1 & -1 & -1 \end{bmatrix}$$

采用范数衡量梯度的幅度为

$$\mid \boldsymbol{G}(x,y) \mid \approx \max(\mid \boldsymbol{G}_x \mid, \mid \boldsymbol{G}_y \mid)$$

11.2.4 Laplacian-Gauss 算子

拉普拉斯(Laplacian)算子是二阶导数的二维等效式,函数 $f(x,y)$ 的拉普拉斯算子公式为

$$\nabla^2 f = \frac{\partial^2 f}{\partial x^2} + \frac{\partial^2 f}{\partial y^2}$$

使用差分方程对 x 和 y 方向上的二阶偏导数近似为

$$\frac{\partial^2 f}{\partial x^2} = \frac{\partial G_x}{\partial x} = \frac{\partial (f(i,j+1) - f(i,j))}{\partial x} = \frac{\partial f(i,j+1)}{\partial x} - \frac{\partial (i,j)}{\partial x}$$
$$= f(i,j+2) - 2f(i,j+1) + f(i,j) \tag{11-1}$$

式(11-1)近似是以点 $(i,j+1)$ 为中心的,以点 (i,j) 为中心的近似为

$$\frac{\partial^2 f}{\partial x^2} = f(i,j+1) - 2f(i,j) + f(i,j-1)$$

类似地有

$$\frac{\partial^2 f}{\partial y^2} = f(i+1,j) - 2f(i,j) + f(i-1,j)$$

表示的模板为

$$\nabla^2 = \begin{bmatrix} 0 & 1 & 0 \\ 1 & -4 & 1 \\ 0 & 1 & 0 \end{bmatrix}$$

这里对模板的基本要求是,对应中心像素的系数应该是正的,对应中心像素邻近像素的系数应是负的,且它们的和总为零。

拉普拉斯算子检测方法常常产生双像素边界,而且这个检测方法对图像中的噪声相当敏感,不能检验边缘方向,所以一般很少直接使用拉普拉斯算子进行边缘检测。

高斯滤波和拉普拉斯边缘检测结合在一起,形成 LOG 算子,也称之为拉普拉斯-高斯算子。LOG 算子是对 Laplacian 算子的一种改进,它需要考虑 5×5 邻域的处理,从而获得更好的检测效果。

Laplacian 算子对噪声非常敏感,因此 LOG 算子引入了平滑滤波,有效地去除了服从正态分布的噪声,从而使边缘检测的效果更好。

LOG 算子的输出 $h(x,y)$ 是通过卷积运算得到的,即

$$h(x,y) = \nabla^2\big[g(x,y) * f(x,y)\big]$$

根据卷积求导法有

$$h(x,y) = \big[\nabla^2 g(x,y)\big] * f(x,y)$$

其中

$$\nabla^2 g(x,y) = \left(\frac{x^2 + y^2 - 2\sigma^2}{\sigma^4}\right) e^{-\frac{x^2+y^2}{2\sigma^2}}$$

11.2.5 Canny 算子

Canny 算子提出了边缘算子的 3 个准则如下。

1. 信噪比准则

信噪比越大,提取的边缘质量越高。信噪比 SNR 定义为

$$\mathrm{SNR} = \frac{\left|\displaystyle\int_{-w}^{+w} G(-x)h(x)\,\mathrm{d}x\right|}{\sigma\sqrt{\displaystyle\int_{-w}^{+w} h^2(x)\,\mathrm{d}x}}$$

其中,$G(x)$ 代表边缘函数;$h(x)$ 代表宽度为 W 的滤波器的脉冲响应。

2. 定位精确度准则

边缘定位精度 L 的定义为

$$L = \frac{\left|\displaystyle\int_{-w}^{+w} G'(-x)h'(x)\,\mathrm{d}x\right|}{\sigma\sqrt{\displaystyle\int_{-w}^{+w} h'^2(x)\,\mathrm{d}x}}$$

其中,$G'(X)$ 和 $H'(X)$ 分别是 $G(X)$ 和 $H(X)$ 的导数。L 越大表明定位精度越高。

3. 单边缘响应准则

为了保证单边缘只有一个响应,检测算子的脉冲响应导数的零交叉点平均距离 $D(f')$ 应满足

$$D(f') = \pi \left\{ \frac{\int_{-\infty}^{+\infty} h'^2(x)\mathrm{d}x}{\int_{-\infty}^{+\infty} h''(x)\mathrm{d}x} \right\}^{\frac{1}{2}}$$

式中,$h'(x)$ 是 $h(x)$ 的二阶导数。

以上述指标和准则为基础,利用泛函数求导的方法可导出 Canny 边缘检测器是信噪比与定位之乘积的最优逼近算子,表达式近似于高斯函数的一阶导数。将 Canny 边缘检测的 3 个准则相结合可以获得最优的检测算子。Canny 边缘检测的算法步骤如下。

(1)用高斯滤波器平滑图像。

(2)用一阶偏导的有限差分来计算梯度的幅值和方向。

(3)对梯度幅值进行非极大值抑制。

(4)用双阈值算法检测和连接边缘。

11.2.6 MATLAB 的边缘检测函数

在 MATLAB 中,提供的 edge 函数可以实现检测边缘的功能,其语法格式如表 11-1 所示。

表 11-1 edge 函数

函 数	描 述
BW = edge(I)	默认采用 Sobel 算子进行边缘检测
BW = edge(I,'Sobel')	采用 Sobel 算子进行边缘检测
BW = edge(I,'Sobel',thresh)	指定阈值
[BW,thresh]= edge(I,'Sobel'⋯)	根据所指定的阈值(thresh),用 Sobel 算子进行边缘检测,当 thresh 为空时,自动选择阈值
BW = edge(I,'Sobel',thresh,direction)	direction 可以指定算子方向,即: direction= 'horizontal',为水平方向; direction= 'vertical',为垂直方向; direction= 'both',为水平和垂直两个方向
BW = edge(I,'Roberts') BW = edge(I,'Roberts',thresh) [BW,thresh]= edge(I,'Roberts'⋯)	类似于 Sobel 算子
BW = edge(I,'Prewitt') BW = edge(I,'Prewitt',thresh) [BW,thresh]= edge(I,'Prewitt'⋯) BW = edge(I,'Prewitt',thresh,direction)	类似于 Sobel 算子

函　　数	描　　述
BW = edge(I,'Log') BW = edge(I,'Log',thresh) [BW, thresh]= edge(I,'Log'···) BW = edge(I,'Log',thresh,sigma)	sigma 为标准差,默认值为 2
BW = edge(I,'Canny') BW = edge(I,'Canny',thresh) [BW, thresh]= edge(I,'Canny'···) BW = edge(I,'Canny',thresh,sigma)	sigma 为标准差,默认值为 1
BW = edge(I,'zerocross'···)	类似于 Sobel 算子

【例 11-1】　利用不同阈值的 Sobel 算子对图像进行边缘检测。

```
I = imread('eight.tif');
figure(1)
subplot(2,3,1);imshow(I)
title('原始图像')
subplot(2,3,2);imhist(I)               %显示图像的直方图
title('直方图')
I0 = edge(I,'Sobel');                  %自动选择阈值的Sobel算法
I1 = edge(I,'Sobel',0.06);             %指定阈值为0.06
I2 = edge(I,'Sobel',0.04);             %指定阈值为0.04
I3 = edge(I,'Sobel',0.02);             %指定阈值为0.02
subplot(2,3,3);imshow(I0)
title('默认门限')
subplot(2,3,4);imshow(I1)
title('阈值为0.06')
subplot(2,3,5);imshow(I2)
title('阈值为0.04')
subplot(2,3,6);imshow(I3)
title('阈值为0.02')
```

运行结果如图 11-1 所示。

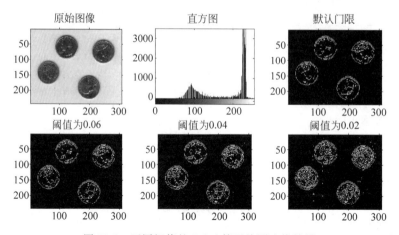

图 11-1　不同阈值的 Sobel 算子检测边缘效果

【例 11-2】 利用 Roberts 算子对图像进行边缘检测。

```
I = imread('rice.png');
BW1 = edge(I,'Roberts',0.04);          % Roberts 算子检测边缘
subplot(1,2,1),
imshow(I);
title('原始图像')
subplot(1,2,2),
imshow(BW1);
title('Roberts 算子检测边缘')
```

运行结果如图 11-2 所示。

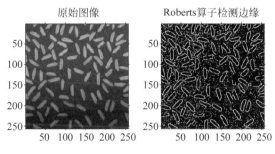

图 11-2　Roberts 算子检测边缘效果

【例 11-3】 利用不同标准偏差的 LOG 算子检测图像的边缘。

```
I = imread('pout.tif');
BW1 = edge(I,'log',0.003,2);          % sigma = 2
subplot(1,3,1);
imshow(I);
title('原始图像')
subplot(1,3,2);
imshow(BW1);
title(' sigma = 2 的 LOG 算子检测的边缘')
BW1 = edge(I,'log',0.003,3);          % sigma = 3
subplot(1,3,3);
imshow(BW1);
title(' sigma = 3 的 LOG 算子检测的边缘')
```

运行结果如图 11-3 所示。

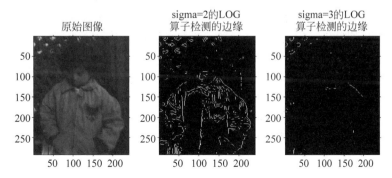

图 11-3　不同标准偏差的 LOG 算子检测图像的边缘

【例 11-4】 采用不同的图像边缘提取算子对图像进行边缘检测。

```
I = imread('eight.tif');
BW1 = edge(I,'Roberts',0.04);          % Roberts 算子
BW2 = edge(I,'Sobel',0.04);            % Sobel 算子
BW3 = edge(I,'Prewitt',0.04);          % Prewitt 算子
BW4 = edge(I,'LOG',0.004);             % LOG 算子
BW5 = edge(I,'Canny',0.04);            % Canny 算子
subplot(2,3,1),
imshow(I)
title('原始图像')
subplot(2,3,2),
imshow(BW1)
title('Roberts ')
subplot(2,3,3),
imshow(BW2)
title(' Sobel ')
subplot(2,3,4),
imshow(BW3)
title(' Prewitt ')
subplot(2,3,5),
imshow(BW4)
title(' LOG ')
subplot(2,3,6),
imshow(BW5)
title('Canny ')
```

运行结果如图 11-4 所示。

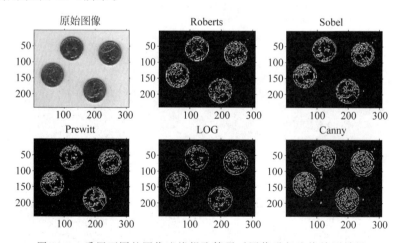

图 11-4　采用不同的图像边缘提取算子对图像进行边缘检测效果

11.2.7　小波在图像边缘检测中的应用

小波分析因其在处理非平稳信号中的独特优势而成为信号处理中的一个重要研究方向。随着小波理论体系的不断完善，小波以其时频局部化特性与多尺度特性在图像边

缘检测领域中备受青睐。

【**例 11-5**】 利用小波分解检测图像的边缘。

```
clear all;                    %清除空间变量
load cathe_1;
subplot(2,3,1);image(X);colormap(map);
title('原始图像')
axis square;
%添加噪声
init = 2055615866;
randn('seed',init);
x1 = X + 20 * randn(size(X));
subplot(2,3,2);image(x1);colormap(map);
title('添加噪声')
axis square;
%用小波 db5 对图像 X 进行一层小波分解
w = wpdec2(x1,1,'db5');
%重构图像近似部分
R = wprcoef(w,[1 0]);
subplot(2,3,3);image(R);colormap(map);
title('近似部分')
axis square;
%原始图像边缘检测
W1 = edge(X,'sobel');
subplot(2,3,4);imshow(W1)
title('X 的边缘')
axis square;

%带噪声图像边缘检测
W2 = edge(x1,'sobel');
subplot(2,3,5);imshow(W2)
title('x1 的边缘')
axis square;
%图像近似部分的边缘检测
W3 = edge(R,'sobel');
subplot(2,3,6);imshow(W3)
title('R 边缘')
axis square;
```

运行结果如图 11-5 所示。

图 11-5　小波边缘检测效果

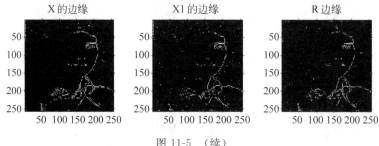

图 11-5 （续）

11.3 直线的提取与边界跟踪

图像的基本特征之一是直线。一般物体平面图像的轮廓可近似为直线及弧的组合，对物体轮廓的检测与识别可以转化为对这些基元的检测与提取。另外，在运动图像分析和估计领域也可以采用直线对应法实现刚体旋转量和位移量的测量，所以直线检测对图像算法的研究具有重要的意义。

边缘是一个局部的概念，一个区域的边界是一个具有整体性的概念，边界跟踪是一种串行的图像分割技术。图像由于噪声以及光照不均等原因，边缘点可能是不连续的，边界跟踪可以将它们变为有意义的信息。下面分别介绍直线的提取与边界跟踪。

11.3.1 用 Hough 变换提取直线

Hough 变换是一种利用图像的全局特征将特定形状的边缘连接起来，并形成连续平滑边缘的一种方法。它通过将源图像上的点影射到用于累加的参数空间，实现对已知解析式曲线的识别。由于它利用了图像全局特性，所以受噪声和边界间断的影响较小，鲁棒性能好。Hough 变换常用来对图像中的直线进行识别。

图像上任意直线区域都可以一一对应参数空间中的一个点，而图像上的任意像素都同时存在于很多直线区域之上。可以将图像上的直线区域想象为容器，把特定像素想象成放在容器中的棋子，只不过在这里，每个棋子都可以同时存在于多个容器中。那么 Hough 变换可以理解为依次检查图像上的每个棋子（特定像素），对于每个棋子，找到所有包含它的容器（平面上的直线区域），并为每个容器的计数器加 1，这样就可以统计出每个容器（平面上的直线区域）所包含的棋子（特定像素）数量。当图像上某个直线区域包含的特定像素足够多时，就可以认为这个直线区域表示的直线存在。

在 MATLAB 中，通过 Hough 变换在图像中检测直线需要 3 个步骤。

（1）利用 hough()函数执行 Hough 变换，得到 Hough 矩阵。

（2）利用 houghpeaks()函数在 Hough 矩阵中寻找峰值点。

（3）利用 houghlines()函数在前两步结果的基础上得到原二值图像中的直线信息。

这些函数的调用方法为：

```
[H, theta, rho] = hough(BW, param1, val1, param2, val2)
```

其中，BW 是边缘检测后的图像；param1、val1 以及 param2、val2 为可选参数对；H 是变换得到的 Hough 矩阵；theta 和 rho 为分别对应于 Hough 矩阵每一列和每一行的 θ 和 ρ 值组成的向量。

```
peaks = houghpeaks(H,numpeaks,param1,val1,param2,val2)
```

其中，H 是有 hough() 函数得到的 Hough 矩阵；numpeaks 是要寻找的峰值数目，默认为 1；peaks 是一个 $Q\times 2$ 的矩阵，每行的两个元素分别为某一峰值点在 Hough 矩阵中的行、列索引，Q 为找到的峰值点的数目。

```
lines = houghlines(BW,theta,rho,peaks,param1,val1,param2,val2)
```

其中，BW 是边缘检测后的图像；theta 和 rho 是 Hough 矩阵每一列和每一行的 θ 和 ρ 值组成的向量，由 hough 函数返回；peaks 是一个包含峰值点信息的 $Q\times 2$ 的矩阵，由 houghpeaks 函数返回；lines 是一个结构体数组，数组长度是找到的直线条数。

【例 11-6】 对图像进行 Hough 变换提取直线。

```
clear all;
RGB = imread('peppers.png');
I = rgb2gray(RGB);
BW = edge(I,'canny');                                    %检测边缘
 [H,T,R] = hough(BW,'RhoResolution',0.5,'Theta', - 90:0.5:89.5);   %计算 Hough 变换
subplot(1,2,1);imshow(RGB);
title('原始图像');
subplot(1,2,2);
imshow(imadjust(mat2gray(H)),'XData',T,'YData',R, …
      'InitialMagnification','fit');
title('Hough 变换');
xlabel('\theta 轴'), ylabel('\rho 轴');
axis on, axis normal,
hold on;
colormap(hot);
```

运行结果如图 11-6 所示。

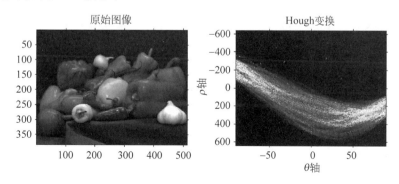

图 11-6 对图像进行 Hough 变换效果

【例 11-7】 将一幅图像进行 Hough 变换,标出峰值位置。

```
clear all;
I = imread('eight.tif');
subplot(1,2,1);imshow(I);
title('原始图像');
BW = edge(imrotate(I,50,'crop'),'prewitt');
[H,T,R] = hough(BW);
P = houghpeaks(H,2);                                    % 提取峰值
subplot(1,2,2);
imshow(H,[],'XData',T,'YData',R,'InitialMagnification','fit');  % 显示 Hough 变换
title('Hough 变换');
xlabel('\theta 轴'), ylabel('\rho 轴');
axis on, axis normal,
hold on;
plot(T(P(:,2)),R(P(:,1)),'s','color','white');          % 标记颜色为白色
```

运行结果如图 11-7 所示。

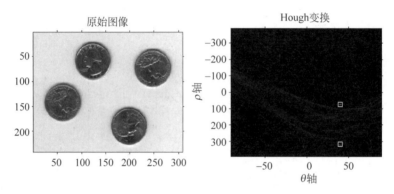

图 11-7　将一幅图像进行 Hough 变换标出峰值位置效果

【例 11-8】 对图像进行 Hough 变换,并标出最长的线段。

```
clear all;
I = imread('blobs.png');
subplot(1,3,1);imshow(I);
title('原始图像');
rotI = imrotate(I,45,'crop');                          % 图像旋转
BW = edge(rotI,'sobel');                               % 用 Sobel 算子提取图像中的边缘
[H,T,R] = hough(BW);                                   % 对图像进行 Hough 变换
subplot(1,3,2);
imshow(H,[],'XData',T,'YData',R,…
            'InitialMagnification','fit');
title('Hough 变换');
xlabel('\theta 轴'), ylabel('\rho 轴');
axis on, axis normal,
hold on;
P = houghpeaks(H,5,'threshold',ceil(0.3 * max(H(:))));  % 寻找极值点
x = T(P(:,2)); y = R(P(:,1));
```

```
plot(x,y,'s','color','white');
lines = houghlines(BW,T,R,P,'FillGap',5,'MinLength',7);    % 找出对应的直线边缘
subplot(1,3,3);imshow(rotI), title('检测线段');
hold on
max_len = 0;
for k = 1:length(lines)
    xy = [lines(k).point1; lines(k).point2];
    plot(xy(:,1),xy(:,2),'LineWidth',2,'Color','green');
    % 标记直线边缘对应的起点
    plot(xy(1,1),xy(1,2),'x','LineWidth',2,'Color','blue');
    plot(xy(2,1),xy(2,2),'x','LineWidth',2,'Color','red');
        len = norm(lines(k).point1 - lines(k).point2);    % 计算直线边缘长度
    if ( len > max_len)
        max_len = len;
        xy_long = xy;
    end
end
plot(xy_long(:,1),xy_long(:,2),'LineWidth',2,'Color','b');
```

运行结果如图 11-8 所示。

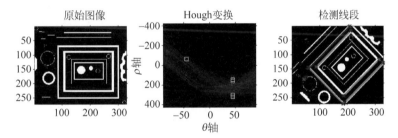

图 11-8 直线提取效果

11.3.2 边界跟踪

边界跟踪是指从图像中一个边缘点出发,然后根据某种判别准则搜索下一个边缘点,以此跟踪出目标边界。边界跟踪的算法步骤如下。

(1) 确定边界的起始搜索点,起始点的选择很关键,对某些图像,选择不同的起始点会导致不同的结果。

(2) 确定合适边界判别准则和搜索准则,判别准则用于判断一个点是不是边界点,搜索准则则指导如何搜索下一个边缘点。

(3) 确定搜索的终止条件。

在 MATLAB 中,bwtraceboundary 函数采用基于曲线跟踪的策略,给定搜索起始点和搜索方向及其返回该起始点的一条边界;bwboundaries 函数用于获取二值图中对象的轮廓。这两种函数的用法如下:

```
B = bwtraceboundary(BW, P, fstep)
B = bwtraceboundary(BW,P,fstep,conn)
B = bwtraceboundary( …,N,dir)
```

其中,非零像素表示对象,零像素构成背景;bwtraceboundary 返回值为 B,一个 $Q\times2$ 的矩阵,Q 是区域边界像素的数量;B 保存有边界像素的行、列坐标;参数 P 是一个指定行、列坐标的二元矢量,表示对象边界上你想开始跟踪的那个点;fstep 表示初始查找方向,用于寻找对象中与 P 相连的下一个像素;conn 是寻找下一个相连像素点的初始方向;dir 是寻找边界的方向,即顺时针还是逆时针。

```
B = bwboundaries(BW,conn)
```

其中,B 是一个 $P\times1$ 的数组,P 为对象个数,每个对象是 $Q\times2$ 的矩阵,对应于对象轮廓像素的坐标。

【例 11-9】 对图像进行边缘跟踪提取。

```
clc
clear all
RGB = imread('saturn.png');
figure
subplot(1,3,1);
imshow(RGB);
title('原始图像')
I = rgb2gray(RGB);
threshold = graythresh(I);
BW = im2bw(I,threshold);              %将灰度图像转换为二值图像
subplot(1,3,2);
imshow(BW)
title('二值图像')
dim = size(BW);
col = round(dim(2)/2) - 90;          %计算起始点列坐标
row = find(BW(:,col), 1);            %计算起始点行坐标
connectivity = 8;
num_points = 180;
contour = bwtraceboundary(BW, [row, col], 'N', connectivity, num_points);   %提取边界
subplot(1,3,3);
imshow(RGB);
hold on;
plot(contour(:,2),contour(:,1),'g','LineWidth',2);
title('结果图像')
```

运行结果如图 11-9 所示。

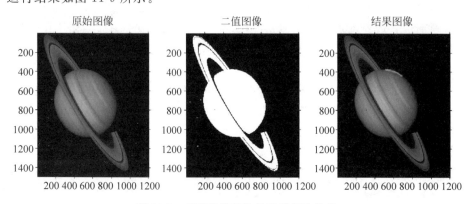

图 11-9　对图像进行边缘跟踪提取效果

【例 11-10】 对图像进行边界跟踪提取。

```
clear all
I = imread('blobs.png');
figure(1)
subplot(1,2,1);
imshow(I),title('原始图像')
B = bwboundaries(I);                        %提取边界
D = B{1,1};
subplot(1,2,2);
plot(D(:,2),D(:,1))                         %画第一条边界
set(gca,'YDir','reverse')                   %翻转 y 坐标轴
title('边界标记后的图像')
```

运行结果如图 11-10 所示。

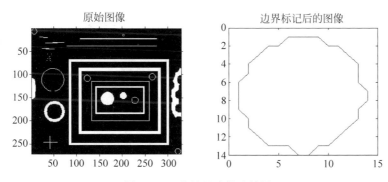

图 11-10 边界跟踪提取效果

【例 11-11】 对图像中不同的区域表示不同的颜色。

```
clear all
I = imread('tape.png');                              %导入图像
figure(1),
subplot(1,3,1);
imshow(I),title('原始图像')
BW = im2bw(I, graythresh(I));                         %生成二值图像
subplot(1,3,2);
imshow(BW),title('二值图像')
 [B,L] = bwboundaries(BW,'noholes');   %提取边界,并返回边界元胞数组 B 和区域标志数组 L
subplot(1,3,3);
imshow(label2rgb(L, @jet, [.5 .5 .5]))               %以不同的颜色标志不同的区域
title('彩色标记图像')
hold on
for k = 1:length(B)
    boundary = B{k};
    plot(boundary(:,2), boundary(:,1), 'w', 'LineWidth', 2)%在图像上叠画边界
end
```

运行结果如图 11-11 所示。

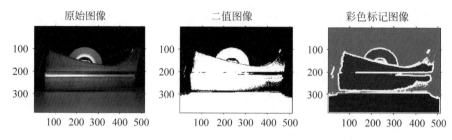

图 11-11　对图像中不同的区域表示不同的颜色效果

11.4　阈值分割

阈值分割法是一种基于区域的图像分割技术。图像阈值化分割因其实现简单、计算量小、性能较稳定而成为图像分割中最基本和应用最广泛的分割技术。图像阈值化的目的是要按照灰度级,对像素集合进行一个划分,得到的每个子集形成一个与现实景物相对应的区域,各个区域内部具有一致的属性,而相邻区域布局有这种一致属性。这样的划分可以通过从灰度级出发选取一个或多个阈值来实现。

11.4.1　直方图阈值法

直方图阈值法的依据是图像的直方图,通过对直方图进行各种分析来实现对图像的分割。图像的直方图可以看作是像素灰度值概率分布密度函数的一个近似,设一幅图像仅包含目标和背景,那么它的直方图所代表的像素灰度值概率密度分布函数实际上就是对应目标和背景的两个单峰分布密度函数的和。若灰度图像的直方图的灰度级范围为 $i=0,1,\cdots,L-1$,当灰度级为 k 时的像素数为 n_k,则一幅图像的总像素数 N 表达式为

$$N = \sum_{i=0}^{L-1} n_i = n_0 + n_1 + \cdots + n_{L-1}$$

灰度级 i 出现的概率为

$$p_i = \frac{n_i}{N} = \frac{n_i}{n_0 + n_1 + \cdots + n_{L-1}}$$

当图像的灰度直方图为概率分布时,图像大致分为两部分,分别为灰度分布的两个山峰的附近。因此直方图左侧山峰为亮度较低的部分,这部分恰好对应于画面中较暗的背景部分;直方图右侧山峰为亮度较高的部分,对应于画面中需要分割的目标。选择的阈值为两峰之间的谷底点时,即可将目标分割出来。直方图阈值在当被分割图像的灰度直方图中呈现出明显、清晰的两个波峰时,使用该方法可以达到较好的分割精度。

【例 11-12】　利用直方图阈值法对图像进行分割。

```
clear all
close all
I = imread('rice.png');
figure, subplot(1,3,1);
imshow(I),title('原始图像')
subplot(1,3,2);
```

```
imhist(I),title('直方图')              % 观察灰度直方图
I1 = im2bw(I,120/255);                % im2bw 函数需要将灰度值转换到[0,1]范围内
subplot(1,3,3);
imshow(I1),title('直方图阈值法分割结果')
```

运行结果如图 11-12 所示。

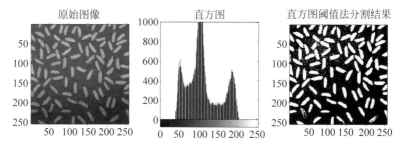

图 11-12　利用直方图阈值法对图像进行分割效果

11.4.2　自动阈值法

自动阈值法是以图像的灰度直方图为依据,以目标和背景的类间方差最大为阈值选取准则,综合考虑了像素邻域以及图像整体灰度分布等特征关系,以经过灰度分类的像素类群之间产生最大方差时的灰度数值作为图像的整体分割阈值。图像灰度级的集合设为 $S=(1,2,3,\cdots,i,\cdots,L)$,灰度级为 i 的像素数设为 n_i,则图像的全部像素数为

$$N = n_1 + n_2 + \cdots + n_L = \sum_{i \in S} n_i$$

将其标准化后,像素数为 $P=n_i/N$,其中,$i \in S, p_i \geqslant 0, \sum_{i \in S} p_i = 1$。

设有某一图像灰度直方图,t 为分离两区域的阈值。由直方图统计可被 t 分离后的区域 1、区域 2 占整图像的面积比以及整幅图像、区域 1、区域 2 的平均灰度分别为

区域 1 的面积比

$$\theta_1 = \sum_{j=0}^{t} \frac{n_j}{n}$$

区域 2 的面积比

$$\theta_2 = \sum_{j=t+1}^{G-1} \frac{n_j}{n}$$

整幅图像平均灰度

$$u = \sum_{j=0}^{G-1} \left(f_j \times \frac{n_j}{n} \right)$$

区域 1 的平均灰度

$$u_1 = \frac{1}{\theta} \sum_{j=0}^{t} \left(f_j \times \frac{n_j}{n} \right)$$

区域 2 的平均灰度

$$u_2 = \frac{1}{\theta} \sum_{j=t+1}^{G-1} \left(f_j \times \frac{n_j}{n} \right)$$

式中，G 为图像的灰度级数。

整幅图像平均灰度与区域 1、区域 2 平均灰度值之间的关系为

$$u = u_1\theta_1 + u_2\theta_2$$

同一区域常常具有灰度相似特性，而不同区域之间则表现为明显的灰度差异，当被阈值 t 分离的两个区域之间灰度差较大时，两个区域的平均灰度 u_1、u_2 与整图像平均灰度 u 之差也较大，区域间的方差就是描述这种差异的有效参数，其表达式为

$$\sigma_{\mathrm{B}}^2 = \theta_1(t)(u_1 - u)^2 + \theta_2(t)(u_2(t) - u)^2$$

经数学推导，区域间的方差可表示为

$$\theta_{\mathrm{B}}^2 = \theta_1(t) \times \theta_2(t)(u_1(t) - u_2(t))^2$$

由此确定阈值 T：$T = \max[\sigma_{\mathrm{B}}^2(t)]$，以最大方差决定阈值不需要设定其他参数，是一种自动选择阈值的方法，它不仅适用于两区域的单阈值选择，也可以扩展到多区域的多阈值选择中去。

【例 11-13】 利用自动阈值法对图像进行分割。

```
I = imread('rice.png');                    %读取图像
subplot(121),
imshow(I);
title('原始图像')
level = graythresh(I);
BW = im2bw(I,level);                        %最大类间方差法分割图像
subplot(122),
imshow(BW)
title('自动阈值法分割图像')
disp(strcat('graythresh 计算灰度阈值：',num2str(uint8(level * 255))))
```

运行结果如图 11-13 所示。

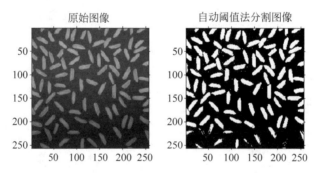

图 11-13 利用自动阈值法对图像进行分割效果

【例 11-14】 对图像进行自动阈值分割，并归一化其灰度值。

```
clear all;
I = imread('circuit.tif');
subplot(2,2,1);imshow(I)
title('原始图像')
background = imopen(I,strel('disk',15));
```

```
I2 = I - background;
subplot(2,2,2), imshow(I2)
title('去除背景后的图像')
I3 = imadjust(I2);                    %调用图像的灰度值,增加图像的对比度
subplot(2,2,3), imshow(I3);
title('增强对比度')
 [level,EM] = graythresh(I3)          %阈值的图像
bw = im2bw(I3,level);
subplot(2,2,4), imshow(bw)
title('自动阈值法')
```

运行结果如图 11-14 所示。

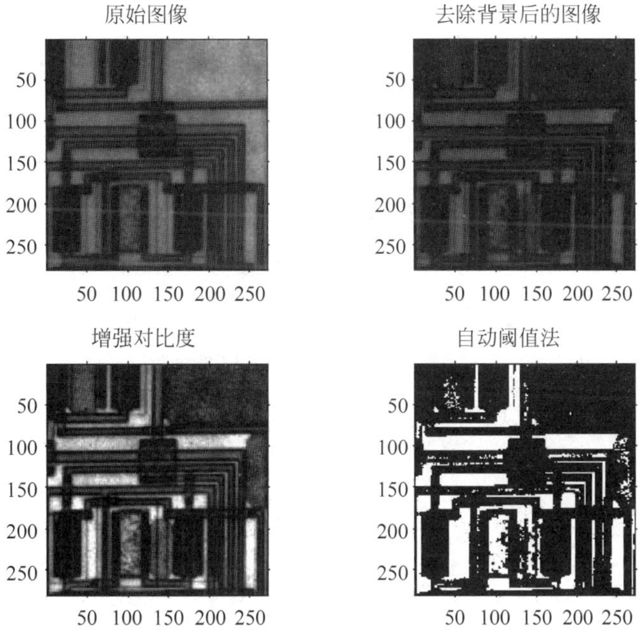

图 11-14　自动阈值法对图像进行分割效果

11.4.3　分水岭分割法

分水岭分割法是一种基于拓扑理论的数学形态学的分割法,其基本思想是把图像看作是地质学上的拓扑地貌,图像中每一点像素的灰度值表示该点的海拔高度,每一个局部极小值及其影响区域称为集水盆地,而集水盆地的边界则形成分水岭。

分水岭的概念和形成可以通过模拟浸入过程来说明。在每一个局部极小值表面,刺穿一个小孔,然后把整个模型慢慢浸入水中,随着浸入的加深,每一个局部极小值的影响域慢慢向外扩展,在两个集水盆地汇合处构筑大坝,即形成分水岭。

设 D 是一幅灰度图像,它的最大和最小灰度值为 h_max 和 h_min。定义一个从 h_min 到 h_max 的水位 h 不断递增的递归过程。在这个过程中每个与不同的局部最小相关的汇水盆地都不断扩展,定义 $X(h)$ 为在水位 h 时汇水盆地的集合的并。

在 $h+1$ 层,一个连通分量 $T(h+1)$ 或者是一个新的局部最小,或者是一个已经存在的 $X(h)$ 中的一个盆地的扩展。对于后者,按邻接关系计算高度为 $h+1$ 的每一个点与各汇水盆地的距离。如果一个点与两个以上的盆地等距离,则它不属于任何盆地,否则它属于与它距离最近的盆地。这样从而产生新的 $X(h+1)$。把在高度 h 出现的局部最小记作 $\min(h)$。把 $Y(h+1, X(h))$ 记作高度为 $h+1$ 同时属于 $X(h)$ 的点的集合,则有

$$\begin{cases} X(h\_min) = \{p \in D \mid f(p) = h\_min\} = T(h\_min) \\ X(h+1) = MIN(h+1) \bigcup X(h) \bigcup Y(h+1, X(h)) \end{cases}$$

分水岭变换 $\mathrm{Watershed}(f)$ 就是 $X(h\_max)$ 的补集

$$\mathrm{Watershed}(f) = D \backslash (h\_max)$$

【例 11-15】 创建一个包含两个重叠的圆形图案的二值图像,使用分水岭法对其进行分割。

```
clear all;
ct1 = -9;
ct2 = -ct1;
dist = sqrt(2 * (2 * ct1)^2);
ra = dist/2 * 1.4;
lims = [floor(ct1 - 1.2 * ra) ceil(ct2 + 1.2 * ra)];
[x,y] = meshgrid(lims(1):lims(2));
bw1 = sqrt((x - ct1).^2 + (y - ct1).^2) <= ra;
bw2 = sqrt((x - ct2).^2 + (y - ct2).^2) <= ra;
bw = bw1 | bw2;
subplot(131), imshow(bw,'InitialMagnification','fit'),
title('二值图像');
F = bwdist(~bw);
subplot(132), imshow(F,[],'InitialMagnification','fit')
title('分割前的等高线图');
F = -F;
F(~bw) = -Inf;
%进行分水岭分割并将分割结果以标记图形式绘出
L = watershed(F);
rgb = label2rgb(L,'jet',[.6 .6 .6]);
subplot(133), imshow(rgb,'InitialMagnification','fit')
title('分水岭变换')
```

运行结果如图 11-15 所示。

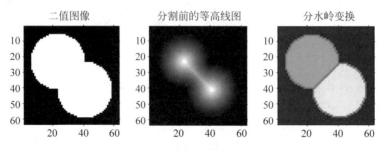

图 11-15 分水岭法对其进行分割效果

【例 11-16】　对一幅图像进行多种方法的分水岭分割。

```
filename = ('tape.png');              %读入图像
f = imread(filename);
Info = imfinfo(filename);
if Info.BitDepth > 8
    f = rgb2gray(f);
end
figure,mesh(double(f));               %显示图像,类似集水盆地
```

运行结果如图 11-16 所示。

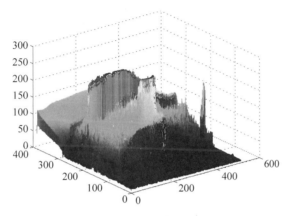

图 11-16　集水盆地

方法 1：一般分水岭分割。

```
b = im2bw(f,graythresh(f)); %二值化,注意应保证集水盆地的值较低(为 0),否则就要对 b 取反
d = bwdist(b);              %求零值到最近非零值的距离,即集水盆地到分水岭的距离
l = watershed( - d);        %matlab 自带分水岭算法,l 中的零值即为分水岭
w = l == 0;                 %取出边缘
g = b&~w;                   %用 w 作为 mask 从二值图像中取值
figure
subplot(2,3,1),
imshow(f);
subplot(2,3,2),
imshow(b);
subplot(2,3,3),
imshow(d);
subplot(2,3,4),
imshow(l);
subplot(2,3,5),
imshow(w);
subplot(2,3,6),
imshow(g);
```

运行结果如图 11-17 所示。

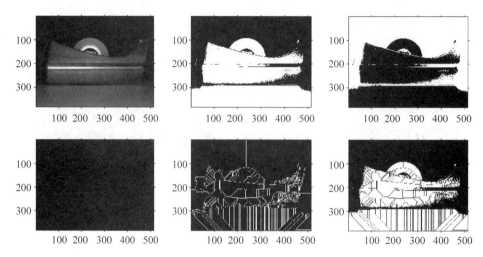

图 11-17　一般分水岭分割效果

方法 2：使用梯度的两次分水岭分割。

```matlab
h = fspecial('Sobel');                              % 获得纵方向的 Sobel 算子
fd = double(f);
g = sqrt(imfilter(fd, h, 'replicate').^2 + imfilter(fd, h', 'replicate').^2);
l = watershed(g);                                   % 分水岭运算
wr = l == 0;
g2 = imclose(imopen(g, ones(3,3)), ones(3,3));      % 进行开闭运算对图像进行平滑
l2 = watershed(g2);                                 % 再次进行分水岭运算
wr2 = l2 == 0;
f2 = f;
f2(wr2) = 255;
figure
subplot(2,3,1),
imshow(f);
subplot(2,3,2),
imshow(g);
subplot(2,3,3),
imshow(l);
subplot(2,3,4),
imshow(g2);
subplot(2,3,5),
imshow(l2);
subplot(2,3,6),
imshow(f2);
```

运行结果如图 11-18 所示。

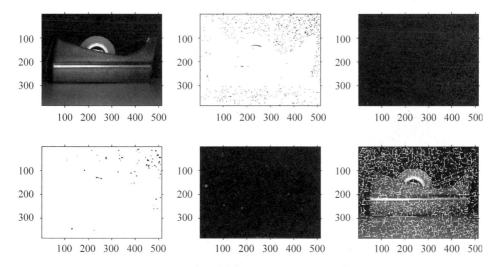

图 11-18　使用梯度的两次分水岭分割效果

方法 3：使用梯度加掩膜的三次分水岭算法。

```
h = fspecial('Sobel');                                  %获得纵方向的 Sobel 算子
fd = double(f);
g = sqrt(imfilter(fd,h,'replicate').^2 + imfilter(fd,h','replicate').^2);
l = watershed(g);                                       %分水岭运算
wr = l == 0;
rm = imregionalmin(g);                                  %计算图像的区域最小值定位
im = imextendedmin(f,2);                                %上面仅是产生最小值点
fim = f;
fim(im) = 175;                                          %将 im 在原图上标识出,用以观察
lim = watershed(bwdist(im));                            %再次分水岭计算
em = lim == 0;
g2 = imimposemin(g,im|em);                              %在梯度图上标出 im 和 em
l2 = watershed(g2);                                     %第三次分水岭计算
f2 = f;
f2(l2 == 0) = 255;                                       %从原图对分水岭进行观察
figure
subplot(3,3,1),
imshow(f);
subplot(3,3,2),
imshow(g);
subplot(3,3,3),
imshow(l);
subplot(3,3,4),
imshow(im);
subplot(3,3,5),
imshow(fim);
subplot(3,3,6),
imshow(lim);
subplot(3,3,7),
imshow(g2);
```

```
subplot(3,3,8),
imshow(l2)
subplot(3,3,9),
imshow(f2);
```

运行结果如图 11-19 所示。

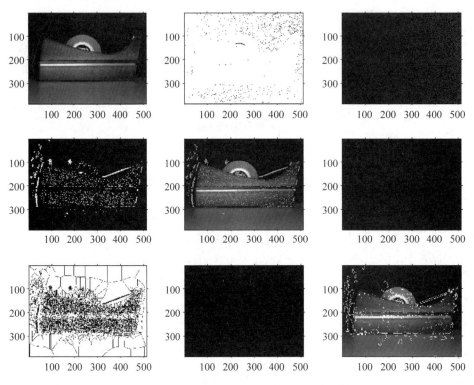

图 11-19　使用梯度加掩膜的三次分水岭算法效果

11.4.4　迭代法

迭代法选取阈值的方法：初始阈值选取图像的平均灰度 T_0，然后用 T_0 将图像的像素点分作两部分，计算两部分各自的平均灰度，小于 T_0 的部分为 T_A，大于 T_0 的部分为 T_B，求 T_A 和 T_B 的平均值 T_1，将 T_1 作为新的全局阈值代替 T_0，重复以上过程，如此迭代，直至 T_k 收敛。

具体实现时，首先根据初始开关函数将输入图像逐个分为前景和背景，在第一遍对图像扫描结束后，平均两个积分器的值以确定一个阈值。用这个阈值控制开关再次将输入图像分为前景和背景，并用作新的开关函数。如此反复迭带直到开关函数不再发生变化，此时得到的前景和背景即为最终分割结果。

【例 11-17】　用迭代法对图像进行分割。

```
clear all;
I = imread('tire.tif');
```

```
ZMAX = max(max(I));                              % 取出最大灰度值
ZMIN = min(min(I));                              % 取出最小灰度值
TK = (ZMAX + ZMIN)/2;
BCal = 1;
iSize = size(I);                                 % 图像的大小
while (BCal)
        iForeground = 0;                         % 前景数
    iBackground = 0;                             % 定义背景数
    ForegroundSum = 0;                           % 定义前景灰度总和
    BackgroundSum = 0;                           % 定义背景灰度总和
    for i = 1:iSize(1)
        for j = 1:iSize(2)
            tmp = I(i,j);
            if(tmp >= TK)
                % 前景灰度值
                iForeground = iForeground + 1;
                ForegroundSum = ForegroundSum + double(tmp);
            else
                iBackground = iBackground + 1;
                BackgroundSum = BackgroundSum + double(tmp);
            end
        end
    end
    ZO = ForegroundSum/iForeground;              % 计算前景的平均值
    ZB = BackgroundSum/iBackground;              % 计算背景的平均值
    TKTmp = uint8((ZO + ZB)/2);
    if(TKTmp == TK)
        BCal = 0;
    else
        TK = TKTmp;
    end                                          % 说明迭代结束
    end
disp(strcat('迭代后的阈值:',num2str(TK)));
newI = im2bw(I,double(TK)/255);
subplot(1,2,1);imshow(I);
title('原始图像');
subplot(1,2,2);imshow(newI);
title('迭代法分割效果图');
```

运行结果如图 11-20 所示。

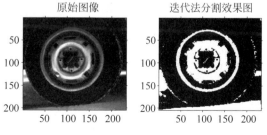

图 11-20 迭代法分割效果

11.5　区域生长与分裂合并

图像分割就是把图像分成若干个特定的、具有独特性质的区域并提出感兴趣目标的技术和过程。它是由图像处理到图像分析的关键步骤。区域生长需要选择一组能正确代表所需区域的种子像素,确定在生长过程中的相似性准则,制定让生长停止的条件或准则。相似性准则可以是灰度级、彩色、纹理、梯度等特性。选取的种子像素可以是单个像素,也可以是包含若干个像素的小区域。大部分区域生长准则使用图像的局部性质。生长准则可根据不同原则制定,而使用不同的生长准则会影响区域生长的过程。区域归并方法是指在通过某种初始化分割方法得到的很多小区域上,根据一定的归并标准将满足归并标准的两个邻接区域合并为一个区域,直到所有满足归并标准的邻接区域都被归并起来。在用分割方法分割图像后,结果中可能会出现过分割现象,利用区域归并方法则可以进一步将相邻的区域按照合并准则合并起来。制定合并准则是进行合并的重点。

11.5.1　区域生长

区域生长是指将成组的像素或区域发展成更大区域的过程。从种子点的集合开始,这些点的区域增长是通过将与每个种子点有相似属性像强度、灰度级、纹理颜色等的相邻像素合并到此区域。区域生长是根据事先定义的准则将像素或者子区域聚合成更大区域的过程。基本思想是从一组生长点开始(生长点可以是单个像素,也可以是某个小区域),将与该生长点性质相似的相邻像素或者区域与生长点合并,形成新的生长点,重复此过程直到不能生长为止。生长点和相邻区域的相似性判据可以是灰度值、纹理、颜色等多种图像信息,区域生长一般有以下 3 个步骤。

(1) 选择合适的生长点。

(2) 确定相似性准则即生长准则。

(3) 确定生长停止条件。

一般来说,在无像素或者区域满足加入生长区域的条件时,区域生长就会停止。

【例 11-18】　利用区域生长法对图像进行分割。

```
A0 = imread('football.jpg');
seed = [100,220];                       % 选择起始位置
thresh = 16;                            % 相似性选择阈值
A = rgb2gray(A0);
A = imadjust(A,[min(min(double(A)))/255,max(max(double(A)))/255,[]]);
A = double(A);
B = A;
 [r,c] = size(B);                       % 图像尺寸 r 为行数,c 为列数
n = r * c;                             % 计算图像所包含点的个数
pixel_seed = A(seed(1),seed(2));       % 原图起始点灰度值
q = [seed(1) seed(2)];                 % q 用来装载起始位置
top = 1;                               % 循环判断 flag
M = zeros(r,c);                        % 建立一个与原图形同等大小的矩阵
```

```matlab
M(seed(1),seed(2)) = 1;
count = 1;                                  %计数器
while top~ = 0                              %循环结束条件
r1 = q(1,1);
c1 = q(1,2);
p = A(r1,c1);
dge = 0;
for i =- 1:1
for j =- 1:1
if r1 + i < = r && r1 + i > 0 && c1 + j < = c && c1 + j > 0
if abs(A(r1 + i,c1 + j) - p) < = thresh && M(r1 + i,c1 + j)~ = 1
top = top + 1;
q(top, :) = [r1 + i c1 + j];
M(r1 + i,c1 + j) = 1;
count = count + 1;
B(r1 + i,c1 + j) = 1;                       %满足判定条件将 B 中相对应的点赋为 1
end
if M(r1 + i,c1 + j) == 0;
dge = 1;                                    %将 dge 赋为 1
end
else
dge = 1;                                    %点在图像外将 dge 赋为 1
end
end
end
if dge~ = 1
B(r1,c1) = A(seed(1),seed(2));              %将原始图像起始位置灰度值赋予 B
end
if count > = n
top = 1;
end
q = q(2:top, :);
top = top - 1;
end
subplot(1,2,1),
imshow(A,[]);
title('灰度图像')
subplot(1,2,2),
imshow(B,[]);
title('生长法分割图像 ')
```

运行结果如图 11-21 所示。

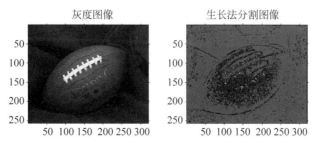

灰度图像　　　　　生长法分割图像

图 11-21　区域生长法分割图像

11.5.2 区域分裂与合并

区域生长是从某个或某些像素点出发,最后得到整个区域,进而实现目标提取。分裂合并是区域生长的逆过程:从整个图像出发,不断分裂得到各个子区域,然后再把前景区域合并,实现目标提取。分裂合并的假设是对于一幅图像,前景区域由一些相互连通的像素组成的,因此,如果把一幅图像分裂到像素级,就可以判定该像素是否为前景像素。当所有像素点或者子区域完成判断以后,把前景区域或者像素合并就可得到前景目标。

假定一幅图像分为若干区域,按照有关区域的逻辑词 P 的性质,各个区域上所有的像素是一致的。区域分裂与合并的算法如下。

(1) 将整幅图像设置为初始区域。

(2) 选一个区域 R,若 $P(R)$ 错误,则将该区域分为 4 个子区域。

(3) 考虑图像中任意两个或更多的邻接子区域 $R_1, R_2, \cdots, R_n$。

(4) 如果 $P(R_1 \cup R_2 \cup \cdots \cup R_n)$ 正确,则将这 n 个区域合并成为一个区域。

(5) 重复上述步骤,直到不能再进行区域分裂和合并。

四叉树分解法是常见的分裂合并算法。令 R 代表整个图像区域,P 代表逻辑谓词。对 R 进行分割的方法是反复将分割得到的结果图像分成 4 个区域,直到对任意区域 R_i,有 $P(R_i)=$ TRUE。也就是说,对整幅图像如果 $P(R)=$ FALSE,那么就将图像分成 4 等份。对任何区域如果有 $P(R_i)=$ FALSE,那么就将 R_i 分成 4 等份。以此类推,直到 R_i 为单个像素。

若只使用分裂,最后可能出现相邻的两个区域具有相同的性质但并没有合并的情况。因此,允许拆分的同时进行区域合并,即在每次分裂后允许其继续分裂或合并,如 $P(R_i \cup R_j)=$ TRUE,则将 R_i 和 R_j 合并起来。当再无法进行聚合或拆分时操作停止。

在 MATLAB 中,qtdecomp 函数用来实现图像的四叉树分解。该函数调用方法如下:

```
s = qtdecomp(I,Threshold,[MinDim MaxDim])
```

其中,I 是输入图像;Threshold 是一个可选参数,如果某个子区域中最大的像素灰度值减去最小像素灰度值大于 Threshold 设定的阈值,那么继续进行分解,否则停止并返回;[MinDim MaxDim] 也是可选参数,用来指定最终分解得到的子区域大小;返回值 S 是一个稀疏矩阵,其非零元素的位置回应于块的左上角,每一个非零元素值代表块的大小。

【例 11-19】 对下列矩阵进行四叉树分解。

```
>>J = [1    1    1    1    2    3    6    6
       1    1    2    1    4    5    6    8
       1    1    1    1    10   15   7    7
       1    1    1    1    20   25   7    7
       20   22   20   22   1    2    3    4
       20   22   22   20   5    6    7    8
       20   22   20   20   9    10   11   12
       22   22   20   20   13   14   15   16];
```

```
>> S = qtdecomp(J,5);
>> full(S)
ans =
        4     0     0     0     2     0     2     0
        0     0     0     0     0     0     0     0
        0     0     0     0     1     1     2     0
        0     0     0     0     1     1     0     0
        4     0     0     0     2     0     2     0
        0     0     0     0     0     0     0     0
        0     0     0     0     2     0     2     0
        0     0     0     0     0     0     0     0
```

【例 11-20】 对图像进行四叉树分解。

```
I1 = imread('liftingbody.png');        % 读取图像
S = qtdecomp(I1,0.25);                 % 其中 0.25 为每个方块所需要达到的最小差值
I2 = full(S);
subplot(1,2,1);
imshow(I1);                            % 显示前后两张图片
title('原始图像')
subplot(1,2,2);
imshow(I2);
title('四叉树分解的图像')
```

运行结果如图 11-22 所示。

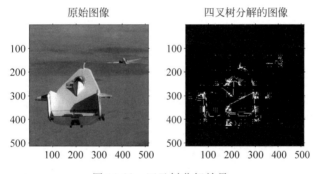

图 11-22　四叉树分解效果

在得到稀疏矩阵 S 后，qtgetblk 函数可进一步获得四叉树分解后所有指定大小的子块像素及位置信息。该函数的调用方法为

```
[ vals, r, c] = qtgetblk (I , S, dim)
```

其中，I 为输入的灰度图像；稀疏矩阵 S 是 I 经过 qtdecomp 函数处理的输出结果；dim 是指定的子块大小；vals 是 dimXdimXk 的三维矩阵，包含 I 中所有符合条件的子块数据；r 和 c 均为列向量，分别表示图像 I 中符合条件子块左上角的纵坐标和横坐标。

```
J = qtsetblk(I,s,dim,vals)
```

其中,I 为输入的灰度图像;S 是 I 经过 qtdecomp 函数处理的结果;dim 是指定的子块大小;vals 是 dimXdimXk 的三维矩阵,包含了用来替换原有子块的新子块信息;J 是经过子块替换的新图像。

【例 11-21】 对图像进行块状的四叉树分解。

```matlab
I = imread('rice.png');                    % 读入图像
S = qtdecomp(I,.26);                       % 四叉树分解
blocks = repmat(uint8(0),size(S));         % 块
for dim = [512 256 128 64 32 16 8 4 2 1];
  numblocks = length(find(S==dim));
  if (numblocks > 0)
    values = repmat(uint8(1),[dim dim numblocks]);
    values(2:dim,2:dim,:) = 0;
    blocks = qtsetblk(blocks,S,dim,values);
  end
end
blocks(end,1:end) = 1;
blocks(1:end,end) = 1;
subplot(1,2,1);
imshow(I);
title('原始图像')                          % 显示原始图像
subplot(1,2,2);
imshow(blocks,[])                          % 显示处理后的图像
title('块状四叉树分解图像')
```

运行结果如图 11-23 所示。

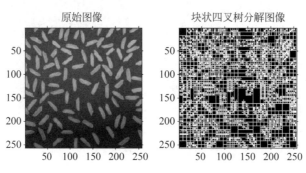

图 11-23　块状四叉树分解图像效果

11.6　区域处理

11.6.1　滑动领域操作

滑动邻域操作每次在一个像素上进行。输出图像的每一个像素都是通过对输入图像某邻域内的像素值采用某种代数运算得到的。中心像素是指输入图像真正要进行处理的像素。如果邻域的行和列都是奇数,则中心像素就是邻域的中心;如果行或列有一

维为偶数,那么中心像素将位于中心偏左或偏上方。任何一个邻域矩阵的中心像素的坐标表示为

```
floor(([m,n]+1)/2)
```

邻域操作的一般算法如下。

(1) 选择一个像素。

(2) 确定该像素的邻域。

(3) 用一个函数对邻域内的像素进行计算并返回这个标量结果。

(4) 在输出图像对应的位置填入输入图像领域中的中心位置。

(5) 重复计算,遍及每一个像素点。

在 MATLAB 中,nlfilter 函数用于滑动领域操作,其常见的调用方式如下。

B=nlfilter(A,[m n],fun):A 为输入图像;B 为输出图像;m×n 为领域尺寸;fun 为运算函数。

colfilt 函数用于对图像进行快速领域操作,该函数的调用方法如下。

B=colfilt(A,[m n],'sliding',fun):表示指定 sliding 函数作滑动领域操作。

im2col 函数、col2im 函数用于对图像进行列操作,其调用方式分别如下。

B=im2col(A,[m n],'sliding'):表示将一图像排成列。

B=col2im(A,[m n],[mm,nn],'sliding'):表示将图像进行列重构处理。

除了上述的这些个常用的运算函数,还可以用 inline 自定义函数。

表 11-2 列出了常见的运算函数。

表 11-2　常见的运算函数

函　　数	描　　述	函　　数	描　　述
mean	表示求向量的平均值	median	表示求向量的中值
mean2	表示求矩阵的平均值	max	表示求向量的最大值
std	表示求向量的标准差	min	表示求向量的最小值
std2	表示求矩阵的标准差	var	表示求向量的方差

【例 11-22】　使用滑动邻域操作对图像进行处理。

```
clear
i = imread('tire.tif');          %读取图像
fun = @(x)median(x(:));
b = nlfilter(i,[3 3],fun);       %使用滑动邻域操作对图像进行处理
subplot(1,2,1);
imshow(i);
title('原始图像')
subplot(1,2,2);
imshow(b);
title('滑动处理后的图像')
```

运行结果如图 11-24 所示。

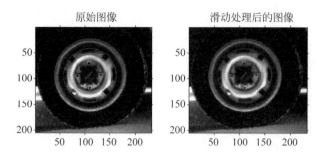

图 11-24　使用滑动邻域操作对图像进行处理效果

【例 11-23】　分别利用平均最大值、最小值对图像进行滑动处理。

```
clear all;
I = imread('cell.tif');
subplot(2,2,1);imshow(I);
title('原始图像');
I2 = uint8(colfilt(I,[5,5],'sliding',@mean));        % 对图像进行滑动平均处理
subplot(2,2,2);imshow(I2);
title('滑动平均值');
I3 = uint8(colfilt(I,[5,5],'sliding',@max));         % 对图像进行滑动最大值处理
subplot(2,2,3);imshow(I3);
title('滑动最大值');
I4 = uint8(colfilt(I,[5,5],'sliding',@min));         % 对图像进行滑动最小值处理
subplot(2,2,4);imshow(I4);
title('滑动最小值');
```

运行结果如图 11-25 所示。

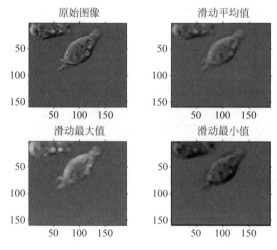

图 11-25　分别利用平均最大值、最小值对图像进行滑动处理效果

【例 11-24】　指定多种 sliding 函数作滑动领域操作。

```
clear all;
I = im2double(imread('eight.tif'));
```

```
f1 = @(x) ones(64,1) * mean(x);
f2 = @(x) ones(64,1) * max(x);
f3 = @(x) ones(64,1) * min(x);
I1 = colfilt(I,[8 8],'distinct',f1);
I2 = colfilt(I,[8 8],'distinct',f2);
I3 = colfilt(I,[8 8],'distinct',f3);
subplot(2,2,1);imshow(I);
title('原始图像');
subplot(2,2,2);imshow(I1);
title('mean');
subplot(2,2,3);imshow(I2);
title('max');
subplot(2,2,4);imshow(I3);
title('min');
```

运行结果如图 11-26 所示。

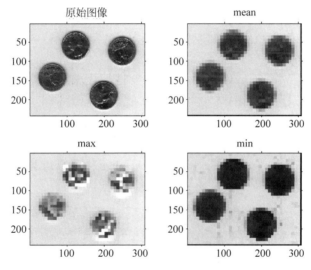

图 11-26　滑动领域操作效果

【例 11-25】 用列操作函数对图像实现滑动。

```
I = imread('cell.tif');                    % 读取图像
I1 = im2col(I,[3 3],'sliding');            % 列操作对图像实现滑动
I1 = uint8([0 -1 0 -1 4 -1 0 -1 0] * double(I1));
I2 = col2im(I1,[3,3],size(I),'sliding');
subplot(121),
imshow(I,[]);
title('原始图像');
subplot(122),
imshow(I2,[]);
title('滑动处理后的图像')
```

运行结果如图 11-27 所示。

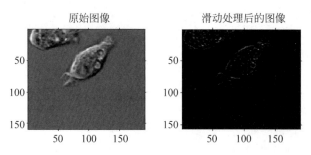

图 11-27 用列操作函数对图像实现滑动效果

11.6.2 分离领域操作

分离邻域操作也称图像的块操作,在分离邻域操作中,将矩阵划分为 $m \times n$ 后得到的矩形。分离邻域从左上角开始覆盖整个矩阵,邻域之间没有重叠部分。

在 MATLAB 中,blkproc 函数用于对图像进行邻域分离操作;colfilt 函数用于对图像进行快速分离邻域操作;与滑动邻域操作类似,im2col 函数、col2im 函数是列操作函数,这些函数的常见的调用方式如下。

B=blkproc(A,[m n],fun):其中,A 为将要进行处理的图像矩阵;[m n]为要处理的分离邻域大小;fun 为运算函数。

B=colfilt(A,[m n],'distinct',fun):表示 distinct 函数做快速分离邻域操作。

B=im2col(A,[m n],'distinct'):表示将一图像排成列。

B=col2im(A,[m n],[mm,nn],'distinct'):表示将图像列重构。

【例 11-26】 用 blkproc 函数进行分离邻域操作。

```
clear all;
file_name = 'circuit.tif';
I = imread(file_name);
normal_edges = edge(I,'canny');
subplot(2,3,1);imshow(I);
title('原始图像');
subplot(2,3,2);imshow(normal_edges);
title('边缘检测处理');
block_size = [50 50];
edgeFun = @(block_struct) edge(block_struct.data,'canny');
block_edges = blockproc(file_name,block_size,edgeFun);
subplot(2,3,3);imshow(block_edges);
title('分离邻域操作');
border_size = [10 10];
block_edges = blockproc(file_name,block_size,edgeFun,'BorderSize',border_size);
subplot(2,3,4);imshow(block_edges);
title('邻域边框');
thresh = 0.09;
edgeFun = @(block_struct) edge(block_struct.data,'canny',thresh);
block_edges = blockproc(file_name,block_size,edgeFun,'BorderSize',border_size);
```

```
subplot(2,3,5);imshow(block_edges);
title('阈值');
```

运行结果如图 11-28 所示。

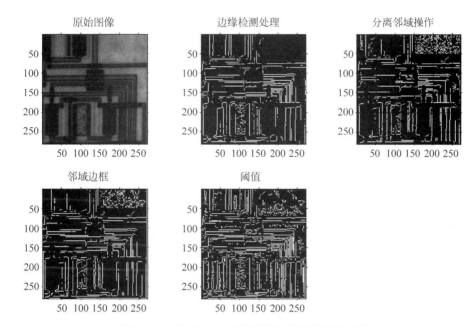

图 11-28 用 blkproc 函数进行分离邻域操作效果

【例 11-27】 对图像进行快速分离邻域操作。

```
I = imread('tire.tif');                  % 读取图像
f = inline('ones(64,1) * mean(x)');      % 对图像进行快速分离邻域操作
I2 = colfilt(I,[8 8],'distinct',f);
subplot(1,2,1),
imshow(I,[])
title('原始图像');
subplot(1,2,2),
imshow(I2,[])
title('快速分离邻域操作');
```

运行结果如图 11-29 所示。

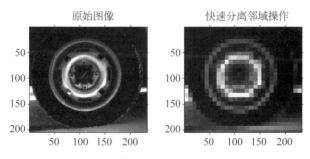

图 11-29 对图像进行快速分离邻域操作效果

【例 11-28】 用列操作函数实现分离邻域操作。

```
I = imread('cameraman.tif');              % 读取图像
I1 = im2col(I,[8 8],'distinct');          % 用列操作函数实现分离邻域操作
I1 = ones(64,1) * mean(I1);
I2 = col2im(I1,[8,8],size(I),'distinct');
subplot(121),
imshow(I,[]);
title('原始图像');
subplot(122),
imshow(I2,[]);
title('列处理分离邻域操作');
```

运行结果如图 11-30 所示。

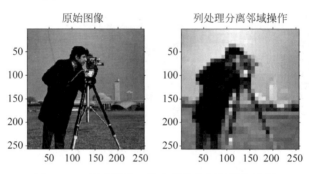

图 11-30　用列操作函数实现分离邻域操作效果

11.6.3　区域的选择

在图像处理时,有时只需要对图像中的某个特定区域进行滤波,而不需要对整个图像进行处理。在 MATLAB 中,对感兴趣的区域进行处理可以通过一个二值图像来实现,这个二指图像称为 mask 图像。用户选定一个区域后会生成一个与原图大小相同的二值图像,选定的区域为白色,其余为黑色。通过掩膜图像就可以实现对特定区域的选择性处理。

在 MATLAB 中,roicolor 函数可以实现灰度选择区域;roipoly 函数可以用于选择图像中多边形区域。这些函数的调用方法如下。

BW = roicolor(A,low,high):指定灰度范围,返回掩膜 mask 图像。

BW = roicolor(A,v):按向量 v 指定的灰度返回掩膜 mask 图像。

BW＝roipoly(I,c,r):表示用向量 c、r 指定多边形各点的 X、Y 坐标;BW 选中的区域为 1,其他部分的值为 0。

BW = roipoly(I):表示建立交互式的处理界面。

BW = roipoly(x,y,I,xi,yi):表示向量 x 和 y 建立非默认的坐标系,然后在指定的坐标系下选择由向量 xi、yi 指定的多边形区域。

11.6.4　区域滤波与填充

在 MATLAB 中,用 roifilt2 函数来实现对指定区域的滤波或处理;用 roifill 函数来实现对指定区域的填充。这些函数的调用方法如下:

J＝roifilt2(h,I,BW)

J＝roifilt2(I,BW,fun):其中,h 为滤波器;I 输入图像;BW 指定区域;J 输出图像;fun 函数表示对指定区域进行运算。

J＝roifill(I,c,r):填充由向量 c、r 指定的多边形,c 和 r 分别为多边形的各顶点 X、Y 坐标,可用于擦除图像中的小物体。

J＝roifill(I):表示用于交互式处理界面。

J＝roifill(I,BW):表示用 BW(和 I 大小一致)掩膜填充此区域。如果为多个多边形,则分别执行插值填充。

【例 11-29】　对指定区域进行锐化。

```
clf
I = imread('rice.png');              %读取图像
c = [222 272 300 270 221 194];       %对指定区域进行锐化
r = [21   21   75   121 121   75];
BW = roipoly(I,c,r);
h = fspecial('unsharp');             %滤波函数
J = roifilt2(h,I,BW);
subplot(121),
subimage(I);
title('原始图像');
subplot(122),
subimage(J);
title('区域滤波图像');
```

运行结果如图 11-31 所示。

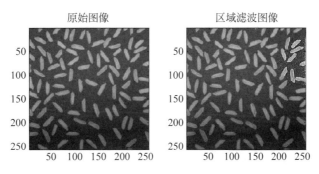

图 11-31　对指定区域进行锐化效果

【例 11-30】　对指定区域进行运算。

```
I = imread('blobs.png');              %读取图像
c = [222   272   300   270   221   194];
```

```
r = [21   21   75   121   121   75];
BW = roipoly(I,c,r);                    % 对指定区域进行滤波处理
f = inline('uint8(abs(double(x) - 100))');
J = roifilt2(I,BW,f);
subplot(121),
subimage(I);
title('原始图像');
subplot(122),
subimage(J);
title('区域选择运算图像');
```

运行结果如图 11-32 所示。

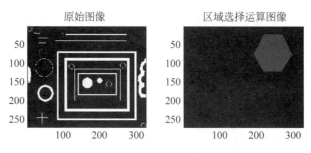

图 11-32　对指定区域进行运算效果

【例 11-31】 用函数 roifill 实现对指定区域的填充。

```
clf
I = imread('coins.png');                % 读取图像
c = [222 272 300 270 221 194];
r = [21   21   75   121 121   75];
J = roifill(I,c,r);                     % 对指定区域进行填充
subplot(121),
imshow (I);
title('原始图像');
subplot(122),
imshow (J);
title('区域填充');
```

运行结果如图 11-33 所示。

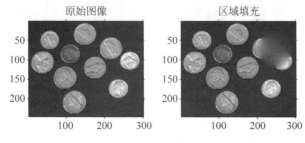

图 11-33　区域的填充效果

11.7　本章小结

边缘检测在数字图像处理中占有特殊的地位,是视觉处理中最重要的一个环节。本章主要介绍图像分割和区域处理的基本概念和主要应用,并通过相关的示例阐述了其在MATLAB中的实现方法,这些是图像处理中必须掌握的方法。希望读者通过学习,可以对这些方法有深入的理解和熟练的应用,会大大提高使用 MATALB 进行图像处理的效率。

第12章 图像的数学形态学

数学形态学可以用来解决抑制噪声、特征提取、边缘检测、图像分割、形状识别、纹理分析、图像恢复与重建、图像压缩等图像处理问题。数学形态学的算法具有天然的并行实现的结构,实现了形态学分析和处理算法的并行,大大提高了图像分析和处理的速度。

学习目标:

(1) 了解数学形态学中的基本概念以及相关知识。

(2) 掌握数学形态学基本运算的基本原理及实现步骤。

(3) 学会熟练地使用查找表操作。

12.1 数学形态学的基本操作

数学形态学是由一组形态学的代数运算子组成的,它的基本运算有 4 个:膨胀(或扩张)、腐蚀(或侵蚀)、开启和闭合,它们在二值图像和灰度图像中各有特点。

基于这些基本运算还可推导和组合成各种数学形态学实用算法,例如击中与击不中算法,用它们可以进行图像形状和结构的分析及处理,包括图像分割、特征抽取、边界检测、图像滤波、图像增强和恢复等。

数学形态学方法利用一个称作结构元素的"探针"收集图像的信息,当探针在图像中不断移动时,便可考察图像各个部分之间的相互关系,从而了解图像的结构特征。数学形态学基于探测的思想,与人的 FOA(Focus Of Attention)的视觉特点有类似之处。

作为探针的结构元素,可直接携带知识(形态、大小、甚至加入灰度和色度信息)来探测、研究图像的结构特点。

12.1.1 结构元素

所谓结构元素就是一定尺寸的背景图像,通过将输入图像与之进行各种形态学运算,实现对输入图像的形态学变换。结构元素没有固定的形态和大小,它是在设计形态变换算法的同时,根据输入图像和所需信息的形状特征一并设计出来的,结构元素形状、大小及与之相关的处理算法选择得恰当与否,直接影响对输入图像的处理结果。通常,结构元素的形状有正方形、矩形、圆盘形、菱形、球形以及线形等。

1. 创建结构元素

在 MATLAB 中,floor 函数用于获取任意大小和维数的结构元素 B 原点坐标,strel 函数来创建任意大小和形状的结构元素,这些函数的调用方法如下:

```
origin = floor((size(nhood) + 1)/2)
```

其中,nhood 是指结构元素定义的邻域(strel 对象的属性 nhood)。

```
SE = strel(SHAPE, PARAMETERS)
```

其中,函数 strel 用来创建任意大小和形状的结构元素,支持线形(line)、钻石形(diamond)、圆盘形(disk)、球形(ball)等许多种常用的形状。

【例 12-1】 利用函数 strel 来创建正方形、直线、椭圆、圆盘形等图形对象。

```
digits(5);
se1 = strel('square',9)
se2 = strel('line',4,54)
se3 = strel('ball',5,7)
se4 = strel('disk',9)
```

运行结果如下:

```
se1 =
Flat STREL object containing 81 neighbors.
Decomposition: 2 STREL objects containing a total of 18 neighbors
Neighborhood:
     1     1     1     1     1     1     1     1     1
     1     1     1     1     1     1     1     1     1
     1     1     1     1     1     1     1     1     1
     1     1     1     1     1     1     1     1     1
     1     1     1     1     1     1     1     1     1
     1     1     1     1     1     1     1     1     1
     1     1     1     1     1     1     1     1     1
     1     1     1     1     1     1     1     1     1
     1     1     1     1     1     1     1     1     1
se2 =
Flat STREL object containing 3 neighbors.
Neighborhood:
     0     0     1
     0     1     0
     1     0     0
se3 =
Nonflat STREL object containing 109 neighbors.
```

```
Decomposition: 8 STREL objects containing a total of 24 neighbors
Neighborhood:
     0    0    1    1    1    1    1    1    1    0    0
     0    1    1    1    1    1    1    1    1    1    0
     1    1    1    1    1    1    1    1    1    1    1
     1    1    1    1    1    1    1    1    1    1    1
     1    1    1    1    1    1    1    1    1    1    1
     1    1    1    1    1    1    1    1    1    1    1
     1    1    1    1    1    1    1    1    1    1    1
     1    1    1    1    1    1    1    1    1    1    1
     1    1    1    1    1    1    1    1    1    1    1
     0    1    1    1    1    1    1    1    1    1    0
     0    0    1    1    1    1    1    1    1    0    0
Height:
  Columns 1 through 6
     - Inf      - Inf           0      0.8748      1.7496      2.6243
     - Inf      0.8748      1.7496      2.6243      3.4991      3.4991
          0     1.7496      2.6243      3.4991      4.3739      4.3739
     0.8748     2.6243      3.4991      4.3739      5.2487      5.2487
     1.7496     3.4991      4.3739      5.2487      6.1235      6.1235
     2.6243     3.4991      4.3739      5.2487      6.1235      6.9982
     1.7496     3.4991      4.3739      5.2487      6.1235      6.1235
     0.8748     2.6243      3.4991      4.3739      5.2487      5.2487
          0     1.7496      2.6243      3.4991      4.3739      4.3739
     - Inf      0.8748      1.7496      2.6243      3.4991      3.4991
     - Inf      - Inf            0      0.8748      1.7496      2.6243
  Columns 7 through 11
     1.7496     0.8748           0     - Inf      - Inf
     3.4991     2.6243      1.7496      0.8748     - Inf
     4.3739     3.4991      2.6243      1.7496          0
     5.2487     4.3739      3.4991      2.6243      0.8748
     6.1235     5.2487      4.3739      3.4991      1.7496
     6.1235     5.2487      4.3739      3.4991      2.6243
     6.1235     5.2487      4.3739      3.4991      1.7496
     5.2487     4.3739      3.4991      2.6243      0.8748
     4.3739     3.4991      2.6243      1.7496          0
     3.4991     2.6243      1.7496      0.8748     - Inf
     1.7496     0.8748           0     - Inf      - Inf
se4 =
Flat STREL object containing 321 neighbors.
Decomposition: 6 STREL objects containing a total of 34 neighbors
Neighborhood:
  Columns 1 through 11
     0    0    0    0    1    1    1    1    1    1    1
     0    0    0    1    1    1    1    1    1    1    1
     0    0    1    1    1    1    1    1    1    1    1
     0    1    1    1    1    1    1    1    1    1    1
     1    1    1    1    1    1    1    1    1    1    1
     1    1    1    1    1    1    1    1    1    1    1
```

```
     1   1   1   1   1   1   1   1   1   1   1
     1   1   1   1   1   1   1   1   1   1   1
     1   1   1   1   1   1   1   1   1   1   1
     1   1   1   1   1   1   1   1   1   1   1
     1   1   1   1   1   1   1   1   1   1   1
     1   1   1   1   1   1   1   1   1   1   1
     1   1   1   1   1   1   1   1   1   1   1
     1   1   1   1   1   1   1   1   1   1   1
     1   1   1   1   1   1   1   1   1   1   1
     0   1   1   1   1   1   1   1   1   1   1
     0   0   1   1   1   1   1   1   1   1   1
     0   0   0   1   1   1   1   1   1   1   1
     0   0   0   0   1   1   1   1   1   1   1

  Columns 12 through 19

     1   1   1   1   0   0   0   0
     1   1   1   1   1   0   0   0
     1   1   1   1   1   1   0   0
     1   1   1   1   1   1   1   0
     1   1   1   1   1   1   1   1
     1   1   1   1   1   1   1   1
     1   1   1   1   1   1   1   1
     1   1   1   1   1   1   1   1
     1   1   1   1   1   1   1   1
     1   1   1   1   1   1   1   1
     1   1   1   1   1   1   1   1
     1   1   1   1   1   1   1   1
     1   1   1   1   1   1   1   1
     1   1   1   1   1   1   1   0
     1   1   1   1   1   1   0   0
     1   1   1   1   1   0   0   0
     1   1   1   1   0   0   0   0
```

2. 结构元素的分解

结构元素的分解是为了提高执行效率,strel 函数可将结构元素拆为较小的块。例如,要对一个 13×13 的正方形结构元素进行膨胀操作,可以首先对 1×13 的结构元素进行膨胀操作,然后再对 13×1 的结构元素进行膨胀操作,通过这样的分解可以使执行速度得到提高。

【例 12-2】 创建菱形结构元素对象,并对其进行分解。

```
se = strel('diamond',4)
se =
Flat STREL object containing 41 neighbors.
Decomposition: 3 STREL objects containing a total of 13 neighbors
Neighborhood:
     0   0   0   0   1   0   0   0   0
```

```
    0    0    0    1    1    1    0    0    0
    0    0    1    1    1    1    1    0    0
    0    1    1    1    1    1    1    1    0
    1    1    1    1    1    1    1    1    1
    0    1    1    1    1    1    1    1    0
    0    0    1    1    1    1    1    0    0
    0    0    0    1    1    1    0    0    0
    0    0    0    0    1    0    0    0    0
seq = getsequence(se)
seq =
3x1 array of STREL objects
eq(1)
ans =
Flat STREL object containing 5 neighbors.

Neighborhood:
    0    1    0
    1    1    1
    0    1    0
seq(2)
ans =
Flat STREL object containing 4 neighbors.

Neighborhood:
    0    1    0
    1    0    1
    0    1    0
seq(3)
ans =
Flat STREL object containing 4 neighbors.

Neighborhood:
    0    0    1    0    0
    0    0    0    0    0
    1    0    0    0    1
    0    0    0    0    0
    0    0    1    0    0
```

12.1.2　膨胀与腐蚀运算

膨胀在数学形态学中的作用是把图像周围的背景点合并到物体中。如果两个物体之间距离比较近,那么膨胀运算可能会使这两个物体连通在一起,所以膨胀对填补图像分割后物体中的空洞很有用。

腐蚀在数学形态学运算中的作用是消除物体边界点,它可以把小于结构元素的物体去除,选取不同大小的结构元素可以去掉不同大小的物体。如果两个物体之间有细小的连通,当结构元素足够大时,通过腐蚀运算可以将两个物体分开。

膨胀的运算符为 $\oplus$,A 用 B 来膨胀,写作 $A \oplus B$,定义为

$$A \oplus b = \{x \mid [(\hat{B})_x \cap A \neq \varnothing\}$$

先对 B 做关于原点的映射，在将其映射平移 x，这里 A 与 B 映射的交集不为空集。也就是 B 映射的位移与 A 至少有 1 个非零元素相交时 B 的原点位置的集合。

在 MATLAB 中，imdilate 函数用于实现膨胀处理，该函数的调用方法为：

```
J = imdilate (I, SE)
J = imdilate (I, NHOOD)
J = imdilate (I, SE, PACKOPT)
J = imdilate (…, PADOPT)
```

其中，SE 表示结构元素；NHOOD 表示一个只包含 0 和 1 作为元素值的矩阵，用于表示自定义形状的结构元素；PACKOPT 和 PADOPT 是两个优化因子，分别可以取值 ispacked、notpacked、same 和 full，用来指定输入图像是否为压缩的二值图像和输出图像的大小。

【例 12-3】　对灰度图像进行膨胀处理。

```
i = imread('eight.tif');          % 读取图像
se = strel('ball',5,5);
i2 = imdilate(i,se);              % 进行膨胀处理
subplot(1,2,1);
imshow(i);
title('原始图像') ;
subplot(1,2,2);
imshow(i2);
title('膨胀处理后的图像')
```

运行结果如图 12-1 所示。

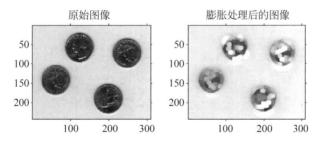

图 12-1　对灰度图像进行膨胀处理效果

腐蚀的运算符为 Θ，A 用 B 来腐蚀，写作 $A \Theta B$，定义为

$$A \Theta b = \{x \mid (B)_x \subseteq A\} \tag{12-1}$$

式(12-1)表明，A 用 B 腐蚀的结果是所有满足将 B 平移后，B 仍旧全部包含在 A 中的 x 的集合，也就是 B 经过平移后全部包含在 A 中的原点组成的集合。

【例 12-4】　对二值图像进行腐蚀处理。

```
i = imread('text.png');          % 读取图像
se = strel('line',11,90);
```

```
bw = imerode(i,se);                    %进行腐蚀处理
subplot(1,2,1);
imshow(i);
title('原始图像');
subplot(1,2,2);
imshow(bw);
title('二值图像腐蚀处理后');
```

运行结果如图 12-2 所示。

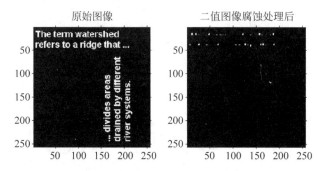

图 12-2　对二值图像进行腐蚀处理效果

【例 12-5】　对真彩图像进行膨胀与腐蚀处理。

```
clear all;
rgb = imread('peppers.png');
subplot(2,3,1);imshow(rgb);
title('原始图像')
I = rgb2gray(rgb);
subplot(2,3,2);imshow(I);
title('灰度图像')
s = ones(3);
I2 = imerode(I,s);
subplot(2,3,3);imshow(I2)
title('腐蚀图像1')
I3 = imdilate(I,s);
subplot(2,3,4);imshow(I3)
title('膨胀图像1')
s1 = strel('disk',2);
I4 = imerode(I,s1);
subplot(2,3,5);imshow(I4);
I5 = imdilate(I,s1);
title('腐蚀图像2')
subplot(2,3,6);imshow(I5);
title('膨胀图像2')
```

运行结果如图 12-3 所示。

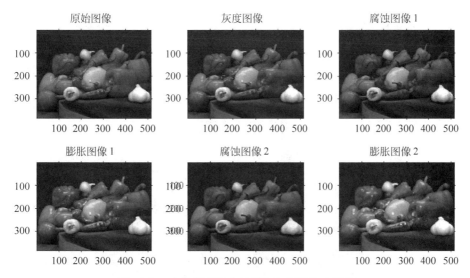

图 12-3　对真彩图像进行膨胀与腐蚀处理效果

12.1.3　膨胀和腐蚀的组合运算

膨胀和腐蚀是两种基本的形态运算,它们可以组合成复杂的形态运算,比如开启和闭合运算以及击中或击不中运算等。使用同一个结构元素对图像先进行腐蚀运算后进行膨胀的运算称为开启。先进行膨胀运算后进行腐蚀的运算称为闭合。

1. 图像的开运算与闭运算

先腐蚀后膨胀的运算称为开运算。开启的运算符为"。",A 用 B 来开启,记为 $A \circ B$。定义为

$$A \circ B = (A \ominus B) \oplus B$$

它可以用来消除小对象物、在纤细点处分离物体、平滑较大物体边界的同时并不明显改变其体积。

A 被 B 闭运算就是 A 被 B 膨胀后的结果再被 B 腐蚀。设 A 是原始图像,B 是结构元素图像,则集合 A 被结构元素 B 做闭运算,记为 $A \cdot B$,其定义为

$$A \cdot B = (A \oplus B) \ominus B$$

它具有填充图像物体内部细小孔洞、连接邻近的物体,在不明显改变物体的面积和形状的情况下平滑其边界的作用。

2. MATLAB 的开运算与闭运算的函数

在 MATLAB 中,imopen 函数用于实现图像的开运算,该函数的调用方法如下。

IM2＝imopen(IM,SE):表示用结构元素 SE 来执行图像 IM 的开运算。

IM2＝imopen(IM,NHOOD):表示用结构元素 NHOOD 执行图像 IM 的开运算。

【例 12-6】　对图像进行开运算。

```
i = imread('circles.png');        % 读取图像
subplot(1,2,1);
imshow(i);
```

```
title('原始图像');
se = strel('disk',7);
i0 = imopen(i,se);
subplot(1,2,2);
imshow(i0);                    % 开运算
title('开运算');
```

运行结果如图 12-4 所示。

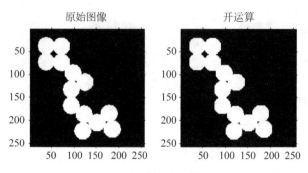

原始图像   开运算

图 12-4　图像的开运算效果

在 MATLAB 中, imclose 函数用于实现图像的闭运算, 该函数的调用方法为:

```
IM2 = imclose(IM,SE)
IM2 = imclose(IM,NHOOD)
```

imclose 函数与 imopen 函数用法相类似, 这里不再赘述。

【例 12-7】　对图像进行闭运算。

```
i = imread('testpat1.png');        % 读取图像
subplot(1,2,1);
imshow(i);
title('原始图像');
se = strel('disk',10);
bw = imclose(i,se);                % 闭运算
subplot(1,2,2);
imshow(bw);
title('闭运算');
```

运行结果如图 12-5 所示。

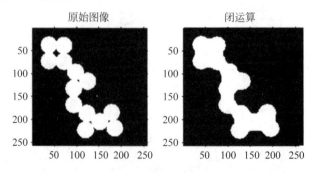

原始图像   闭运算

图 12-5　对图像进行闭运算效果

【例 12-8】 对图像分别进行膨胀和腐蚀、开运算与闭运算处理。

```
I = imread('pears.png');
level = graythresh(I);               % 得到合适的阈值
bw = im2bw(I,level);                 % 二值化
SE = strel('square',3);              % 设置膨胀结构元素
BW1 = imdilate(bw,SE);               % 膨胀
SE1 = strel('arbitrary',eye(5));     % 设置腐蚀结构元素
BW2 = imerode(bw,SE1);               % 腐蚀
BW3 = bwmorph(bw, 'open');           % 开运算
BW4 = bwmorph(bw, 'close');          % 闭运算
subplot(2,3,1);
imshow(I);
title('原始图像');
subplot(2,3,2);
imshow(bw);
title('二值处理的图像');
subplot(2,3,3);
imshow(BW1);
title('膨胀处理的图像');
subplot(2,3,4);
imshow(BW2);
title('腐蚀处理的图像');
subplot(2,3,5);
imshow(BW3);
title('开运算');
subplot(2,3,6);
imshow(BW4);
title('闭运算');
```

运行结果如图 12-6 所示。

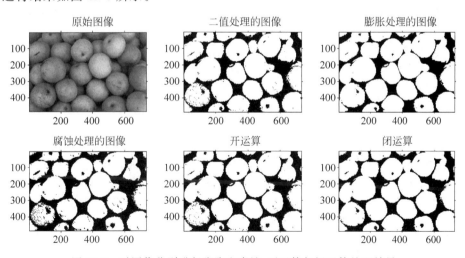

图 12-6　对图像分别进行膨胀和腐蚀、开运算与闭运算处理效果

12.2 基于形态学处理的其他操作

除了开运算与闭运算外,MATLAB 工具箱还提供了基于形态学的其他操作,包括击中或击不中运算、骨架的提取、边界提取、区域填充等,下面具体介绍。

12.2.1 击中或击不中运算

形态学上形状检测的基本工具是击中与击不中运算。在 MATLAB 中,bwhitmiss 函数是进行图像的击中与击不中操作,该函数的调用方法如下。

BW2= bwhitmiss(BW1,SE1,SE2):表示执行由结构元素 SE1 和 SE2 的击中与击不中操作。击中与击不中操作保证匹配 SE1 形状而不匹配 SE2 形状邻域的像素点。

BW2= bwhitmiss(BW1,INTERVAL):表示执行定义为一定间隔数组的击中与击不中操作。

【例 12-9】 对给定数组进行击中或击不中处理。

```
A = [0 0 0 0 0 0;
    0 0 1 1 0 0;
    0 1 1 1 1 0;
    0 1 1 1 1 0;
    0 0 1 1 0 0;
    0 0 1 0 0 0];
interval = [0 -1 -1;1 1 -1;0 1 0];
A2 = bwhitmiss(B,interval)
```

运行结果如下:

```
A2 =
    0    0    0    0    0    0
    0    0    0    1    0    0
    0    0    0    0    1    0
    0    0    0    0    0    0
    0    0    0    0    0    0
    0    0    0    0    0    0
```

【例 12-10】 对图像进行击中或击不中处理。

```
[X,map] = imread('trees.tif');
i = im2bw(X,map,0.5);
subplot(1,2,1);
imshow(i);
title('二值图像');
interval = [0 -1 -1;1 1 -1;0 1 0];
i2 = bwhitmiss(i,interval);          %击中或击不中
subplot(1,2,2);
imshow(i2);
title('击中或击不中');
```

运行结果如图 12-7 所示。

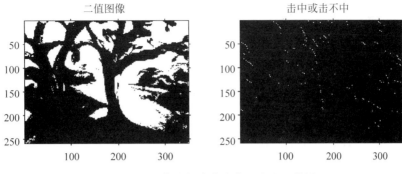

图 12-7 对图像进行击中或击不中处理效果

12.2.2 骨架的提取

骨架作为数据在计算机辅助设计、数字博物馆、医学图像处理、科学数据可视化、计算机图形学、虚拟现实和游戏等领域发展迅猛,使之成为继图像、音频、视频之后又一种重要的多媒体数据形式。

利用物体的骨架来描述对象是一种既能强调物体的结构特征,也能提高内存使用率与数据压缩率的好方法。在某些应用中,针对一幅图像,希望将图像中的所有对象简化为线条,但不修改图像的基本结构,保留图像的基本轮廓,这个过程就是所谓的骨架的提取。在 MATLAB 中,bwmorph 函数用于实现骨架的提取操作。该函数的调用方法如下。

BW2 = bwmorph(BW, operation):表示对二值图像应用形态学操作。

BW2 = bwmorph(BW, operation, n):表示应用形态学操作 n 次,n 可以是 Inf,这种情况下该操作被重复执行直到图像不再发生变化为止。参数 operation 表示可以执行的操作,其参数取值如表 12-1 所示。

表 12-1 operation 参数取值

参　数	描　述
bothat	表示执行形态学上的"底帽"变换操作,返回的图像是原图减去形态学闭操作处理后的图像
bridge	表示连接断开的像素,即将 0 值像素置 1,如果它有两个非 0 的不相连(8 邻域)的像素,例如: 1 0 0　　　　　　　　1 1 0 1 0 1　经过连接后变为　1 1 1 0 0 1　　　　　　　　0 1 1
clean	表示移除孤立的像素,某个模型的中心像素如下: 0 0 0 0 1 0 0 0 0
close	表示执行形态学闭运算

参　　数	描　　述
diag	表示对角线填充来消除背景中的 8 连通区域。例如： 0 1 0　　　　　1 1 0 1 0 0　　变成　1 1 0 0 0 0　　　　　0 0 0
dilate	表示执行结构 ones(3)执行膨胀运算
erode	表示执行结构 ones(3)执行腐蚀运算
fill	表示执行填充孤立的内部像素(被 1 包围的 0),某个模型的中心像素如下： 1 1 1 1 0 1 1 1 1
hbreak	表示将 H 连通的像素移除,例如： 1 1 1　　　　　1 1 1 0 1 0　　变成　0 0 0 1 1 1　　　　　1 1 1
majority	表示在 3×3 邻域中的某像素至少有 5 个像素为 1；否则将该像素置 0
open	表示执行开运算
remove	表示将内部像素移除。如果该像素的 4 连通邻域都为 1,仅留下边缘像素
shrink	当 n = Inf 时,将没有孔洞的目标缩成一个点,有孔洞的目标缩成一个连通环
skel	当 n = Inf 时,将目标边界像素移除,保留下来的像素组成图像的骨架
spur	表示将尖刺像素移除,例如： 0　0　0　0　　　　　　0　0　0　0 0　0　0　0　　　　　　0　0　0　0 0　0　1　0　　变成　0　0　0　0 0　1　0　0　　　　　　0　1　0　0 1　1　0　0　　　　　　1　1　0　0
thicken	当 n = Inf 时,增加目标外部增加像素加厚目标
thin	当 n = Inf 时,减薄目标成线
tophat	表示执行形态学"顶帽"变换运算

【例 12-11】 对图像进行骨架的提取。

```
bw = imread('circbw.tif');
subplot(2,2,1);
imshow(bw);
title('原始图像');
bw2 = bwmorph(bw, 'remove');              %移除内部像素
subplot(2,2,2);
imshow(bw2);
title('移除内部像素');
bw3 = bwmorph(bw, 'skel', Inf);           %骨架提取
subplot(2,2,3);
imshow(bw3);
title('骨架提取');
```

```
bw4 = bwmorph(bw3,'spur',Inf);          % 消刺
subplot(2,2,4);
imshow(bw4);
title('消刺');
```

运行结果如图 12-8 所示。

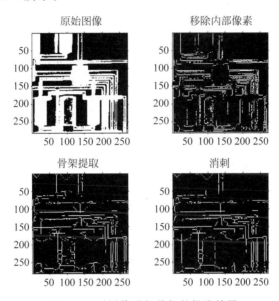

原始图像　　　　　　　移除内部像素

骨架提取　　　　　　　消刺

图 12-8　对图像进行骨架的提取效果

【例 12-12】 对图像添加噪声,然后对其进行骨架提取。

```
I = imread('coins.png');
A = imnoise(I,'salt & pepper', 0.02);
subplot(2,2,1);
imshow(A);
title('添加椒盐噪声图像')
h = fspecial('gaussian',10,5);          % 产生高斯滤波器
A1 = imfilter(A,h);                     % 对图像进行滤波
subplot(2,2,2);
imshow(A1)
title('滤波处理')
level = graythresh(A1);                 % 获取适当的二值化阈值
BW = im2bw(A1,level);                    % 图像二值化
subplot(2,2,3);
imshow(BW)
title('二值化')
BW1 = bwmorph(A,'skel',Inf);            % 骨架提取
subplot(2,2,4);
imshow(BW1)
title('骨架提取')
```

运行结果如图 12-9 所示。

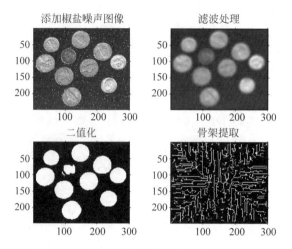

图 12-9　对添加噪声图像进行骨架提取效果

12.2.3　边界提取与距离变换

如果用 $\beta(A)$ 代表图像物体 A 的边界,下面的形态运算可以得到 A 的边界为

$$\beta(A) = A - (A\Theta B)$$

即原图像与用图像物体在结构元素 B 腐蚀后的结果的差值就是图像的边界提取。

在 MATLAB 中,bwperim 函数用于判断一幅图像中的哪些像素为边界像素。该函数的调用方法为:

```
BW2 = bwperim(BW1)
BW2 = bwperim(BW1,CONN)
```

其中,BW1 表示输入的图像;CONN 表示连接属性。

【例 12-13】　对二值图像进行骨架及边界提取。

```
clear all;
BW1 = imread('circles.png');
BW2 = bwmorph(BW1,'skel',Inf);
subplot(221);imshow(BW1)
title('二值图像')
subplot(222); imshow(BW2)
title('图像的骨架')
BW3 = bwperim(BW1);
subplot(223);imshow(BW1)
title('图像')
subplot(224), imshow(BW3)
title('图像边界')
```

运行结果如图 12-10 所示。

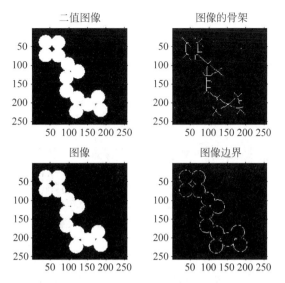

图 12-10　对二值图像进行骨架及边界提取

距离变换是计算并标识空间点(对目标点)距离的过程,它最终把二值图像变换为灰度图像(其中每个栅格的灰度值等于它到最近目标点的距离)。

在 MATLAB 中,bwdist 函数用于实现图像的距离变换。该函数的调用方法如下:

```
D = bwdist(BW)
[D,L] = bwdist(BW)
[D,L] = bwdist(BW,METHOD)
```

其中,BW 表示输入的二值图像;D 表示二值图像中每个值为 0 的像素点到非 0 像素点的距离;L 表示与 BW 和 D 同大小的标签矩阵;METHOD 表示距离的类型,包括 euclidean(欧几里得距离)、cityblock(城市距离)、chessboard(棋盘距离)、quasi-euclidean (类欧几里得距离)等。

【例 12-14】　在二值图像中计算欧几里得距离变换。

```
bw = zeros(400,400);                        %创建二维图像
bw(100,100) = 1;bw(100,300) = 1;
bw(300,200) = 1;
d1 = bwdist(bw,'euclidean');                %计算欧几里得距离
d2 = bwdist(bw,'cityblock');
d3 = bwdist(bw,'chessboard');
d4 = bwdist(bw,'quasi - euclidean');
subplot(2,2,1);
subimage(mat2gray(d1));
title('欧几里得距离 ')
subplot(2,2,2);
subimage(mat2gray(d2));
title('城市距离 ')
subplot(2,2,3);
subimage(mat2gray(d3));
```

```
title('棋盘距离 ')
subplot(2,2,4);
subimage(mat2gray(d4));
title('类欧几里得距离 ')
```

运行结果如图 12-11 所示。

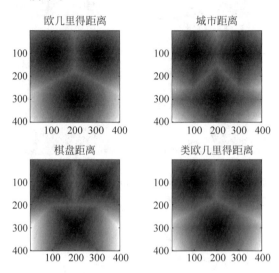

图 12-11　在二值图像中计算欧几里得距离变换效果

【例 12-15】 计算三维图像的距离变换矩阵。

```
bw = zeros(80,80,80);bw(40, 40,40) = 1;          % 创建三维图像
d1 = bwdist(bw,'euclidean');                      % 在三维图像中算算欧几里得距离变换
d2 = bwdist(bw,'cityblock');
d3 = bwdist(bw,'chessboard');
d4 = bwdist(bw,'quasi - euclidean');
subplot(2,2,1);
isosurface(d1,15);
title('欧几里得距离 ')
axis equal;
view(3);
subplot(2,2,2);
isosurface(d2,15);
title('城市距离 ')
axis equal;
view(3);
camlight,lighting gouraud;
subplot(2,2,3);
isosurface(d3,15);
title('棋盘距离 ')
axis equal;view(3);
camlight,lighting gouraud;
subplot(2,2,4);
isosurface(d4,15);
```

```
title('类欧几里得距离')
axis equal;
view(3);
```

运行结果如图 12-12 所示。

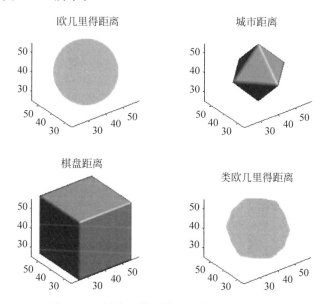

图 12-12　计算三维图像的距离变换矩阵效果

12.2.4　区域填充与移除小目标

在 MATLAB 中，imfill 函数用于实现图像区域的填充，bwareaopen 函数用于从对象中移除小目标。这些函数的调用方法如下。

BW2 = imfill(BW)：表示对二值图像进行区域填充。

[BW2,locations] = imfill(BW)：表示将返回用户的取样点索引值。但这里索引值不是选取样点的坐标。

BW2 = imfill(BW,locations)：locations 表示一个多维数组时，数组每一行指定一个区域。

BW2 = imfill(BW,'holes')：表示填充二值图像中的空洞区域。

I2 = imfill(I)：表示将填充灰度图像中所有的空洞区域。

BW2 = imfill(BW,locations,conn)：conn 表示连通类型。

BW2 = bwareaopen(BW,P)：表示从二值图像中移除所有小于 P 的连通目标。

BW2 = bwareaopen(BW,P,CONN)：表示从二值图像中移除所有小于 P 的连通目标，CONN 对应邻域方法，默认为 8。

【例 12-16】　对二值图像进行区域填充。

```
I = imread('text.png');              % 读入二值图像
subplot(1,3,1);
```

```
imshow(I);
title('原始图像');
BW1 = im2bw(I);
subplot(1,3,2);
imshow(BW1);
title('二值图像');
BW2 = imfill(BW1,'holes');          %执行填洞运算
subplot(1,3,3);
imshow(BW2);
title('填充图像');
```

运行结果如图 12-13 所示。

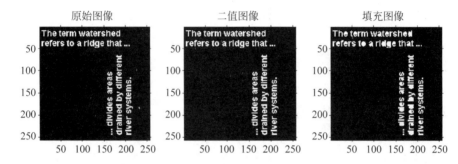

图 12-13　对二值图像进行区域填充效果

【例 12-17】　从图像中移除小目标。

```
bw = imread('circbw.tif');
bw2 = bwareaopen(bw,50);            %从图像中移除小目标
subplot(1,2,1);
imshow(bw);
title('原始图像');
subplot(1,2,2);
imshow(bw2);
title('移除小目标');
```

运行结果如图 12-14 所示。

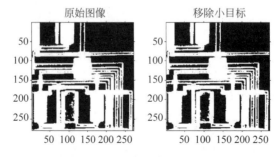

图 12-14　从图像中移除小目标效果

【例 12-18】 检验米粒。

读取图像：

```
I = imread('rice.png');          %读取图像
figure; imshow(I),               %显示图像
```

读取原始图像如图 12-15 所示。

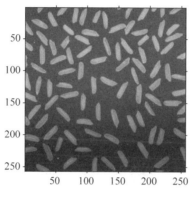

图 12-15　原始图像

检验图像的边缘：

```
[junk threshold] = edge(I, 'sobel');               %边缘检测
fudgeFactor = .5;
BWs = edge(I,'sobel', threshold * fudgeFactor);    %改变参数再检测边缘
figure; subplot(221),
imshow(BWs),                                        %显示二值图像
se90 = strel('line', 3, 90);                       %垂直的线性结构元素
se0 = strel('line', 3, 0);                         %水平的线性结构元素
BWsdil = imdilate(BWs, [se90 se0]);                %对图像进行膨胀
subplot(222); imshow(BWsdil),                      %显示膨胀后的二值图像
BWdfill = imfill(BWsdil, 'holes');                 %对图像进行填充
subplot(223); imshow(BWdfill);                     %显示填充后的二值图像
BWnobord = imclearborder(BWdfill, 4);
subplot(224); imshow(BWnobord);
```

运行结果如图 12-16 所示。

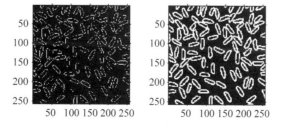

图 12-16　图像求取边缘过程中的二值图像

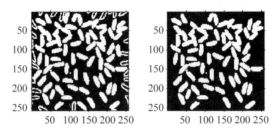

图 12-16 （续）

显示分割后的米粒图像：

```
seD = strel('diamond',1);              %菱形结构元素
BWfinal = imerode(BWnobord,seD);       %腐蚀图像
BWfinal = imerode(BWfinal,seD);        %腐蚀图像
figure; subplot(121)
imshow(BWfinal),                        %显示处理后的图像
BWoutline = bwperim(BWfinal);
Segout = I;
Segout(BWoutline) = 255;
subplot(122), imshow(Segout),          %在原始图像上显示边界
```

运行结果如图 12-17 所示。

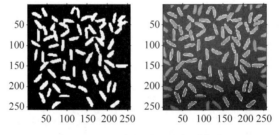

图 12-17　分割处理后的图像

12.2.5　极值的操作

如果一个函数在某一点的一个邻域内处处都有确定的值,而以该点处的值为最大 (小),则函数在该点处的值就是一个极大(小)值。如果它比邻域内其他各点处的函数值 都大(小),它就是一个严格极大(小)。该点就相应地称为一个极值点或严格极值点。

在 MATLAB 中,imregionalmax 函数和 imregionalmin 函数用于确定所有的极大值 和极小值;imextendedmax 函数和 imextendedmin 函数用于确定阈值设定的最大值和最 小值;imhmax 函数和 imhmin 函数用于去除那些不明显的局部极值,保留那些明显的极 值;imimposemin 用于突显图像中指定区域的极小值。灰度图像作为输入图像,二值图 像作为输出图像。当输出图像时,局部极值设定为1,其他值设定为 0。下面举例介绍这 些函数的用法。

【例12-19】 利用 imregionalmax 函数和 imextendedmax 函数对图像 B 进行极大值操作,其中 B 包含两个主要的局部极大值(15 和 19)以及相对较小的极大值(13)。

```
B = [10    10    10    10    10    10    10    10    10    10;
     10    15    15    15    10    10    13    10    13    10;
     10    15    15    15    10    10    10    13    10    10;
     10    15    15    15    10    10    13    10    10    10;
     10    10    10    10    10    10    10    10    10    10;
     10    13    10    10    10    19    19    19    10    10;
     10    10    10    13    10    19    19    19    10    10;
     10    10    13    10    10    19    19    19    10    10;
     10    13    10    13    10    10    10    10    10    10;
     10    10    10    10    10    10    10    13    10    10;]
C1 = imregionalmax(B)              % 确定局部的极大值的点的位置
C2 = imextendedmax (B,2)           % 若把阈值为 2 加入,则返回矩阵只有两个极大值区域
```

运行结果如下:

```
C1 =
     0     0     0     0     0     0     0     0     0     0
     0     1     1     1     0     0     1     0     1     0
     0     1     1     1     0     0     0     1     0     0
     0     1     1     1     0     0     1     0     0     0
     0     0     0     0     0     0     0     0     0     0
     0     1     0     0     0     1     1     1     0     0
     0     0     0     1     0     1     1     1     0     0
     0     0     1     0     0     1     1     1     0     0
     0     1     0     1     0     0     0     0     0     0
     0     0     0     0     0     0     0     1     0     0
C2 =
     0     0     0     0     0     0     0     0     0     0
     0     1     1     1     0     0     0     0     0     0
     0     1     1     1     0     0     0     0     0     0
     0     1     1     1     0     0     0     0     0     0
     0     0     0     0     0     0     0     0     0     0
     0     0     0     0     0     1     1     1     0     0
     0     0     0     0     0     1     1     1     0     0
     0     0     0     0     0     1     1     1     0     0
     0     0     0     0     0     0     0     0     0     0
     0     0     0     0     0     0     0     0     0     0
```

【例12-20】 确定图像的所有极小值和局部极小值。

```
i = imread('coins.png');
A1 = imregionalmin(i);             % 确定所有极小值
A2 = imextendedmin (i,45);         % 确定局部极小值
subplot(1,3,1);
imshow(i);
title('原始图像');
```

```
subplot(1,3,2);
imshow(A1);
title('所有极小值')
subplot(1,3,3);
imshow(A2);
title('局部极小值');
```

运行结果如图 12-18 所示。

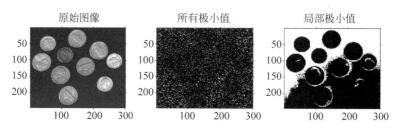

图 12-18　确定所有极小值和局部极小值效果

【例 12-21】　利用 imhmax 函数对图像 B 进行处理,其中 B 包含两个主要的局部极
大值(15 和 19)以及相对较小的极大值(13)。

```
B = [10    10    10    10    10    10    10    10    10    10;
     10    15    15    15    10    10    13    10    13    10;
     10    15    15    15    10    10    10    13    10    10;
     10    15    15    15    10    10    13    10    10    10;
     10    10    10    10    10    10    10    10    10    10;
     10    13    10    10    10    19    19    19    10    10;
     10    10    10    13    10    19    19    19    10    10;
     10    10    13    10    10    19    19    19    10    10;
     10    13    10    13    10    10    10    10    10    10;
     10    10    10    10    10    10    10    13    10    10;]
C1 = imhmax (B,2)      % imhmax 函数仅仅对极大值产生影响,且会保留下两个重要的极大值
```

运行结果如下:

```
C1 =
     10    10    10    10    10    10    10    10    10    10
     10    13    13    13    10    10    10    10    10    10
     10    13    13    13    10    10    10    10    10    10
     10    13    13    13    10    10    10    10    10    10
     10    10    10    10    10    10    10    10    10    10
     10    10    10    10    10    17    17    17    10    10
     10    10    10    10    10    17    17    17    10    10
     10    10    10    10    10    17    17    17    10    10
     10    10    10    10    10    10    10    10    10    10
     10    10    10    10    10    10    10    10    10    10
```

【例 12-22】 利用 imhmin 函数对图像进行处理。

```
i = imread('tire.tif');          % 读取图像
A = imhmin (i,45);               % 利用 imhmin 函数对图像进行处理
subplot(1,2,1);
imshow(i);
title('原始图像');
subplot(1,2,2);
imshow(A);
title('抑制极小值');
```

运行结果如图 12-19 所示。

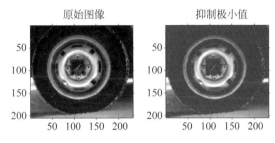

图 12-19 抑制极小值效果

【例 12-23】 突出极小值。

```
i = uint8(10 * ones(10,10));     % 创建一幅图像,包括两个明显的局部极小值和一些不太明显
                                    的极小值图像
i(6:8,6:8) = 2;
i(2:4,2:4) = 8;
i(3,3) = 4;
i(2,9) = 9;
i(3,8) = 9;
i(9,2) = 9;
i(8,3) = 9;
i
i1 = imextendedmin (i,1)          % 得到一个二值图像,确定两个最小的极小值的位置
i2 = imimposemin(i,i1)            % 设定新的极小值
```

运行结果如下:

```
i =
    10   10   10   10   10   10   10   10   10   10
    10    8    8    8   10   10   10   10    9   10
    10    8    4    8   10   10   10    9   10   10
    10    8    8    8   10   10   10   10   10   10
    10   10   10   10   10   10   10   10   10   10
    10   10   10   10   10    2    2    2   10   10
    10   10   10   10   10    2    2    2   10   10
    10   10    9   10   10    2    2    2   10   10
    10    9   10   10   10   10   10   10   10   10
    10   10   10   10   10   10   10   10   10   10
```

```
i1 =
     0     0     0     0     0     0     0     0     0     0
     0     0     0     0     0     0     0     0     0     0
     0     0     1     0     0     0     0     0     0     0
     0     0     0     0     0     0     0     0     0     0
     0     0     0     0     0     0     0     0     0     0
     0     0     0     0     0     1     1     1     0     0
     0     0     0     0     0     1     1     1     0     0
     0     0     0     0     0     1     1     1     0     0
     0     0     0     0     0     0     0     0     0     0
     0     0     0     0     0     0     0     0     0     0
i2 =
    11    11    11    11    11    11    11    11    11    11
    11     9     9     9    11    11    11    11    11    11
    11     9     0     9    11    11    11    11    11    11
    11     9     9     9    11    11    11    11    11    11
    11    11    11    11    11    11    11    11    11    11
    11    11    11    11    11     0     0     0    11    11
    11    11    11    11    11     0     0     0    11    11
    11    11    11    11    11     0     0     0    11    11
    11    11    11    11    11    11    11    11    11    11
    11    11    11    11    11    11    11    11    11    11
```

【例 12-24】 实现图像的极大值与极小值变换。

```
i = imread('rice.png');                %读取图像
subplot(1,3,1);
imshow(i);
title('原始图像');
m1 = false(size(i));
m1(64:71,64:71) = true;
j = i;
j(m1) = 255;
subplot(1,3,2);
imshow(j);
title('标记图像上的叠加');
k = imimposemin(i,m1);                 %抑制极小值
subplot(1,3,3);
imshow(k);
title('抑制极小值');
```

运行结果如图 12-20 所示。

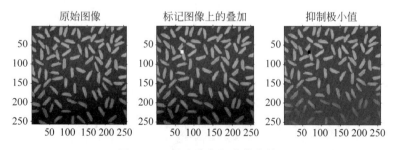

图 12-20 极大值与极小值变换

12.2.6 查找表与对象的特性度量

查找表可以提高一些二值图像操作的计算速度。作为一个列向量,它保存一个像素邻域点的所有可能组合,使得大量的运算转换为查找表问题。在 MATLAB 中,makelut 函数用于创建 2×2 和 3×3 的邻域查找表;applylut 函数用于对查找表进行操作。这些函数的调用方法如下:

```
lut = makelut(f,n)
```

其中,n 为邻域尺寸(2 或 3),2×2 邻域对应的查找表是一个包含 16 个元素的向量,3×3 的邻域总共有 512 种排列方式。由于数值越大排列的可能性也就越多,将超出系统计算的范围,因而查找表不接受更大的数值。

```
A = applylut(bw,l)
```

其中,l 表示为 makelut 函数返回的查找表;A 是使用查找表后返回的图像。

【例 12-25】 利用查找表对图像进行腐蚀处理。

```
clear all;
BW = imread('circbw.tif');
subplot(1,3,1);imshow(BW);
title('原始图像')
lut = makelut('sum(x(:)) == 4',2);            % 查找表
BW2 = applylut(BW,lut);                        % 查找表的二值图像处理
subplot(1,3,2); imshow(BW2)
title('查找表的二值图像处理')
B = [8 4;2 1];                                 % 验证 2×2 邻域
C = conv2(double(BW),B);                        % 卷积运算
C = uint8(C) + 1;                              % 转换成 double 类型计算
lut8 = uint8(lut);                             % 转换成 uint8
isize = size(C);
for i = 1:isize(1)
    for j = 1:isize(2);
        tmp = C(i,j);
        C(i,j) = lut8(tmp);
    end
end
C = logical(C);
isize2 = size(BW2);
isizeC = size(C);
tmpsize = isizeC - isize2;
% 提取图像的有效部分
C = C((tmpsize(1) + 1):isizeC(1),(tmpsize(2) + 1):isizeC(2));
subplot(1,3,3);imshow(C);
title('验证图像');
breturn = min(min(C == BW2));
disp(strcat('applylut 和验证结果: ',num2str(breturn)))
```

运行结果如图 12-21 所示。

原始图像　　　　查找表的二值图像处理　　　　验证图像

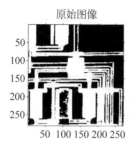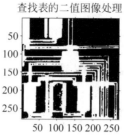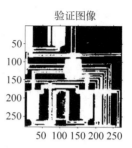

图 12-21　查找表处理效果

在对图像做进一步处理之前,往往需要先对图像的目标区域进行特性度量,获取目标区域的相关属性。在 MATLAB 中,bwlabel 函数和 bwlabeln 函数用于对二值图像进行标识操作。不同的是,bwlabel 函数仅支持二维的输入,bwlabeln 函数可以支持任意维数的输入。bwlabel 函数的调用方法如下:

```
L = bwlabel(BW,N)
[L,NUM] = bwlabel(BW,N)
```

其中,BW 表示输入的二值图像;N 表示像素的连通性,默认值为 8;NUM 是参数值,表示在图像 BW 中找到的连通区域数目。

【例 12-26】　利用 bwlabel 函数指定相应的像素。

```
BW = [ 1    1    1    0    0    0    0    0;
       1    1    1    0    1    1    1    0;
       1    1    1    0    1    1    1    0;
       1    1    1    0    1    1    1    0;
       1    1    1    0    0    0    0    1;
       1    1    1    0    0    0    0    1;
       1    1    1    0    0    0    1    1;
       0    0    0    0    0    0    0    0;]
L = bwlabel(BW,4)          % 调用 bwlabel 函数,指定连通性为 4 的像素
L1 = bwlabel(BW)           % 指定连通性为默认值 8 的像素
```

运行结果如下:

```
L =
    1    1    1    0    0    0    0    0
    1    1    1    0    2    2    2    0
    1    1    1    0    2    2    2    0
    1    1    1    0    2    2    2    0
    1    1    1    0    0    0    0    3
    1    1    1    0    0    0    0    3
    1    1    1    0    0    0    3    3
    0    0    0    0    0    0    0    0
L1 =
    1    1    1    0    0    0    0    0
```

1	1	1	0	2	2	2	0
1	1	1	0	2	2	2	0
1	1	1	0	2	2	2	0
1	1	1	0	0	0	0	2
1	1	1	0	0	0	0	2
1	1	1	0	0	0	2	2
0	0	0	0	0	0	0	0

若 bwlabel 函数的输出矩阵是 double 类型,而不是二值图像,可以用索引色图 label2rgb 函数显示该输出矩阵。显示时,通过将各元素加 1,各个像素值处于索引色图的有效范围内。这样,根据每个物体显示的颜色不同,就很容易区分出各个物体。该函数的调用方法如下:

```
RGB = label2rgb(L)
RGB = label2rgb(L,MAP)
RGB = label2rgb(L,MAP,ZEROCOLOR)
```

其中,L 为标识矩阵;MAP 为颜色矩阵;ZEROCOLOR 用于指定标识为 0 的对象颜色。

【例 12-27】 求给定图像的区域属性。

```
clear
J = imread('circles.png');
l = bwlabel(J);
stats = regionprops(l,'all');
stats(23)
```

运行结果如下:

```
ans =
                Area: 48
            Centroid: [121.3958 15.8750]
         BoundingBox: [118.5000 8.5000 6 14]
         SubarrayIdx: {1x2 cell}
     MajorAxisLength: 15.5413
     MinorAxisLength: 5.1684
        Eccentricity: 0.9431
         Orientation: - 87.3848
           ConvexHull: [22x2 double]
          ConvexImage: [14x6 logical]
           ConvexArea: 67
                Image: [14x6 logical]
          FilledImage: [14x6 logical]
           FilledArea: 48
          EulerNumber: 1
              Extrema: [8x2 double]
        EquivDiameter: 7.8176
```

```
        Solidity: 0.7164
          Extent: 0.5714
    PixelIdxList: [48x1 double]
       PixelList: [48x2 double]
       Perimeter: 35.3137
```

在 MATLAB 中，bwarea 函数用于计算二值图像前景（值为 1 的像素点组成的区域）的面积。bwarea 函数的计算是根据不同的像素进行不同的加权。该函数的调用方法如下：

```
Total = bwarea(BW)
```

其中，BW 是输入的二值图像；Total 是返回的面积。

【例 12-28】 计算图像膨胀后的面积增长百分比。

```
bw = imread('glass.png');
se = ones(5);
bwarea(bw) ;
bw1 = imdilate(bw, se);
bwarea(bw1) ;
increase = (bwarea(bw1) - bwarea(bw))/bwarea(bw)    % 计算图像膨胀后的面积增长百分比
```

运行结果如下：

```
increase =
   0.0553
```

在 MATLAB 中，bwselect 函数用来选择二值图像的对象，该函数的调用方法如下：

```
BW2 = bwselect(BW, n)
BW2 = bwselect(BW, c, r, n)
```

其中，BW 为输入的二值图像；BW2 为选择了指定的二值图像；(c,r)为指定的选择对象的像素点位置；n 为指定对象的连通类型（默认值为 8）。

【例 12-29】 利用 bwselect 函数选择对象。

```
bw = imread('glass.png');
c = [43 185 212]
r = [38 68 181]
BW2 = bwselect(bw, c, r, 4)              % 利用 bwselect 函数选择字符对象
subplot(1, 2, 1);
imshow(bw);
title('原始图像') ;
subplot(1, 2, 2);
imshow(BW2);
title('对象选择')
```

运行结果如图 12-22 所示。

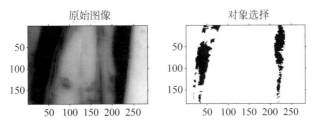

图 12-22　利用 bwselect 函数选择对象效果

【**例 12-30**】　米粒识别与统计。

待处理的图像如图 12-23 所示,该图像有明显的噪音,部分米粒有断开和粘连的情况。

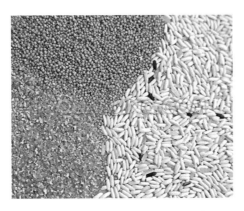

图 12-23　有明显的噪音米粒图像

要识别其中的米粒并统计其数目,基本方法如下:

(1) 读取待处理的图像,将其转化为灰度图像,然后反白处理。

```
I = imread('mili.bmp');
I2 = rgb2gray(I);
s = size(I2);
I4 = 255 * ones(s(1), s(2), 'uint8');
I5 = imsubtract(I4,I2);
```

(2) 对图像进行中值滤波去除噪音。经试验,如果采用 3×3 的卷积因子,噪音不能较好地去除,米粒附近毛糙严重。而 5×5 和 7×7 的卷积因子能取得较好的效果。

```
I3 = medfilt2(I5,[5 5]);
```

(3) 将图像转化为二值图像。采用门限值为 0.3 附近时没有米粒断开和粘连,便于后期统计。

```
I3 = imadjust(I3);
bw = im2bw(I3, 0.3);
```

此步骤如果使用 graythresh 函数自动寻找门限,得到的图像米粒断开比较多,此时可以将白色区域膨胀,使断开的米粒连接。

```
level = graythresh(I3);
bw = im2bw(I3,level);
se = strel('disk',5);
bw = imclose(bw,se);
```

两种方法相比,前者对米粒面积的计算比较准确,后者对不同图像的适应性较强。下面的步骤将基于前一种方法。

(4)去除图像中面积过小的、可以肯定不是米粒的杂点。这些杂点中有一部分是滤噪没有滤去的米粒附近的小毛糙,一部分是图像边缘亮度差异产生的。

```
bw = bwareaopen(bw, 10);
```

(5)标记连通的区域,以便统计米粒数量与面积。

```
[labeled,numObjects] = bwlabel(bw,4);
```

(6)用颜色标记每一个米粒,以便直观显示。此时米粒的断开与粘连问题已基本解决。

```
RGB_label = label2rgb(labeled,@spring,'c','shuffle');
```

(7)统计被标记的米粒区域的面积分布,显示米粒总数。

```
chrdata = regionprops(labeled,'basic')
allchrs = [chrdata.Area];
num = size(allchrs)
nbins = 20;
figure,hist(allchrs,nbins);
title(num(2))
```

至此,米粒识别与统计完成。此方法采用 MATLAB 已有的函数,简单且快捷。
整个程序代码如下:

```
I = imread('mili.bmp');
subplot(2,2,1),
imshow(I);
I2 = rgb2gray(I);
s = size(I2);
I4 = 255 * ones(s(1), s(2), 'uint8');
I5 = imsubtract(I4,I2);
I3 = medfilt2(I5,[5 5]);
I3 = imadjust(I3);
bw = im2bw(I3, 0.3);
bw = bwareaopen(bw, 10);          % 去除图像中面积过小的
subplot(2,2,2),
```

```
imshow(bw);
[labeled,numObjects] = bwlabel(bw,4);              %标记连通的区域
RGB_label = label2rgb(labeled,@spring,'c','shuffle');  %用颜色标记每一个米粒
subplot(2,2,3),
imshow(RGB_label);
chrdata = regionprops(labeled,'basic')
allchrs = [chrdata.Area];
num = size(allchrs)
nbins = 20;
subplot(2,2,4),
hist(allchrs,nbins);
title(num(2))
```

运行结果如图 12-24 所示。

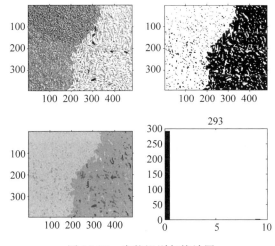

图 12-24　米粒识别与统计图

12.2.7　光照不均匀的处理

在机器视觉定标的时候,照明光束会不均匀。将不均匀照明的图像转化成均匀性较好的二值图像主要有以下几个步骤。

(1) 读取图像并生成二值图像。

(2) 标注矩阵的生成。

(3) 图像统计信息的确定。

【例 12-31】　纠正照明的不均匀。

```
%读取图像并生成二值图像。
I = imread('coins.png');              %读取图像
figure(1);  subplot(221)
imshow(I);                            %显示原始图像
title('原始图像');
background = imopen(I,strel('disk',15));  %形态学开操作
```

```
figure(2), subplot(131)
surf(double(background(1:8:end,1:8:end))),...
    zlim([0 255]);                  %显示背景变化情况
set(gca,'ydir','reverse');
title('图像背景变化的像素值');
I2 = imsubtract(I,background);      %减去背景
figure(1);  subplot(222)
imshow(I2)                          %显示去除背景后的图像
title('去除背景后的图像');

I3 = imadjust(I2);                  %调整图像的对比度
figure(1);  subplot(223),          %显示对比度调整后的图像
imshow(I3);
title('对比度调整后的图像');
level = graythresh(I3);            %设定阈值
bw = im2bw(I3,level);              %生成二值图像
figure(1);  subplot(224)
imshow(bw)                          %显示二值图像
title('二值图像');
```

运行结果如图 12-25 所示。

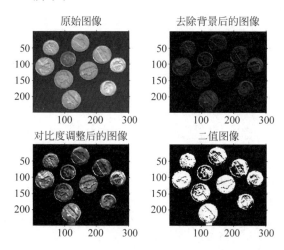

图 12-25　读取图像并生成二值图像

```
%标注矩阵的生成,并显示彩色图像
[labeled,numObjects] = bwlabel(bw,4);                %生成标注矩阵
numObjects                                           %计算图像中目标对象的个数
rect = [105 125 10 10];                              %固定图像的区域
grain = imcrop(labeled,rect)                         %确定标注矩阵的一部分
RGB_label = label2rgb(labeled, @spring, 'c', 'shuffle');  %伪彩色图像
figure(2), subplot(132)
imshow(RGB_label)                                    %显示伪彩色图像
title('伪色彩显示的标注矩阵');
```

```
%统计确定图像的性能
graindata = regionprops(labeled,'basic')
graindata(50).Area
allgrains = [graindata.Area];              %生成所有目标对象的面积矩阵
max_area = max(allgrains)                   %找出面积最大的值
biggrain = find(allgrains == max_area)      %找到面积最大的标号
mean(allgrains)                             %找到所有的平均值
nbins = 20;
figure(2), subplot(133)
hist(allgrains,nbins)                        %显示所有面积的直方图
title('所有面积的直方图');
```

运行结果如下：

```
numObjects =
    118
grain =
     0     0    18    18    18    18    18    18    18    18    18
     0     0     0    18    18    18    18    18    18    18    18
    18     0     0    18    18    18    18    18    18    18    18
     0     0     0    18    18    18    18    18    18    18    18
     0     0     0     0    18    18    18    18    18    18    18
    18     0     0     0    18    18    18    18    18    18    18
    18     0     0     0     0    18    18    18    18    18    18
    18     0    36    36     0     0    18    18    18    18    18
     0     0     0     0     0     0     0    18    18    18    18
    18    18    18     0     0     0     0    18    18    18    18
    18    18    18     0     0     0     0     0    18    18    18
graindata =
118x1 struct array with fields:
    Area
    Centroid
    BoundingBox
ans =
    4
max_area =
      2490
biggrain =
    27
ans =
  147.5339
```

光照不均匀的处理效果如图 12-26 所示。

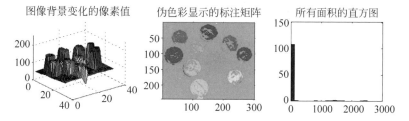

图像背景变化的像素值　　伪色彩显示的标注矩阵　　所有面积的直方图

图 12-26　光照不均匀处理的效果

12.2.8 使用纹理滤波器对图像进行处理

一个物体的颜色或者其表面的光滑程度就是这个物体的纹理。纹理可以描述图像中的每个区域的特征,在实际生活中有着很多应用。对图像使用纹理滤波器进行分割处理的原理就是划分图像中不同区域的纹理。对图像使用纹理滤波器进行分割处理的基本步骤如下。

(1)对纹理图像进行创建。

(2)将图像不同部分的纹理进行显示。

(3)通过使用合适的滤波器对图像进行处理。

【例 12-32】 对图像使用纹理滤波器进行处理。

```matlab
I = imread('circuit.tif');          %读取图像
figure; subplot(131)
 imshow(I);                         %显示原始图像
E = entropyfilt(I);                 %创建纹理图像
Eim = mat2gray(E);                  %转化为灰度图像
subplot(132)
imshow(Eim);                        %显示灰度图像
BW1 = im2bw(Eim, .8);               %转化为二值图像
subplot(133); imshow(BW1);          %显示二值图像
```

对纹理图像进行创建并显示,运行结果如图 12-27 所示。

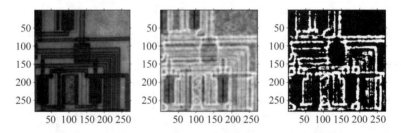

图 12-27 原始图像、灰度图像和二值图像显示纹理图像

```matlab
BWao = bwareaopen(BW1,2000);        %提取底部纹理
figure; subplot(221)
imshow(BWao);
nhood = true(9);
closeBWao = imclose(BWao,nhood);    %形态学关操作
subplot(222); imshow(closeBWao)     %显示边缘光滑后的图像
roughMask = imfill(closeBWao,'holes'); %填充操作
subplot(223)
imshow(roughMask);                  %显示填充后的图像
I2 = I;
I2(roughMask) = 0;                  %底部设置为黑色
subplot(224); imshow(I2);
```

显示图像的底部和顶部纹理,结果如图 12-28 所示。

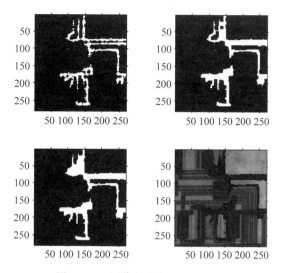

图 12-28　图像的底部和顶部纹理

```
E2 = entropyfilt(I2);                        % 创建纹理图像
E2im = mat2gray(E2);                         % 转化为灰度图像
figure; subplot(231)
imshow(E2im);                                % 显示纹理图像
BW2 = im2bw(E2im,graythresh(E2im));          % 转化为二值图像
subplot(232); imshow(BW2)                    % 显示二值图像
mask2 = bwareaopen(BW2,1000);                % 求取图像顶部的纹理掩膜
subplot(233);imshow(mask2);                  % 显示顶部纹理掩膜图像
texture1 = I; texture1(~mask2) = 0;          % 底部设置为黑色
texture2 = I; texture2(mask2) = 0;           % 顶部设置为黑色
subplot(234)                                 % 显示图像顶部
imshow(texture1); subplot(235),
imshow(texture2);                            % 显示图像底部
boundary = bwperim(mask2);                   % 求取边界
segmentResults = I;
segmentResults(boundary) = 255;              % 边界处设置为白色
subplot(236); imshow(segmentResults);        % 显示结果
```

通过使用合适的滤波器对图像进行处理,运行结果如图 12-29 所示。

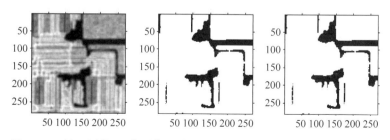

图 12-29　纹理图像、二值图像、顶部纹理的掩膜图像以及纹理图像的边界

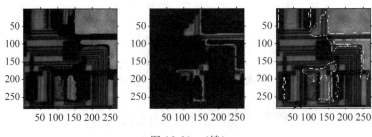

图 12-29 （续）

```
S = stdfilt(I,nhood);                    % 标准差滤波
figure; subplot(121)
imshow(mat2gray(S));                     % 显示标准差滤波后的图像
R = rangefilt(I,ones(5));                % rangefilt 滤波
subplot(122); imshow(R);                 % 显示 rangefilt 滤波后的图像
```

使用两种不同的函数对图像进行滤波分割，运行结果如图 12-30 所示。

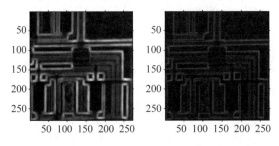

图 12-30　使用两种不同的函数对图像进行滤波处理

12.3　本章小结

数学形态学已经在计算机视觉、信号处理、图像分析、模式识别等领域得到广泛的应用，是图像处理与分析的重要数学工具。本章首先从形态学的基本操作（膨胀和腐蚀）入手，对以这两种操作为基础的其他形态学操作进行了介绍。本章在图像处理中所用到的方法较多，读者对所有方法都要仔细研究，熟练掌握。

前面已经介绍了图像处理的基本知识和 MATLAB 的实现方法，本章将主要介绍如何进行实际的工程应用。本章从几方面列举一些典型的应用实例，MATLAB 的实际应用要远远超出这些范围。

学习目标：

（1）了解 MATLAB 图像处理在实际中的应用。

（2）理解 MATLAB 综合应用的基本原理及实现步骤。

13.1　MATLAB 在医学图像处理中的应用

医学图像数字化处理是指使用计算机对获取的图像进行各种处理，使之满足医疗需要的一系列技术的总称。它是应用图形图像处理技术来弥补影像设备和成像中的不足，从而得到传统手段无法获取的医学信息。

随着医学图像处理如图像的去噪、图像的增强、图像的分割等技术的发展，使得传统的医学图像的获取和观察方式被完全改变，图像处理技术在医学领域中变得越来越重要。

13.1.1　图像负片效果在医学图像处理中的应用

在医学图像中，为了较好显示病变区域的边缘脉络或者病变区域大小，常常对图像进行负片显示，从而达到更好的观测效果。图像负片效果可以在大片黑色区域中容易观察白色或灰色细节。

【例 13-1】 对图像进行求反。

```
I = imread('aa.png');
switch class(I)          % 图像的求反过程
case'uint8'
m = 2 ^ 8 - 1;
I1 = m - I;
case'uint16'
m = 2 ^ 16 - 1;
I1 = m - I;
```

```
case'double'
m = max(I(:));
I1 = m − I;
end
figure;
subplot(1,2,1);
imshow(I);
title('原始图像')
subplot(1,2,2);
imshow(I1);
title('图像负片效果');
```

运行结果如图 13-1 所示。

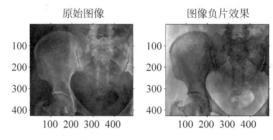

图 13-1　对图像进行求反效果

13.1.2　灰度变换在医学图像处理中的应用

经输入系统获取的图像信息中通常含有各种各样的噪声与畸变，光照度不够均匀会造成图像灰度过于集中，因此要对图像质量进行改善。

灰度变换是根据某种目标条件按一定变换关系逐点改变原图像中每个像素灰度值的方法。目标图片的灰度变换处理是图像增强处理技术中一种直接的空间域图像处理方法。灰度变换有时被称为图片对比度增强或对比度拉伸。

【例 13-2】　对一幅胸腔的 X 射线进行灰度变换。

```
clc
clear
f = imread('breast.tif');              % 读入图像
subplot(2,2,1);                        % 在同一个窗口中显示多幅图像
imshow(f),title('原始图像')
g1 = imadjust(f,[0 1],[1 0]);          % 将原始图像灰度反转
subplot(2,2,2);
imshow(g1),title('灰度反转')
g2 = imadjust(f,[0.6 0.8],[0 1]);      % 将原始图像 0.6～0.8 之间的灰度级扩展到 0～1
subplot(2,2,3);
imshow(g2),title('部分区域灰度变换')
% 将 gamma 值设置为 2
g3 = imadjust(f,[ ],[ ],2);
subplot(2,2,4);
imshow(g3),title('gamma = 2 ')
```

运行结果如图 13-2 所示。

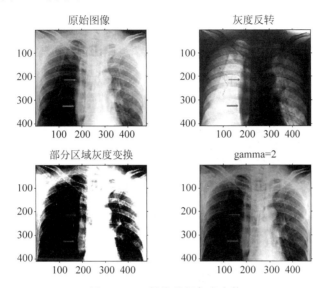

图 13-2　X 射线进行灰度变换

【例 13-3】　图像的灰度变换。

使用自定义函数 hand.m 对图像进行灰度拉伸，自定义函数 hand.m 如下：

```
function g = hand(f, varargin)
error(nargchk(2, 4, nargin))
classin = class(f);
if strcmp(class(f), 'double') & max(f(:))>1 & ～strcmp(varargin{1}, 'log')
    f = mat2gray(f);
else
    f = im2double(f);
end

method = varargin{1};
switch method
    case 'neg'
        g = imcomplement(f);
    case 'log'
        if length(varargin) == 1
            c = 1;
        elseif length(varargin) == 2
            c = varargin{2};
        elseif length(varargin) == 3
            c = varargin{2};
            classin = varargin{3};
        else
            error('Incorrect number of inputs for the log option.')
        end

        g = c * (log(1 + double(f)));
```

```
    case 'gamma'
        if length(varargin)< 2
            error('Not enough inputs for the gamma option.')
        end

        gam = varargin{2};
        g = imadjust(f,[],[],gam);
    case 'stretch'
        if length(varargin) == 1
            m = mean2(f);
            E = 4.0;
        elseif length(varargin) == 3
            m = varargin{2};
            E = varargin{3};
        else
            error('Incorrect number of inputs for the stretch option.')
        end

        g = 1./(1 + (m./(f + eps)).^E);
    otherwise
        error('UNknown enhancement method.')
end
```

主程序如下：

```
clc
clear
f = imread('hand.bmp');                              %读取图像
subplot(1,2,1);
 imshow(f),
title('原始图像');
g = hand(f,'stretch',mean2(im2double(f)),0.89);      %对图像进行拉伸
subplot(1,2,2);
 imshow(g),
title('拉伸后的图像')
```

运行结果如图 13-3 所示。

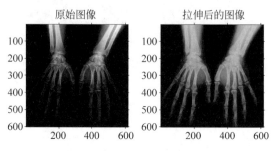

图 13-3　拉伸图像的灰度

13.1.3 直方图均衡化在医学图像处理中的应用

基于直方图均衡化的图像增强是数字图像的预处理技术,对图像整体和局部特征都能有效地改善。直方图均衡化是一种常用的灰度增强算法,是将原图像的直方图经过变换函数修整为均匀直方图,然后按均衡后的直方图修整原图像。

【**例 13-4**】 对医学图像的直方图进行均衡化。

```
I = imread('aa.png');
I = rgb2gray(I);
J = histeq(I);               % 图像的均衡化
subplot(221);
imshow(I);
title('原始图像')
subplot(222);
imshow(J);
title('均衡化图像')
subplot(223);
imhist(I,64)
title('原始图像直方图')
subplot(224);
imhist(J,64)
title('均衡化直方图')
```

运行结果如图 13-4 所示。

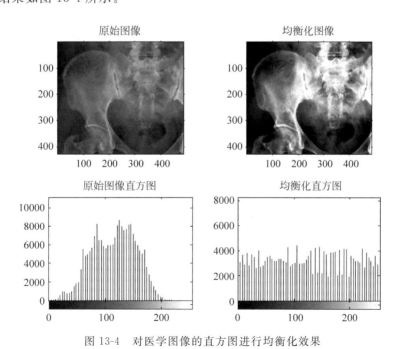

图 13-4 对医学图像的直方图进行均衡化效果

13.1.4　锐化效果在医学图像处理中的应用

数字图像经过转换和传输后,难免产生模糊。图像锐化的主要目的在于补偿图像轮廓、突出图像的边缘信息,以使图像显得更为清晰,从而符合人类的观察习惯。图像锐化的实质是增强原图像的高频分量。在高频滤波器中,卷积核中心的卷积系数最大,在锐化中起着关键的作用。

当该卷积系数经过图像中的高频部分(即像素值有突变的部分)时,由于其值较大,它与像素值的乘积很大,在卷积结果中占很大的比重。因此,卷积之后,图像中像素值的突变更加突出,即图像中的像素值的差得到增强;同时,图像中像素值变化较小的区域(低频成分区域)所受的影响却很小。所以,高通滤波将使图像锐化,使图像更加醒目,在视觉上就显得更清晰。

【**例 13-5**】　对图像进行锐化处理。

```
J = imread('breast.png')
figure,
subplot(121);
imshow(J);
title('原始图像');
J = double(J);
lapMatrix = [1 1 1;1 - 8 1;1 1 1];              %拉普拉斯模板
J_tmp = imfilter(J,lapMatrix,'replicate');      %滤波
I = imsubtract(J,J_tmp);                        %图像相减
subplot(122);
imshow(I),
title('锐化图像');
```

运行结果如图 13-5 所示。

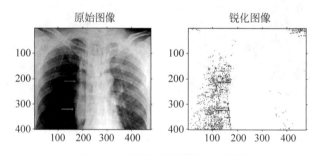

图 13-5　对图像进行锐化处理效果

13.1.5　边缘检测效果在医学图像处理中的应用

计算机的边缘检测在医学图像处理中占有十分重要的地位,检测的好坏直接关系着诊断和治疗效果。MATLAB 工具箱提供的 edge() 函数可针对 Sobel 算子、Prewitt 算子、Roberts 算子、LOG 算子和 Canny 算子实现检测边缘的功能。

【例 13-6】 对一幅医学图像进行边缘检测。

```matlab
M = imread('aa.png');            % 提取图像
I = rgb2gray(M);
BW1 = edge(I,'Sobel');           % 用 Sobel 算子进行边缘检测
BW2 = edge(I,'Roberts');         % 用 Roberts 算子进行边缘检测
BW3 = edge(I,'Prewitt');         % 用 Prewitt 算子进行边缘检测
BW4 = edge(I,'LOG');             % 用 LOG 算子进行边缘检测
BW5 = edge(I,'Canny');           % 用 Canny 算子进行边缘检测
h = fspecial('Gaussian',5);      % 高斯低通滤波器
BW6 = edge(I,'Canny');           % 滤波之后的 Canny 检测
subplot(2,3,1),
imshow(BW1);
title('Sobel 边缘检测');
subplot(2,3,2),
imshow(BW2);
title('Roberts 边缘检测');
subplot(2,3,3),
imshow(BW3);
title('Prewitt 边缘检测');
subplot(2,3,4),
imshow(BW4);
title('LOG 边缘检测');
subplot(2,3,5),
imshow(BW5);
title('Canny 边缘检测');
subplot(2,3,6),
imshow(BW6);
title('Gasussian&Canny 边缘检测');
```

运行结果如图 13-6 所示。

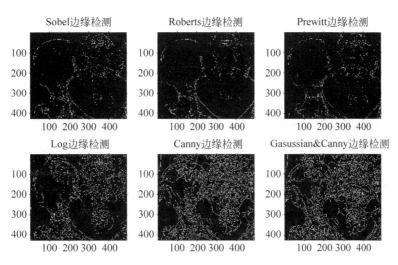

图 13-6 医学图像进行边缘检测

13.2　MATLAB 图像在特征提取中的应用

特征提取是指对某一模式的组测量值进行变换,以突出该模式具有代表性特征的一种方法;或者通过影像分析和变换,以提取所需特征的方法。

特征提取是计算机视觉和图像处理中的一个概念。它指的是使用计算机提取图像信息,决定每个图像的点是否属于一个图像特征。

13.2.1　确定图像中的圆形目标

圆形是一种几何特征明显且十分容易识别的图形,在图像处理中有其他几何形状无法比拟的优点。圆形目标的确定在计算机视觉中有着重要的作用。

【例 13-7】　圆形目标的确定。

```matlab
% 对图像进行读取,并将其转化为二值图像
RGB = imread('pears.png');                         % 读取图像
figure; subplot(221);imshow(RGB);                  % 显示
title('原始图像');
I = rgb2gray(RGB);                                 % 转化为灰度图像
threshold = graythresh(I);                         % 阈值
bw = im2bw(I,threshold);                           % 转化为二值图像
subplot(222);imshow(bw)                            % 显示二值图像
title('二值图像');
% 对图像中的目标的边界进行寻找
bw = bwareaopen(bw,30);                            % 去除小目标
se = strel('disk',2);                              % 圆形结构元素
bw = imclose(bw,se);                               % 关操作
bw = imfill(bw,'holes');                           % 填充孔洞
subplot(223); imshow(bw)                           % 显示填充孔洞后的图像
title('除噪后的图像');
[B,L] = bwboundaries(bw,'noholes');                % 图像边界
subplot(224);imshow(label2rgb(L, @jet, [.5 .5 .5]))  % 不同颜色显示
title('圆形目标的确定');
hold on
for k = 1:length(B)
 boundary = B{k};
 plot(boundary(:,2),boundary(:,1), 'w', 'LineWidth', 2)  % 显示白色边界
end
% 对图像中圆形目标的确定
stats = regionprops(L,'Area','Centroid');          % 求取面积、质心等
threshold = 0.94;                                  % 阈值
for k = 1:length(B)
  boundary = B{k};
  delta_sq = diff(boundary).^2;
  perimeter = sum(sqrt(sum(delta_sq,2)));          % 求取周长
  area = stats(k).Area;                            % 面积
  metric = 4 * pi * area/perimeter^2;              % 圆形的量度
  metric_string = sprintf('%2.2f',metric);
```

```
if metric > threshold
    centroid = stats(k).Centroid;
    plot(centroid(1),centroid(2),'ko');               %标记圆心
  end
  text(boundary(1,2) − 35,boundary(1,1) + 13,metric_string,'Color',…
      'y','FontSize',14,'FontWeight','bold');         %标注圆形度量
End
```

运行结果如图 13-7 所示。

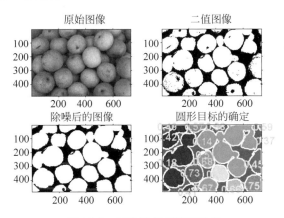

图 13-7　圆形目标的确定效果

13.2.2　测量图像的粒度

粒度即颗粒的大小。球体颗粒的粒度通常用直径来表示，立方体颗粒的粒度用边长来表示。对不规则的矿物颗粒，可将与矿物颗粒有相同行为的某一球体直径作为该颗粒的等效直径。实验室常用的测定物料粒度组成的方法有筛析法、水析法和显微镜法。

在不精确分割图像目标的基础上确定目标分布情况和大小的方法就是粒度的测量。粒度的测量主要有以下 3 个基本步骤。

（1）对图像进行读取并加强。

（2）对图像中粒度大小的分布进行计算。

（3）对不同半径下的粒度分布进行计算。

【例 13-8】　粒度的测量。

```
%对图像进行读取并加强
I = imread('bag.png');                        %读取图像
figure; subplot(231);imshow(I)                %显示原图
title('原始图像');
claheI = adapthisteq(I,'NumTiles',[10 10]);
claheI = imadjust(claheI);                    %亮度调整
subplot(234);imshow(claheI);                  %显示增强后的图像
title('增强后的图像');

%对图像中粒度大小的分布进行计算
```

```
for counter = 0:22
    remain = imopen(claheI, strel('disk', counter));    %开操作
    intensity_area(counter + 1) = sum(remain(:));        %剩余像素和
end
subplot(232);plot(intensity_area, 'm - *'),             %显示不同半径开操作后剩余的像素和
title('不同半径开操作后剩余的像素和');
grid on;
%对不同半径下的粒度分布进行计算
intensity_area_prime = diff(intensity_area);            %差分
subplot(235);plot(intensity_area_prime, 'm - *'),      %显示每个半径下的粒度多少
title('每个半径下的粒度');

grid on;
set(gca, 'xtick', [0 2 4 6 8 10 12 14 16 18 20 22]);
open5 = imopen(claheI,strel('disk',5));                 %半径为5的形态学开操作
open6 = imopen(claheI,strel('disk',6));                 %半径为6的形态学开操作
rad5 = imsubtract(open5,open6);                         %半径为5的粒度
subplot(233);imshow(rad5,[]);                           %显示半径为5的图像中粒度分布情况
title('粒度分布情况');
```

运行结果如图 13-8 所示。

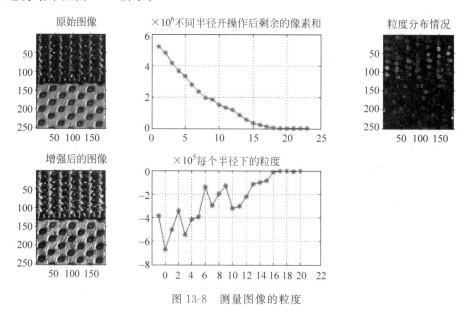

图 13-8　测量图像的粒度

13.2.3　测量灰度图像的属性

一幅完整的图像是由红色、绿色、蓝色三个通道组成的。红色、绿色、蓝色三个通道的缩览图都是以灰度显示的。用不同的灰度色阶来表示红、绿、蓝在图像中的比重。通道中的纯白代表该色光在此处为最高亮度,亮度级别是 255。测量灰度图像的属性主要有以下 3 个基本步骤。

（1）显示图像，并得到二值图像。

（2）标注不同的二值图像目标。

（3）计算某些属性。

【例 13-9】 测量灰度图像的属性。

```
% 读取并显示图像以及标注矩阵
I = imread('moon.tif');                               % 原始图像
figure; subplot(131);imshow(I)
BW = I > 0;                                            % 二值图像
L = bwlabel(BW);                                       % 标注矩阵
subplot(132);
imshow(label2rgb(L))                                   % 彩色显示标注矩阵
% 质心和加权质心的计算
s = regionprops(L, I, {'Centroid','WeightedCentroid'});  % 求取质心等
subplot(133);
imshow(I)                                              % 显示原图
hold on
numObj = numel(s);
for k = 1 : numObj
    plot(s(k).WeightedCentroid(1), …
        s(k).WeightedCentroid(2), 'r * ');            % 在原图上显示加权质心
    plot(s(k).Centroid(1), s(k).Centroid(2), 'bo');   % 在原图上显示质心
end
hold off
```

运行结果如图 13-9 所示。

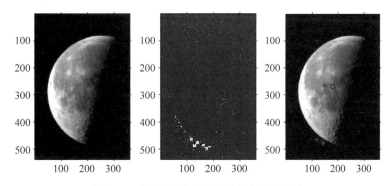

图 13-9   原始图像中标注质心和加权质心

统计性质的计算，运行结果如图 13-10 所示。

```
s = regionprops(L, I, …
    {'Centroid','PixelValues','BoundingBox'});        % 求质心、像素值、范围属性
figure,subplot(131);
imshow(I);                                            % 显示原图
hold on
for k = 1 : numObj
    s(k).StandardDeviation = std(double(s(k).PixelValues)); % 标准差
```

```
    text(s(k).Centroid(1),s(k).Centroid(2), …
        sprintf('%2.1f', s(k).StandardDeviation), …
        'EdgeColor','b','Color','g');
end
hold off; subplot(132);
bar(1:numObj,[s.StandardDeviation]);              %显示标准差
sStd = [s.StandardDeviation];
lowStd = find(sStd < 50);                         %找出标准差小于50的目标
subplot(133);imshow(I);                           %显示原图
hold on;
for k = 1 : length(lowStd)
    rectangle('Position', s(lowStd(k)).BoundingBox, …
        'EdgeColor','y');                         %矩形标注所选目标
end
hold off;
```

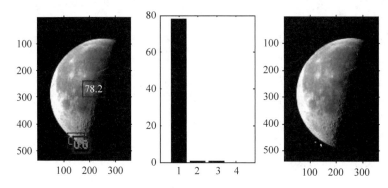

图 13-10　原始图像、不同目标区域以及小于 50 的目标区域的标准差

13.2.4　测量图像的半径

在圆中,连接圆心和圆上任意一点的线段叫做圆的半径。通常用字母 r 来表示。在球中,连接球心和球面上任意一点的线段叫做球的半径。正多边形所在的外接圆的半径叫做圆内接正多边形的半径。半径的测量主要有以下 3 个基本步骤。

（1）读取图像并显示其二值图像。

（2）图像边界的获取。

（3）半径的计算。

【例 13-10】 半径的测量。

```
RGB = imread('peppers.png');                %读取图像
figure; subplot(131);imshow(RGB);           %显示
title('原始图像');
I = rgb2gray(RGB);                          %转化为灰度图像
threshold = graythresh(I);                  %阈值
BW = im2bw(I,threshold);                    %转化为二值图像
```

```matlab
subplot(132);imshow(BW)                    %显示二值图像
title('二值图像');


%图像边界的获取
dim = size(BW);                            %图像大小
col = round(dim(2)/2) - 90;                %边界起始点的列
row = find(BW(:,col), 1);                  %边界起始点的行
connectivity = 8;                          %连通性为8
num_points = 180;                          %边界点的个数
contour = bwtraceboundary(BW, [row, col], 'N', …
    connectivity, num_points);             %求取圆周
subplot(133);imshow(RGB);                  %显示原图
title('测量结果');
hold on;
plot(contour(:,2),contour(:,1),'g','LineWidth',2);  %显示绿色边界


%半径的计算
x = contour(:,2); y = contour(:,1);
abc = [x y ones(length(x),1)] \ - (x.^2 + y.^2);    %计算参数
a = abc(1); b = abc(2); c = abc(3);
xc = - a/2;                                %圆心的x轴坐标
yc = - b/2;                                %圆心的y轴坐标
radius = sqrt((xc^2 + yc^2) - c)           %半径
plot(xc,yc,'yx','LineWidth',2);            %标出圆心
theta = 0:0.01:2 * pi;
Xfit = radius * cos(theta) + xc;
Yfit = radius * sin(theta) + yc;
plot(Xfit, Yfit);                          %用蓝色显示另一段弧
message = sprintf('半径的估计值是%2.3f 像素', …
    radius);
text(15,15,message,'Color','y','FontWeight','bold');
```

运行结果如图 13-11 所示。

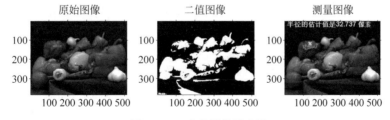

图 13-11 求半径的示意图

13.2.5 测量图像的角度

角度是一个数学名词,用来表示角的大小的量,通常用度(°)或弧度(rad)来表示。为了避免人工测量角度,图像处理的任务之一就是实现角度测量的智能化。角度的测量主

要有以下 3 个基本步骤。

（1）对图像进行读取，并选择将要测量角度的区域。

（2）读取对角的直线边界。

（3）计算角度。

【例 13-11】 测量两条直线之间的角度。

```matlab
% 对图像进行读取,并选择出将要测量角度的区域
RGB = imread('tape.png');                                        % 读取图像
subplot(221);imshow(RGB);                                        % 显示
title('原始图像');
line([300 328],[85 103],'color',[1 1 0]);                        % 画直线
line([268 255],[85 140],'color',[1 1 0]);                        % 画直线
start_row = 34;                                                  % 选取图像的起始行
start_col = 208;                                                 % 选取图像的起始列
cropRGB = RGB(start_row:163, start_col:400, :);                  % 确定图像区域
subplot(222);imshow(cropRGB)                                     % 显示
title('子区域');

% 对角的直线边界进行读取
offsetX = start_col - 1;                                         % x 方向的偏移量
offsetY = start_row - 1;                                         % y 方向的偏移量
I = rgb2gray(cropRGB);                                           % 转化为灰度图像
threshold = graythresh(I);                                       % 阈值
BW = im2bw(I,threshold);                                         % 转化为二值图像
BW = ~BW;                                                        % 取反
subplot(223);imshow(BW)                                          % 显示二值图像
title('二值子图像');

dim = size(BW);                                                  % 图像大小
col1 = 4;                                                        % 水平轴的起始列
row1 = min(find(BW(:,col1)));                                    % 水平轴的起始行
row2 = 12;                                                       % 另一直线的起始行
col2 = min(find(BW(row2,:)));                                    % 另一直线的起始列
boundary1 = bwtraceboundary(BW, [row1, col1], 'N', 8, 70);      % 水平边界
boundary2 = bwtraceboundary(BW, [row2, col2], 'E', 8, 90,...
    'counter');                                                  % 另一直线的边界
subplot(224);imshow(RGB);                                        % 显示原图
title('求取的边界角度');
hold on;
plot(offsetX + boundary1(:,2),offsetY + boundary1(:,1),'g',...
    'LineWidth',2);                                              % 显示水平方向的直线
plot(offsetX + boundary2(:,2),offsetY + boundary2(:,1),'g',...
    'LineWidth',2);                                              % 显示另一方向的直线
% 角度的计算
ab1 = polyfit(boundary1(:,2), boundary1(:,1), 1);               % 拟合直线
ab2 = polyfit(boundary2(:,2), boundary2(:,1), 1);               % 拟合直线
vect1 = [1 ab1(1)];   vect2 = [1 ab2(1)];
dp = dot(vect1, vect2);                                          % 点积
```

```
length1 = sqrt(sum(vect1.^2));                        % 长度
length2 = sqrt(sum(vect2.^2));                        % 长度
angle = 180 - acos(dp/(length1 * length2)) * 180/pi  % 计算角度
intersection = [1 , - ab1(1); 1, - ab2(1)] \ [ab1(2); ab2(2)];  % 相对位置
intersection = intersection + [offsetY; offsetX]     % 交点实际坐标
inter_x = intersection(2);                            % 交点的 x 轴坐标
inter_y = intersection(1);                            % 交点的 y 轴坐标
plot(inter_x,inter_y,'yx','LineWidth',2);             % 在原图上标注交点
```

计算结果如下：

```
angle =
   144.0205
intersection =
    34.0000
   152.1438
```

角度测量效果如图 13-12 所示。

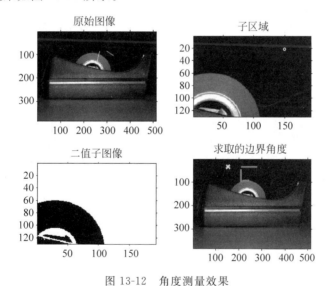

图 13-12　角度测量效果

13.3　图像处理在人脸识别中的应用

人脸识别是一门新兴的科研项目，它的工作原理是借助生物特征来确认生物个体，利用计算机软件实现人脸信息的检测与识别。

随着社会的发展以及技术的进步，尤其是最近十年内计算机的软硬件性能的飞速提升，以及社会各方面对快速高效的自动身份验证的要求日益迫切，生物识别技术在科研领域取得了极大的重视和发展。

由于生物特征是人的内在属性，具有很强的自身稳定性和个体差异性，因此是身份验证的最理想依据。人脸特征是典型的生物特征之一，利用人脸图像进行身份的鉴别和确认，具有被动识别、易于为用户接受、友好方便的特点，因此也成为国内外研究的热点之一。

【例 13-12】 人物头像脸部区域定位的实现。

```matlab
clear all;
I = imread('f.jpg');
figure; subplot(231) ;imshow(I);
title('原始图像');

I = rgb2gray(I);                          %将真彩色图像转换为灰度图像
I = wiener2(I,[5 5]);
subplot(232) ;imshow(I);
title('灰度图像');

BW = im2bw(I);                            %将灰度图像转换为二值图像
subplot(233) ;imshow(BW);
title('二值图像');

 [n1 n2] = size(BW);                      %图像尺寸
r = floor(n1/10);                         %尺寸除 10
c = floor(n2/10);
x1 = 1;
x2 = r;
s = r * c;
for i = 1:10                              %减小背景区域,将图像部分边缘区域设置为黑色
    y1 = 1;
    y2 = c;
    for j = 1:10
        if(y2 <= c|y2 >= 9 * c)|(x1 == 1|x2 == r * 10)
            BW(x1:x2,y1:y2) = 0;
        end
        y1 = y1 + c;
        y2 = y2 + c;
    end
    x1 = x1 + r;
    x2 = x2 + r;
end
subplot(234) ;imshow(BW);                 %显示减小背景区域后图像
title('除去背景的图像');

 L = bwlabel(BW,4);                       %标注各连通区域
B1 = regionprops(L, 'BoundingBox');
B2 = struct2cell(B1);                     %将连通区域的坐标转换为元胞数组
B3 = cell2mat(B2);                        %将连通区域的元胞数组坐标转换为数组
[s1 s2] = size(B3);
mx = 0;
%确认连通区域的矩形中面积最大,且面部的长度与宽度比小于 2 来确定面部矩形
for k = 3:4:s2 - 1
    p = B3(1,k) * B3(1,k + 1);
    if p > mx&(B3(1,k + 1)/B3(1,k))< 2
        mx = p;
        j = k;
```

```
        end
end
subplot(235) ;imshow(I);
title('脸部识别效果');

hold on;
rectangle('Position',[B3(1,j-2),B3(1,j-1),B3(1,j),B3(1,j+1)],'EdgeColor','r');
```

运行结果如图 13-13 所示。

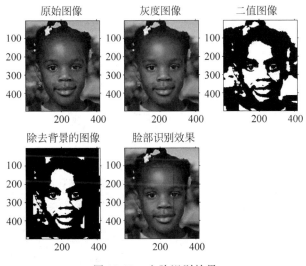

图 13-13 人脸识别效果

13.4 MATLAB 在图像配准中的应用

图像配准就是将不同时间、不同传感器(成像设备)或不同条件下(天候、照度、摄像位置和角度等)获取的两幅或多幅图像进行匹配与叠加的过程,它已经被广泛地应用于遥感数据分析、计算机视觉、图像处理等领域。

图像配准应首先对两幅图像进行特征提取得到特征点,通过相似性度量找到匹配的特征点对,然后通过匹配的特征点对得到图像空间坐标变换参数,最后由坐标变换参数进行图像配准。

图像配准主要有以下 3 个步骤。

(1) 读取图像并选择其需要配准的子区域。

(2) 确定配准图像的区域。

(3) 显示最终的图像。

【例 13-13】 配准图像。

```
% 读取图像并通过裁剪出需要配准的子区域
hestain = imread('hestain.png');          % 读取 hestain 图像
peppers = imread('peppers.png');          % 读取 peppers 图像
```

```
figure; subplot(221)
imshow(hestain)
title(' hestain ');
subplot(222),
imshow(peppers)
title(' peppers ');
% 读取图像并通过裁剪出需要配准的子区域
rect_hestain = [111 33 65 58];                    % 确定 hestain 图像的区域
rect_peppers = [163 47 143 151];                  % 确定 peppers 图像的区域
sub_hestain = imcrop(hestain,rect_hestain);
sub_peppers = imcrop(peppers,rect_peppers);
subplot(223),
imshow(sub_hestain)
title(' hestain 的子区域 ');
subplot(224),
imshow(sub_peppers)
title(' peppers 的子区域 ');
```

运行结果如图 13-14 所示。

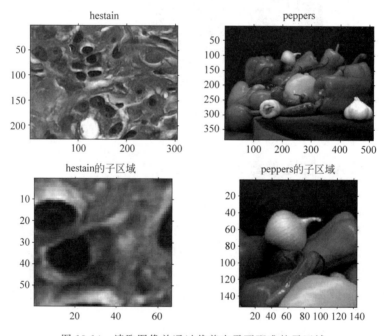

图 13-14　读取图像并通过裁剪出需要配准的子区域

```
% 确定配准图像的区域
c = normxcorr2(sub_hestain(:,:,1), …
    sub_peppers(:,:,1));                          % 对红色色带进行归一化互相关
figure,
subplot(131),
surf(c),
title('确定配准图像的区域');
```

```
shading flat
[max_c, imax] = max(abs(c(:)));                          % 确定归一化互相关最大值及其位置
[ypeak, xpeak] = ind2sub(size(c),imax(1));               % 把一维坐标变为二维坐标
corr_offset = [(xpeak − size(sub_hestain,2))
              (ypeak − size(sub_hestain,1))];            % 利用相关找到的偏移量
rect_offset = [(rect_peppers(1) − rect_hestain(1))
              (rect_peppers(2) − rect_hestain(2))];      % 位置引起的偏移量
offset = corr_offset + rect_offset;                      % 总的偏移量
xoffset = offset(1);                                     % x轴方向的偏移量
yoffset = offset(2);                                     % y轴方向的偏移量
xbegin = round(xoffset + 1);                             % x轴起始位置
xend   = round(xoffset + size(hestain,2));               % x轴结束位置
ybegin = round(yoffset + 1);                             % y轴起始位置
yend   = round(yoffset + size(hestain,1));               % y轴结束位置
extracted_hestain = peppers(ybegin:yend,xbegin:xend,:);  % 提取hestain子图
if isequal(hestain,extracted_hestain)
    disp('hestain.png was extracted from peppers.png')   % 判断两幅图是否相同
end
% 显示最终配准的图像
recovered_hestain = uint8(zeros(size(peppers)));
recovered_hestain(ybegin:yend,xbegin:xend,:) = hestain;  % 显示恢复的hestain图像
subplot(132),
imshow(recovered_hestain)                                % 显示恢复的hestain图像
title('同样大小的背景下');
[m,n,p] = size(peppers);                                 % peppers图像大小
mask = ones(m,n);
i = find(recovered_hestain(:,:,1) == 0);
mask(i) = .2;                                            % 可使用不同的值进行实验
subplot(133),
imshow(peppers(:,:,1))                                   % 显示peppers图像的红色色带
title('最终配准的图像');

hold on
h = imshow(recovered_hestain);                           % 显示恢复的hestain图像
set(h,'AlphaData',mask)
```

运行结果如图 13-15 所示。

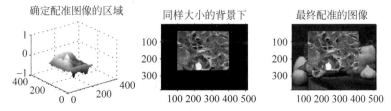

图 13-15　确定配准图像的区域与显示最终的图像

13.5　图像处理在检验视频目标中的应用

13.5.1　利用图像分割来检验视频中的目标

视频文件是由图像一帧一帧地按照一定顺序连接而成，因此对图像处理的方法同样适用于对视频文件的处理。视频文件处理只需逐帧选取图像，然后对其进行处理，最后再按照原来的顺序连接成视频文件即可。利用图像分割来检验视频中的目标主要有以下 3 个步骤。

（1）读取视频文件。

（2）将视频文件的一帧图像进行处理并检测其中的目标。

（3）对图像使用循环法进行检验。

【例 13-14】　利用图像分割来检验视频中的目标。

```
%利用 VideoReader 函数读取视频文件.
rhinosObj = VideoReader ('rhinos.avi'); ('rhinos.avi');        %从视频文件中读取数据
get(rhinosObj)
implay('rhinos.avi');
```

在程序中使用 get 函数可以获得更多的视频文件信息，代码如下：

```
General Settings:
    Duration = 7.6000
    Name = rhinos.avi
    Path = E:\Program Files\MATLAB\R2013a\toolbox\images\imdemos
    Tag =
    Type = VideoReader
    UserData = []

  Video Settings:
    BitsPerPixel = 24
    FrameRate = 15
    Height = 240
    NumberOfFrames = 114
    VideoFormat = RGB24
Width = 320
```

读取视频文件如图 13-16 所示。

图 13-16　视频文件

将视频文件的一帧图像进行处理：

```
darkCarValue = 50;                                      % 阈值
darkCar = rgb2gray(read(rhinosObj,71));                 % 转化为灰度图像
noDarkCar = imextendedmax(darkCar,darkCarValue);        % 去除图像中深色的目标
figure; subplot(131)
imshow(darkCar)
subplot(132); imshow(noDarkCar)
sedisk = strel('disk',2);                               % 圆形结构元素
noSmallStructures = imopen(noDarkCar, sedisk);          % 开操作
subplot(133);   imshow(noSmallStructures)               % 去除小目标
```

运行结果如图 13-17 所示。

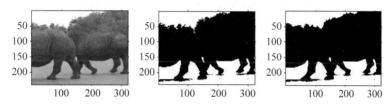

图 13-17　对视频文件中的一帧图像进行处理

对图像使用循环法进行处理：

```
nframes = get(rhinosObj, 'NumberOfFrames');             % 帧数
I = read(rhinosObj, 1);                                 % 第一帧图像
taggedCars = zeros([size(I,1) size(I,2) 3 nframes], class(I));
for k = 1 : nframes
    singleFrame = read(rhinosObj, k);                   % 读取图像
    I = rgb2gray(singleFrame);
    noDarkCars = imextendedmax(I, darkCarValue);
    noSmallStructures = imopen(noDarkCars, sedisk);
    noSmallStructures = bwareaopen(noSmallStructures, 150);
    L = bwlabel(noSmallStructures);
    taggedCars(:,:,:,k) = singleFrame;
    if any(L(:))
        stats = regionprops(L, {'centroid','area'});    % 求取质心和面积
        areaArray = [stats.Area];                       % 求取目标对象的面积
        [junk,idx] = max(areaArray);                    % 求取最大面积
        c = stats(idx).Centroid;
        c = floor(fliplr(c));
        width = 2;
        row = c(1) - width:c(1) + width;
        col = c(2) - width:c(2) + width;
        taggedCars(row,col,1,k) = 255;
        taggedCars(row,col,2,k) = 0;
        taggedCars(row,col,3,k) = 0;
    end
end
frameRate = get(rhinosObj,'FrameRate');
implay(taggedCars,frameRate);
```

检验结果如图 13-18 所示。

图 13-18　检验结果

13.5.2　利用卡尔曼滤波来定位视频中的目标

1960—1961 年,卡尔曼(R. E. Kalman)和布西(R. S. Bucy)提出了递推滤波算法,成功地将状态变量引入到滤波理论中来,用消息与干扰的状态空间模型代替了通常用来描述它们的协方差函数,将状态空间描述与离散数间刷新联系起来,适于计算机直接进行计算,而不是去寻求滤波器冲激响应的明确公式。用这种方法得出的是表征状态估计值及其均方误差的微分方程,给出的是递推算法。这就是著名的卡尔曼理论。

卡尔曼滤波不要求保存过去的测量数据,当新的数据到来时,根据新的数据和前一时刻储值的估计,借助于系统本身的状态转移方程,按照一套递推公式,即可算出新的估值。这一点说明卡尔曼滤波器属于 IIR 滤波器的范畴。与维纳滤波器不同,卡尔曼滤波器能够利用先前的运算结果,再根据当前数据提供的最新消息,即可得到当前的估值。卡尔曼递推算法大大减少了滤波装置的存储量和计算量,并且突破了平稳随机过程的限制,使卡尔曼滤波器适用于对时变信号的实时处理。

卡尔曼滤波的含义是:现时刻的最佳估计为在前一时刻的最佳估计的基础上根据现时刻的观测值作线性修正。卡尔曼滤波在数学上是一种线性最小方差统计估算方法,它是通过处理一系列带有误差的实际测量数据而得到物理参数的最佳估算。其实质要解决的问题是要寻找在最小均方误差下的估计值。它的特点可以用递推的方法计算,其所需数据存储量较小,便于进行实时处理。具体来说,卡尔曼滤波就是用预测方程和测量方程对系统状态进行估计。

$$X_K = \Phi_{K,K-1} X_{K-1} + \Gamma_{K,K-1} W_{K-1} \tag{13-1}$$

$$Z_K = H_K X_K + V_K \tag{13-2}$$

式(13-1)和式(13-2)中,X_K 是 k 时刻的系统状态;$\Phi_{K,K-1}$ 和 $\Gamma_{K,K-1}$ 是 $k-1$ 时刻到 k 时刻的状态转移矩阵;Z_K 是 k 时刻的测量值;H_K 是测量系统的参数;W_K 和 V_K 分别表示过程和测量的噪声,它们被假设成高斯白噪声。如果被估计状态和观测量满足式(13-1),系统过程噪声和观测噪声满足式(13-2)的假设,k 时刻的观测 X_K 的估计 $\hat{X}$ 可按下述方程求解。

进一步预测

$$X_{K,K-1} = \Phi_{K,K-1} X_{K-1}$$

状态估计

$$\hat{X}_K = \hat{X}_{K,K-1} + K_K[Z_K H_K \hat{X}_{K,K-1}]$$

滤波增益矩阵

$$K_K = P_{K,K-1} H_K^{\mathrm{T}} R_K^{-1}$$

一步预测误差方差阵

$$P_{K,K-1} = \Phi_{K,K-1} P_{K,K-1} \Phi_{K,K-1}^{\mathrm{T}} + \Gamma_{K,K-1} Q_{K,K-1} \Gamma_{K,K-1}^{\mathrm{T}}$$

估计误差方差阵

$$P_K = [I - K_K H_K] P_{K,K-1}$$

上述就是卡尔曼滤波器的 5 条基本公式，只要给定初值 X_0 和 P_0，根据 k 时刻的观测值 Z_K 就可以递推计算出 k 时刻的状态估计 $\hat{X}_K (K=1,2,\cdots,N)$。

下面利用卡尔曼滤波从视频中取出的 60 帧图像来定位球目标，如图 13-19 所示。

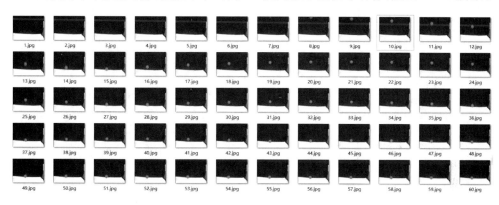

图 13-19　视频中取出的 60 帧图像

【例 13-15】　利用卡尔曼滤波来定位视频中的目标。

```
function [cc,cr,radius,flag] = extractball(Imwork,Imback,index) % ,fig1,fig2,fig3,fig15,
index)

  cc = 0;
  cr = 0;
  radius = 0;
  flag = 0;
  [MR,MC,Dim] = size(Imback);

  %减去背景和选择一个大的差异像素
  fore = zeros(MR,MC);
  fore = (abs(Imwork(:,:,1) - Imback(:,:,1)) > 10) ...
      | (abs(Imwork(:,:,2) - Imback(:,:,2)) > 10) ...
      | (abs(Imwork(:,:,3) - Imback(:,:,3)) > 10);
```

```
%形态学操作侵蚀去除小噪声
foremm = bwmorph(fore,'erode',2);  %2 time

%选择最大的对象
labeled = bwlabel(foremm,4);
stats = regionprops(labeled,['basic']); %basic mohem nist
[N,W] = size(stats);
if N < 1
  return
end

%在大于1的区域,做分类(大到小)
id = zeros(N);
for i = 1 : N
  id(i) = i;
end
for i = 1 : N - 1
  for j = i + 1 : N
    if stats(i).Area < stats(j).Area
      tmp = stats(i);
      stats(i) = stats(j);
      stats(j) = tmp;
      tmp = id(i);
      id(i) = id(j);
      id(j) = tmp;
    end
  end
end

%确保至少有1个大区域
if stats(1).Area < 100
  return
end
selected = (labeled == id(1));

%获得最大的质量和半径的中心
centroid = stats(1).Centroid;
radius = sqrt(stats(1).Area/pi);
cc = centroid(1);
cr = centroid(2);
flag = 1;
return
```

1. 确定通过编程来发现目标球

```
%发现目标球
clear,clc
%计算背景图像
Imzero = zeros(240,320,3);
```

```
for i = 1:5
Im{i} = double(imread(['DATA/',int2str(i),'.jpg']));
Imzero = Im{i} + Imzero;
end
Imback = Imzero/5;
[MR,MC,Dim] = size(Imback);

%得出所有循环图像
for i = 1 : 60
  % load image
  Im = (imread(['DATA/',int2str(i), '.jpg']));
  imshow(Im)
  Imwork = double(Im);

  %提取球
  [cc(i),cr(i),radius,flag] = extractball(Imwork,Imback,i); %,fig1,fig2,fig3,fig15,i);
  if flag == 0
    continue
  end
    hold on
    for c = -0.9 * radius: radius/20 : 0.9 * radius
      r = sqrt(radius^2 - c^2);
      plot(cc(i) + c,cr(i) + r,'g.')
      plot(cc(i) + c,cr(i) - r,'g.')
    end
  % Slow motion!
      pause(0.02)
end

figure

  plot(cr,'g*')
  hold on
  plot(cc,'r*')
```

发现目标球和相应的目标球轨迹如图 13-20 和图 13-21 所示。

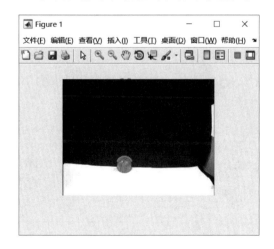

图 13-20　选出一帧发现目标球效果

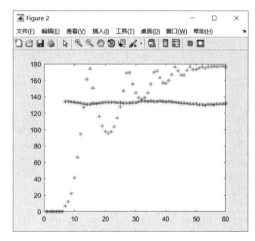

图 13-21　视频中取出的 60 帧图像的目标球轨迹

2. 利用卡尔曼滤波来定位视频中的目标

```
clear,clc
% 计算背景图片
Imzero = zeros(240,320,3);
for i = 1:5
Im{i} = double(imread(['DATA/',int2str(i),'.jpg']));
Imzero = Im{i} + Imzero;
end
Imback = Imzero/5;
[MR,MC,Dim] = size(Imback);


% 卡尔曼滤波初始化
R   = [[0.2845,0.0045]',[0.0045,0.0455]'];
H   = [[1,0]',[0,1]',[0,0]',[0,0]'];
Q   = 0.01 * eye(4);
P   = 100 * eye(4);
dt  = 1;
A   = [[1,0,0,0]',[0,1,0,0]',[dt,0,1,0]',[0,dt,0,1]'];
g = 6; % pixels^2/time step
Bu = [0,0,0,g]';
kfinit = 0;
x = zeros(100,4);


% 对所有的帧图像进行循环
for i = 1 : 60
  % load image
  Im = (imread(['DATA/',int2str(i), '.jpg']));
  imshow(Im)
  imshow(Im)
  Imwork = double(Im);


  % 提取球目标
  [cc(i),cr(i),radius,flag] = extractball(Imwork,Imback,i);
  if flag == 0
    continue
  end


  hold on
    for c = -1 * radius: radius/20 : 1 * radius
      r = sqrt(radius^2 - c^2);
      plot(cc(i) + c,cr(i) + r,'g.')
      plot(cc(i) + c,cr(i) - r,'g.')
    end
  % 卡尔曼更新
i
  if kfinit == 0
    xp = [MC/2,MR/2,0,0]'
```

```
else
    xp = A * x(i - 1, :)' + Bu
end
kfinit = 1;
PP = A * P * A' + Q
K = PP * H' * inv(H * PP * H' + R)
x(i, :) = (xp + K * ([cc(i), cr(i)]' - H * xp))';
x(i, :)
[cc(i), cr(i)]
P = (eye(4) - K * H) * PP

hold on
    for c = -1 * radius : radius/20 : 1 * radius
        r = sqrt(radius^2 - c^2);
        plot(x(i,1) + c, x(i,2) + r, 'r.')
        plot(x(i,1) + c, x(i,2) - r, 'r.')
    end
    pause(0.3)
end

% 显示目标的位置
figure
plot(cc, 'r * ')
hold on
plot(cr, 'g * ')
% end

% 评估图像噪声
posn = [cc(55:60)', cr(55:60)'];
mp = mean(posn);
diffp = posn - ones(6, 1) * mp;
Rnew = (diffp' * diffp)/5;
```

跟踪目标球和相应的目标球轨迹如图 13-22 和图 13-23 所示。

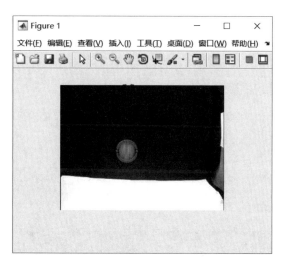

图 13-22　选出一帧卡尔曼跟踪目标球效果

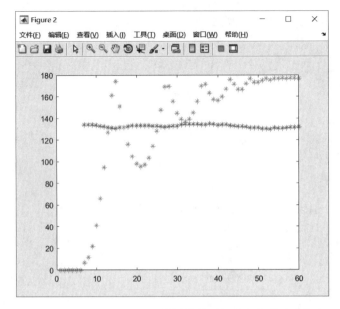

图 13-23　视频中取出的 60 帧图像的目标球卡尔曼追踪轨迹

13.6　GUI 在图像处理中的应用

13.6.1　图像几何运算的 GUI 设计

【例 13-16】　图像几何运算的 GUI 设计，该 GUI 可以实现读取图像、裁剪、水平旋转、垂直旋转、对角旋转、退出等功能，如图 13-24 所示。

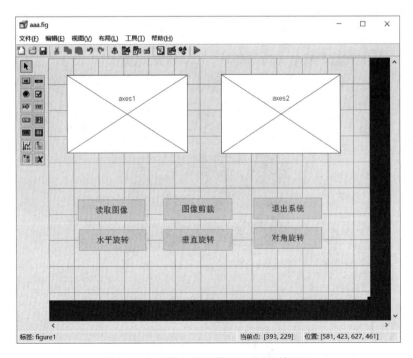

图 13-24　图像几何运算的 GUI 设计界面

读取一幅图片用于在 GUI 界面中显示出来,在"读取图像"按钮中添加下面的程序:

```
function pushbutton1_Callback(hObject, eventdata, handles)
global im
[filename,pathname] = uigetfile({' * .jpg';' * .bmp';' * .tif'},'选择图片');% 读取图片
str = [pathname,filename];
im = imread(str);
axes(handles.axes1);
imshow(im)
```

运行 GUI 界面如图 13-25 所示。

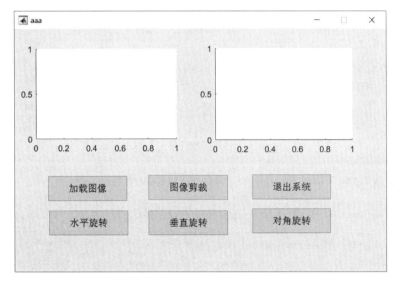

图 13-25　运行 GUI 界面

单击"读取图像"按钮,运行效果如图 13-26 所示。

图 13-26　单击"读取图像"按钮的运行效果

单击"打开"按钮,选择图片 11.jpg,如图 13-27 所示。

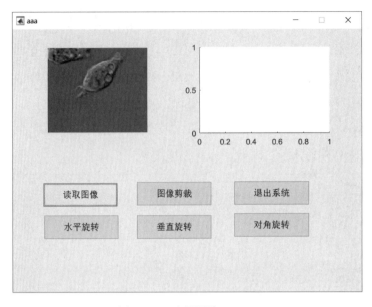

图 13-27　选择图片 11.jpg

"图像剪裁"按钮可以实现对图像的剪裁,在该按钮中添加程序为:

```
function pushbutton2_Callback(hObject, eventdata, handles)
global im
im1 = imcrop();          % 图像剪裁
axes(handles.axes2);
imshow(im1)
```

单击"图像剪裁"按钮,选取读入图片需要剪裁的部分,如图 13-28 所示。

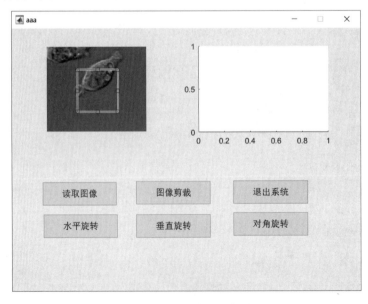

图 13-28　需要剪裁的部分

双击剪裁的部分，效果将体现在右侧的图中，如图 13-29 所示。

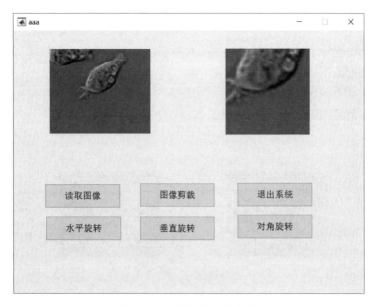

图 13-29　提取剪裁的部分

水平旋转是以 Y 轴对图像进行旋转的，在"水平旋转"按钮中添加的程序为：

```
function pushbutton5_Callback(hObject, eventdata, handles)
global im
im3 = im(:,end: -1:1,:);                    % 水平旋转
axes(handles.axes2);
imshow(im3)
```

单击"水平旋转"按钮，运行效果如图 13-30 所示。

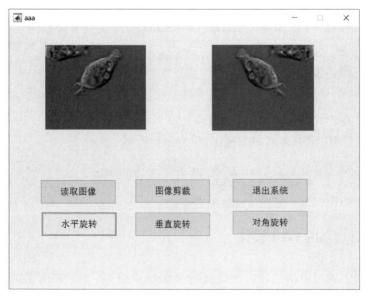

图 13-30　单击"水平旋转"按钮

垂直旋转是以 X 轴对图像进行旋转的,在"垂直旋转"按钮中添加的程序为:

```
function pushbutton4_Callback(hObject, eventdata, handles)
global im
im2 = im(end:-1:1,:,:);           %垂直旋转
axes(handles.axes2);
imshow(im2)
```

单击"垂直旋转"按钮,运行效果如图 13-31 所示。

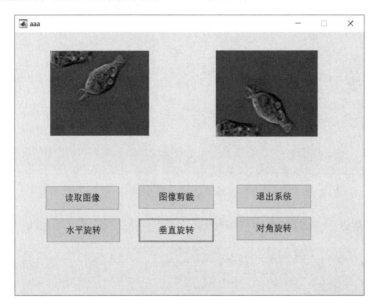

图 13-31　单击"垂直旋转"按钮

对角旋转是以 X 轴和 Y 轴的对角线对图像进行旋转的,在"对角旋转"按钮中添加的程序为:

```
function pushbutton6_Callback(hObject, eventdata, handles)
global im
im4 = im(end:-1:1,end:-1:1,:);           %对角旋转
axes(handles.axes2);
imshow(im4)
```

单击"对角旋转"按钮,运行效果如图 13-32 所示。
在"退出系统"按钮中添加如下程序,单击后就可以退出系统。

```
function pushbutton3_Callback(hObject, eventdata, handles)
clc,clear,close all           %退出系统
```

13.6.2　图像增强的 GUI 设计

【例 13-17】　通过中值滤波对图像进行去除噪声增强,并实现图像的读取和保存等功能。相应的 GUI 设计界面如图 13-33 所示。

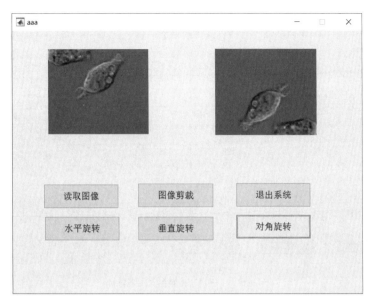

图 13-32 单击"对角旋转"按钮

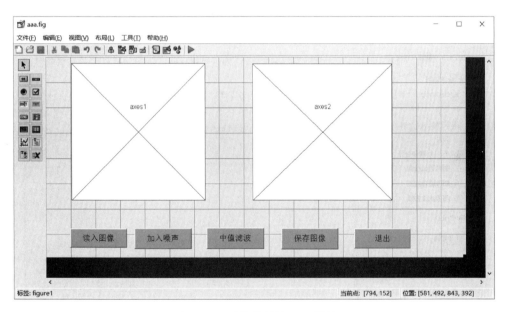

图 13-33 图像增强的 GUI 设计

在"读入图像"按钮中添加如下程序：

```
function pushbutton2_Callback(hObject, eventdata, handles)
[filename,pathname] = uigetfile({' * .bmp';' * .jpg';' * .tif'},'选择图片');    % 图像的选择
str = [pathname,filename];
im = imread(str);
axes(handles.axes1);
imshow(im)
```

运行结果如图 13-34 所示。

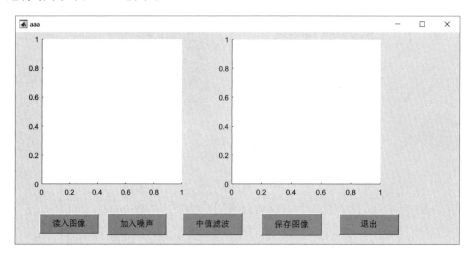

图 13-34　图像增强的 GUI 界面

单击"读入图像"按钮，得到图 13-35 所示的界面。

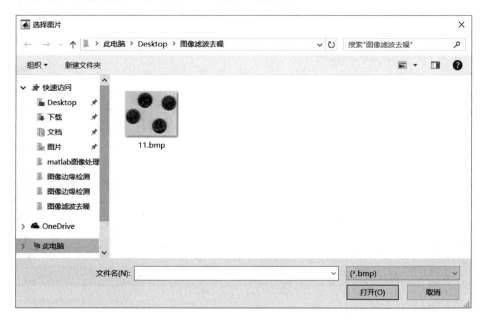

图 13-35　选择图片

选取图片"11.jpg"，单击打开按钮，得到图 13-36 所示的界面。

在"加入噪声"按钮中添加如下程序：

```
function pushbutton3_Callback(hObject, eventdata, handles)
global im im_noise
im_noise = imnoise(im,'salt & pepper',0.05);        %加入椒盐噪声
axes(handles.axes2);
imshow(im_noise)
```

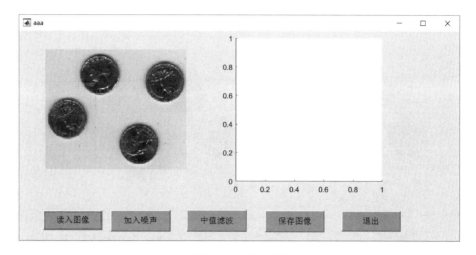

图 13-36 读入图片

单击"加入噪声"按钮,运行结果如图 13-37 所示。

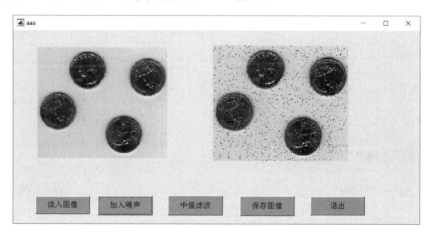

图 13-37 单击"加入噪声"按钮效果

在"中值滤波"按钮中添加如下程序:

```matlab
function pushbutton4_Callback(hObject, eventdata, handles)
global im im_noise im_filter
n = size(size(im_noise));
if n(1,2) == 2
    im_filter = medfilt2(im_noise,[3,2]);          % 中值滤波
else
    im_filter1 = medfilt2(im_noise(:,:,1),[3,2]);
    im_filter2 = medfilt2(im_noise(:,:,2),[3,2]);
    im_filter3 = medfilt2(im_noise(:,:,3),[3,2]);
    im_filter = cat(3,im_filter1,im_filter2,im_filter3);
end
axes(handles.axes2);
imshow(im_filter)
```

单击"中值滤波"按钮,运行结果如图 13-38 所示。

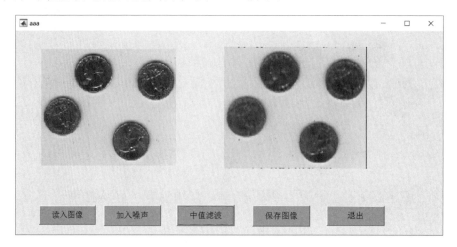

图 13-38　单击"中值滤波"按钮效果

在"保存图像"按钮中添加如下的程序:

```
function pushbutton5_Callback(hObject, eventdata, handles)
global im im_noise im_filter
[Path] = uigetdir('','保存增强后的图像');          %保存图片
imwrite(uint8(im_filter),strcat(Path,'\','pic_correct.bmp'),'bmp');
```

单击"保存图像"按钮,运行结果如图 13-39 所示。

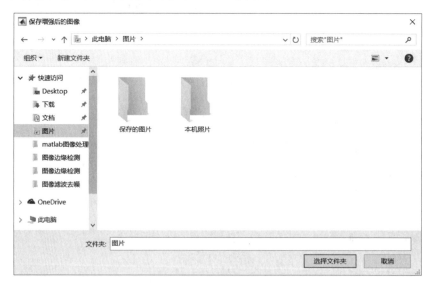

图 13-39　单击"保存图像"按钮效果

最后是"退出"按钮,添加的程序如下,功能是退出 GUI 系统。

```
function pushbutton1_Callback(hObject, eventdata, handles)
clc,clear,close all
```

13.6.3　图像分割的 GUI 设计

【例 13-18】　图像的分割目标。

读取原始图像的程序如下：

```
clc,clear,close all
warning off
feature jit off
im = imread('ball.jpg');
imshow(im)
```

运行结果如图 13-40 所示。

图 13-40　读取原始图像

对原始图像进行 RGB 分割的程序如下：

```
greenball = im;
r = greenball(:, :, 1);
g = greenball(:, :, 2);
b = greenball(:, :, 3);
%% 计算绿色分量
justGreen = g - r/2 - b/2;
figure(2)
subplot(221),imshow(r); title('r')
subplot(222),imshow(g); title('g')
subplot(223),imshow(b); title('b')
subplot(224),imshow(justGreen);title('justGreen')
```

运行结果如图 13-41 所示。

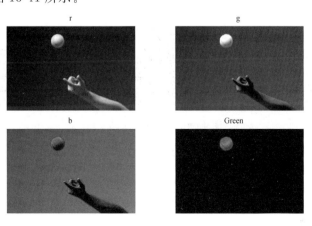

图 13-41　对原始图像进行 RGB 分割

下面进行对目标的阈值二值化、去除小块、找到球心并标记。

```
%%
%% 阈值二值化
bw = Green > 30;
%% 去除小块
ball = bwareaopen(bw, 30);
figure(3)
subplot(131), imshow(ball); title('二值化图像')

r1 = immultiply(r, ball);
g1 = immultiply(g, ball);
b1 = immultiply(b, ball);
ball2 = cat(3, r1, g1, b1);
subplot(132), imshow(ball2); title('分割后的图像')

%% 找球的球心
cc = bwconncomp(ball);
s  = regionprops(ball, {'centroid', 'area'});
if isempty(s)
  error('没有找到球!');
else
  [~, id] = max([s.Area]);
  ball(labelmatrix(cc) ~ = id) = 0;
end

subplot(133), imshow(ball2); title('找目标的中心')
 hold on, plot(s(id).Centroid(1), s(id).Centroid(2), 'wh', 'MarkerSize', 15, 'MarkerFaceColor'
, 'r'), hold off
 disp(['Center location is (', num2str(s(id).Centroid(1), 4), ', ', num2str(s(id).Centroid
(2), 4), ')'])
```

运行结果如图 13-42 所示。

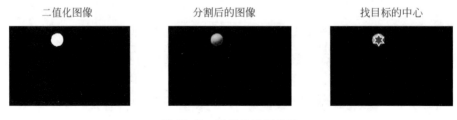

图 13-42   对图像进行分割

在实际应用中,图像的分割具有广泛的应用,图像分割用于 GUI 设计如图 13-43 所示。

在工具编辑器添加功能如图 13-44 所示。

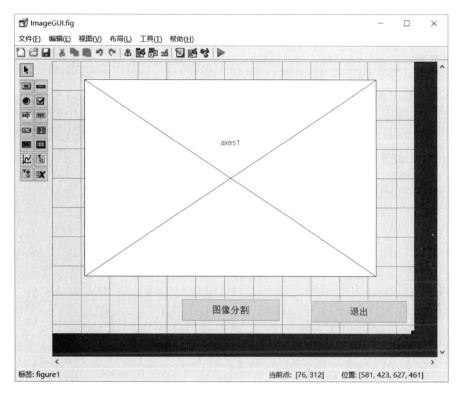

图 13-43 对图像进行分割 GUI 设计

图 13-44 工具编辑器添加功能

在打开文件夹按钮中添加回调函数：

```
function uipushtool1_ClickedCallback(hObject, eventdata, handles)
%选择文件
[filename, pathname] = uigetfile('*.jpg', '选择图像文件');
im = imread(fullfile(pathname, filename));
axes(handles.axes1);
imshow(im);
```

运行结果如图 13-45 所示。

图 13-45　GUI 界面效果

单击左上角的打开文件夹按钮，得到选择图片按钮如图 13-46 所示。

图 13-46　打开文件夹按钮效果

选择图像 ball.jpg，单击"打开"按钮，如图 13-47 所示。

图 13-47　加载后的图像效果

在"图像分割"按钮中添加如下程序：

```
function pushbutton1_Callback(hObject, eventdata, handles)
global im
greenBall1 = im;
r = greenball(:, :, 1);
g = greenball (:, :, 2);
b = greenball 1(:, :, 3);

%% 计算彩色分量
Green = g - r/2 - b/2;

%% 阈值二值化
bw = Green > 30;

%% 去除小块
ball1 = bwareaopen(bw, 30);

%% 寻找目标中心
cc = bwconncomp(ball1);
s = regionprops(ball1, {'centroid','area'});
if isempty(s)
  error('没有找到球!');
else
  [~, id] = max([s.Area]);
  ball1(labelmatrix(cc) ~ = id) = 0;
```

```
end

%%
r1 = immultiply(r,ball1);
g1 = immultiply(g,ball1);
b1 = immultiply(b,ball1);
ball2 = cat(3,r1,g1,b1);
axes(handles.axes1);
imshow(ball2)
 hold on, plot(s(id).Centroid(1),s(id).Centroid(2),'wh','MarkerSize',20,'MarkerFaceColor'
,'r'), hold off
 disp(['Center location is (',num2str(s(id).Centroid(1),4),', ',num2str(s(id).Centroid
(2),4),')'])
```

单击"图像分割"按钮,运行效果如图 13-48 所示。

图 13-48　"图像分割"按钮效果

在"退出按钮"中添加如下程序,单击后就可以退出系统。

```
function pushbutton2_Callback(hObject, eventdata, handles)
clc,clear,close all        %退出系统
```

13.6.4　图像边缘检测的 GUI 设计

【例 13-19】　图像边缘检测的 GUI 设计如图 13-49 所示,主要用到的是 MATLAB 中的边缘检测函数:Sobel、Prewitt 和 Candy。

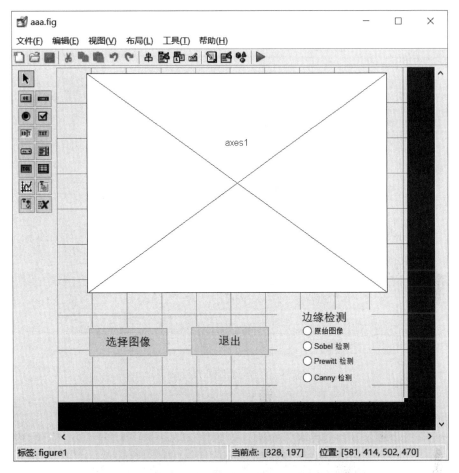

图 13-49　图像边缘检测的 GUI 设计

在"选择图像"按钮中添加如下程序：

```
function pushbutton1_Callback(hObject, eventdata, handles)
global I
[filename,pathname] = uigetfile({'*.jpg';'*.bmp';'*.tif'},'选择图像');
str = [pathname,filename]; % 选择图像
I = imread(str);
axes(handles.axes1);
imshow(I)
```

运行结果如图 13-50 和图 13-51 所示。

"退出"按钮的功能是退出该 GUI 界面，相应的程序如下：

```
function pushbutton2_Callback(hObject, eventdata, handles)
clc,clear,close all
```

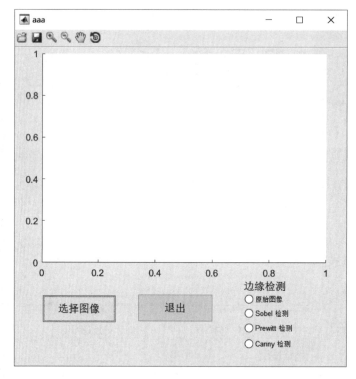

图 13-50　运行 GUI 设计效果

图 13-51　GUI 设计"选择图像"

"原始图像"单选按钮的作用是恢复显示原始图像,相应的程序如下:

```
function radiobutton3_Callback(hObject, eventdata, handles)
global I
set(handles.radiobutton3, 'Value', 1);
set(handles.radiobutton4, 'Value', 0);
set(handles.radiobutton5, 'Value', 0);
set(handles.radiobutton6, 'Value', 0);
axes(handles.axes1);
imshow(I)          % 显示图像
```

运行结果如图 13-52 所示。

图 13-52 GUI设计"原始图像"单选按钮

Sobel 单选按钮的作用是对图像实现边缘检测,相应的程序如下:

```
function radiobutton4_Callback(hObject, eventdata, handles)
global I
set(handles.radiobutton3, 'Value', 0);
set(handles.radiobutton4, 'Value', 1);
set(handles.radiobutton5, 'Value', 0);
set(handles.radiobutton6, 'Value', 0);
axes(handles.axes1);
BW = edge(rgb2gray(I),'sobel');        % Sobel 边缘检测
imshow(BW)
```

运行结果如图 13-53 所示。

图 13-53　实现图像边缘检测的 Sobel 单选按钮

Prewitt 单选按钮的作用是对图像实现边缘检测，相应的程序如下：

```
function radiobutton6_Callback(hObject, eventdata, handles)
global I
set(handles.radiobutton3, 'Value', 0);
set(handles.radiobutton4, 'Value', 0);
set(handles.radiobutton5, 'Value', 0);
set(handles.radiobutton6, 'Value', 1);
axes(handles.axes1);
BW = edge(rgb2gray(I),'prewitt');      % Prewitt 边缘检测
imshow(BW)
```

运行结果如图 13-54 所示。

Canny 单选按钮的作用是对图像实现边缘检测，相应的程序如下：

```
function radiobutton5_Callback(hObject, eventdata, handles)
global I
set(handles.radiobutton3, 'Value', 0);
set(handles.radiobutton4, 'Value', 0);
set(handles.radiobutton5, 'Value', 1);
set(handles.radiobutton6, 'Value', 0);
axes(handles.axes1);
BW = edge(rgb2gray(I),'canny');
imshow(BW)
```

运行结果如图 13-55 所示。

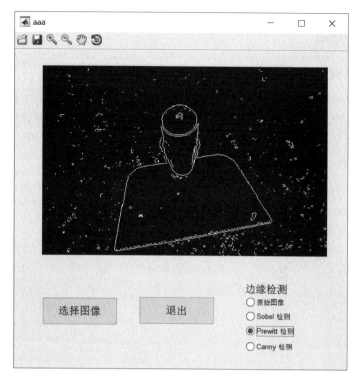

图 13-54　图像实现边缘检测的 Prewitt 单选按钮

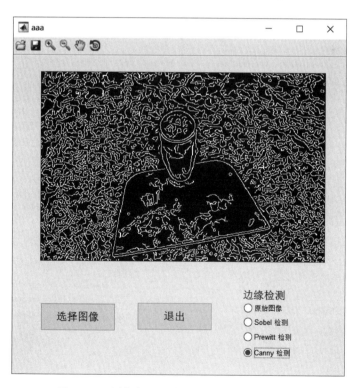

图 13-55　图像实现边缘检测的 Canny 单选按钮

13.7　本章小结

　　本章讲述了 MATLAB 图像处理在医学图像处理、特征提取、人脸识别、图像配准、检验视频目标和图像处理的 GUI 设计等应用。本章仅列举一些典型的应用实例，阐述图像处理的基本过程及方法，为读者和研究人员提供一种分析和解决问题的方法。如果读者能经常结合示例对程序进行独立设计和调试，就会有意想不到的效果。

参 考 文 献

[1] 杨帆.数字图像处理与分析[M].北京：北京航空航天大学出版社,2007.

[2] 马平.数字图像处理和压缩[M].北京：电子工业出版社,2007.

[3] 闫敬文.数字图像处理[M].北京：国防工业出版社,2007.

[4] 孙家广.计算机图形学[M].北京：清华大学出版社,1995.

[5] 闫敬文.数字图像处理 MATLAB 版[M].北京：国防工业出版社,2007.

[6] 徐明远,刘增力. MATLAB 仿真在信号处理中的应用[M].西安：西安电子科技大学出版社, 2007.

[7] 于万波.基于 MATLAB 的图像处理[M].北京：清华大学出版社,2008.

[8] 夏德深.计算机图像处理及应用[M].南京：东南大学出版社,2004.

[9] 周新伦.数字图像处理[M].北京：国防工业出版社,1986.

[10] 李信真.计算方法[M].西安：西安西北工业大学出版社,2000.

[11] 陈桂明.应用 MATLAB 语言处理信号与数字图像[M].北京：科学出版社,2000.

[12] 冈萨雷斯.数字图像处理[M].北京：电子工业出版社,2003.

[13] 何斌,马天予.Visual C++数字图像处理[M].北京：人民邮电出版社,2001.

[14] 郭景峰.数学形态学中结构元素的分析研究[J].计算机科学,2002,29(7)：113-115.

[15] 冈萨雷斯.数字图像处理(第二版)[M].北京：电子工业出版社,2003.

[16] 徐飞,施晓红.MATLAB 应用图像处理[M].西安：西安电子科技大学出版社,2002.

[17] 章毓晋.图像处理与分析[M].北京：清华大学出版社,2004.

[18] 张志涌,精通 MATLAB 6.5[M].北京：北京航空航天大学出版社,2002.

[19] 陈杨.MATLAB 6.X 图像编程与图像处理[M].西安：西安电子科技大学出版社,2002.

[20] 王慧琴.数字图像处理[M].北京：北京邮电出版社,2006.

[21] 秦襄培,郑贤中.MATLAB 图像处理宝典[M].北京：电子工业出版社,2011.

[22] 崔屹.图像处理与分析——数学形态学方法及应用[M].北京：科学出版社,2000.

[23] 唐常青.数学形态学方法及其应用[M].北京：科学出版社,1990.

[24] 阮秋琦.数字图像处理学[M].北京：电子工业出版社,2001.

[25] 何东健.数字图像处理[M].西安：西安电子科技大学出版社,2003.

[26] 王家文.MATLAB 6.5 图形图像处理[M].北京：国防工业出版社,2004.

[27] 余成波.数字图像处理及 MATLAB 实现[M].重庆：重庆大学出版社,2003.

[28] 张志涌.MATLAB 教程[M].北京：北京航空航天大学出版社,2001.

[29] 冈萨雷斯.数字图像处理[M].北京：电子工业出版社,2003.

[30] 周品.MATLAB 图像处理与图形用户界面设计[M].北京：清华大学出版社,2013.

[31] 张强,王正林.精通 MATLAB 图像处理[M].北京：电子工业出版社,2009.

[32] 陈超.MATLAB 应用实例精讲[M].北京：电子工业出版社,2011.